U0386622

2011年度省部共建人文社会科学重点研究基地重大项目"杨辉算书校释与研究"（项目批准号：11JJD770011）的前期研究成果

"宋辽夏金元文献与信息新开发工程"系列成果之一

教育部省属高校人文社会科学重点研究基地河北大学宋史研究中心与河北大学历史学强势特色学科出版基金资助出版

增补
《详解九章算法》
释注

【宋】杨　辉◎原著

吕变庭◎释注

科学出版社

北　京

图书在版编目（CIP）数据

增补《详解九章算法》释注/（宋）杨辉原著；吕变庭释注.—北京：科学出版社，2014

ISBN 978-7-03-042255-2

Ⅰ.①增…　Ⅱ.①杨…②吕…　　Ⅲ.①数学—中国—古代　②《九章算术》—研究　Ⅳ.①O112

中国版本图书馆 CIP 数据核字（2014）第 245601 号

责任编辑：郭勇斌　樊　飞　卜　新／责任校对：胡小洁
责任印制：李　彤／封面设计：铭轩堂

科学出版社出版

北京东黄城根北街16号
邮政编码：100717
http://www.sciencep.com

北京凌奇印刷有限责任公司印刷

科学出版社发行　　各地新华书店经销

*

2014 年 12 月第　一　版　　开本：720×1000　1/16
2025 年 2 月第七次印刷　　印张：16 1/4
字数：300 000

定价：79.00 元

（如有印装质量问题，我社负责调换）

前　言

一

　　杨辉,约生活在南宋末,具体生卒年不可考,钱塘(今杭州市)人,是当时著名的数学教育家。他一生著述颇丰,而成书于景定辛酉年(1261)的《详解九章算法》是其早年研习《九章算术》的心得,在中国古代数学发展历史上占有重要地位。

　　可惜,此著作没有被完整地保留下来。这是造成人们对《详解九章算法》本身的内容以及逻辑结构形成不同认识甚至分歧的根本原因。

　　关于《详解九章算法》的目录,杨辉在《详解九章算法·纂类》里已有详尽说明,然《宜稼堂丛书》本因系从《永乐大典》"算"字条中辑出,故辑出者按照北宋元丰刊本《九章算术》的章目将其分门归类,并没有按照杨辉原著的体例编排,这就造成了解读上的不便。

　　我们知道,《详解九章算法》的蓝本系北宋贾宪著《黄帝九章算法细草》,因此,《详解九章算法》的章目与《黄帝九章算法细草》的章目应当是一致的。这样,通过还原《详解九章算法》的本来面貌就可以间接窥知《黄帝九章算法细草》的思想内容,而笔者增补《详解九章算法》主要用意亦在于此。

　　故为了还原《详解九章算法》的本来面貌,此次释注特依据杨辉《详解九章算法·纂类》所列章目进行重新编排。

　　杨辉对原本《九章算术》和《详解九章算法》的章目做过如下比较。他说:

　　"古本二百四十六问:方田三十八问(并乘除问),粟米四十六问(乘除六问,互换三十一,分率九问),衰分二十问(互换十一,衰分九问),少广二十四问(合率十一,勾股十三),商功二十八问(叠积二十七,勾股一问),均输二十八问(互换十一,合率八问,均输九问),盈不足二十问(互换三问,分率四问,合率一问,盈朒十一,方程一问),方程一十八问(并本草问),勾股二十四问(并本草问)。"①

　　以上是北宋元丰刊本《九章算术》的章目,下面则是杨辉重新编排后的章目:

　　"乘除四十一问(方田三十八,粟米三问),除率九问(粟米五问,盈不足四),合率二十问(少广章十一,均输章八问,盈不足一问),互换六十三问(粟米三十八,衰分十一,均输十一,盈朒三问),衰分一十八问(本章九问,均输九问),叠积二十七问(并商功章),盈不足十一问(并本章),方程一十九问(盈朒一问,本章一十八问),勾股三十八问(少广十

---

① 杨辉:《详解九章算法·纂类》,载郭书春主编:《中国科学技术典籍通汇·数学卷》(以下简称通汇本),郑州:河南教育出版社,1995:1004-1005.

三,商功一问,本章二十四)。题兼二法者十二问:衰分,方程(九节竹),互换,盈朒(故问粝米,持钱之属,油自和漆),合率,盈朒(瓜瓠求逢),分率,盈朒(玉石隐互,二酒求价,金银易重,善恶求田),方程,盈朒(二器求容,牛羊直金),勾股,合率(勾中容方)。"[①]

从《九章算术》的演变看,其篇目前后变化较大,孙文青先生对此有专论,请参见《九章算术篇目考》(载1932年《师大月刊》第3期)。

经孙文青考证,《九章算术》有两个基本来源:一是汉代马续以前的篇目,计有方田、粟米、差分、少广、商功、均输、方程、赢(盈)不足、旁要、今有、重差、夕桀及勾股,共13目;二是马续以后的篇目,计有方田、粟米、衰分、少广、商功、均输、盈不足、方程及勾股,共9目。[②] 值得注意的是,杨辉《详解九章算法》所据为北宋贾宪《黄帝九章算法细草》本,与秦九韶《数书九章》所据《九章算术》之篇目略有不同,分别为方田、粟米、少广、商功、均输、盈朒、方程、句股、重差、夕桀,共10目。至于秦九韶所据何本,不得而知,但它的出现表明在南宋晚期尚有多种《九章算术》版本流行。

究其《详解九章算法》的体例和内容,实际上,杨辉在"自序"中说得已经十分明确。他说《详解九章算法》:

"择八十题以为矜式,自余一百六十六问,无出前意,不敢废先贤之文。删留题次,习者可以闻一知十。恐问隐而添题解,见法隐而续释注,刊大小字以明法草,僭比类题以通俗务。凡题法解白不明者,别图而验之,编乘除诸术以便入门。纂法问类次见之章末,总十有二卷。虽不足补前贤之万一,恐亦可备故来之观览云尔。"[③]

据此可知,《详解九章算法》共12卷,计"图验卷第一","乘除卷第二"(包括方田三十八问和粟米三问),"除率卷第三"(包括粟米五问和盈不足四问),"合率卷第四"(包括少广章十一问、均输章八问及盈不足一问),"互换卷第五"(包括粟米三十八问、衰分十一问、均输十一问及盈朒三问),"衰分卷第六"(包括原衰分九问和均输九问),"垒积卷第七"(原商功章),"盈不足卷第八"(原盈不足章),"方程卷第九"(包括原方程一十八问和盈朒一问),"勾股卷第十"(包括少广十三问、商功一问及原勾股章二十四问),"题兼二法者卷第十一"(如"九节竹"、"故问粝米"等),"详解九章算法·纂类"。因此,与《九章算术》的篇章相比,《详解九章算法》颇多创新。

按照自己的方式来理解传统和诠释传统,是两宋文化人的共同特点,所以宋人的所谓传统往往被打上了鲜明的个性特征。杨辉《详解九章算法》在清朝有"石研斋抄本"和"宜稼堂丛书"本流传,均非完整本。为了尽量还原其原貌,杨辉《详解九章算法·纂类》是重要的依据和参考。

① 杨辉:《详解九章算法·纂类》,通汇本:1005.
② 孙文青:《九章算术篇目考》,《师大月刊》,1932,(3):70-71.(略有改动)
③ 杨辉:《详解九章算法·自序》,通汇本:951.

二

理清杨辉《详解九章算法》的逻辑脉络并不容易。这是因为：

第一，如何认识两个《详解》本之间的关系。一般史家认为，《详解九章算法》有两个传抄本：一是《详解九章算法》12卷，二是《详解算法》若干卷。① 如《永乐大典》引录的杨辉著作共计五种：《详解算法》、《详解九章算法》、《摘奇算法》、《日用算法》和《纂类》。然目前的传本，却仅见《详解九章算法》，而不见《详解算法》。那么，《详解算法》究竟是一部怎样性质的算书呢？由于此书已佚，今人已无法窥知全貌，故笔者只能从《永乐大典》的片段中略作"只见树木"一类的局部阐释，姑且论之，未必确当。

李俨在《中国数学大纲》（上册）中曾说：

"（杨辉）景定辛酉（公元1261年）作《详解九章算法》，后附《纂类》，总十二卷。今所传者，非全帙。又《详解算法》若干卷，尽乘除，九归，飞归之蕴。"②

此为一种意见。与之相对，还有另一种观点。例如，郭书春先生在《详解九章算法提要》中认为，杨辉的著作有《详解九章算法》及《杨辉算法》（包括《日用算法》、《乘除通变本末》、《续古摘奇算法》）③，没有《详解算法》。很显然，郭书春将《详解九章算法》与《详解算法》视为同一种书。而近人严敦杰则直接把《详解算法》改成《详解[九章]算法》。④ 其实，杨辉在《习算纲目》里对《详解算法》的内容做了非常清晰的解释。杨辉说：

"《详解算法》第一卷，有乘除立问一十三题，专说乘除用体。玩味注字，自然开晓。"

"学九归，若记四十四句念法，非五七日不熟。今但于《详解算法》九归题'术'中，细看注文，便知用意之隙，而念法用法，一日可记也。"

"穿除，又名飞归，不过就本位商数除数而已。《详解》有文，一见而晓，加减至穿除，皆小法也。"

"《九章》二百四十六问，固是不出乘除开方之术。"⑤

按照杨辉重新分类编排之后的《详解九章算法》，第1卷确实是"乘除"，对此，《详解九章算法·纂类》讲得很仔细。是谓《详解九章算法》与《详解算法》本系一书的证据之一。另外，从《详解算法》的体例结构看，与《详解九章算法》如出一辙。譬如，《永乐大典》卷16343录有《详解算法》多题，内容均分"题问"、"解题"、"草"，只是省略了《九章算术》中的"术"文，这可能与《详解算法》作为一部算术教材的性质有关。其中

① 郭熙汉：《杨辉算法导读》，武汉：湖北教育出版社，1997；3.

② 李俨：《中国数学大纲》上册，北京：商务印书馆，1932；157.

③ 郭书春：《详解九章算法提要》，通汇本；946.

④ 参见吴文俊主编：《中国数学史大系》第5卷《两宋》，北京：北京师范大学出版社，2000；554.

⑤ 杨辉：《算法通变本末》卷上《习算纲目》，通汇本；1048-1049.

有一道"粟米换易"题为：

"钱一十八贯七百文九十八陌，欲展七十七陌官省，问得几何？

答曰：二十三贯八百文。

解题：粟米换易之间，盖钱陌求钱陌所以不深于法也。

草曰：九十八陌乘总钱，此要者乘以九十八陌，乘一十八贯七百，得十八贯三百二十六文足。以官省七十七除之。十上定百，得所答数。

又草曰：《指南》用加四减一，以代乘除。一贯一百文，九十八陌，可展七十七陌。钱一贯四百，故用加四减一之法。置总钱，一十八贯七百文，加四，得二十六贯一百八十文，减一，所得答问。"

与此相同的体例也见于《详解九章算法》，如：

"股十五尺，弦十七尺，问：为勾几何？

解题：长袤问阔。

草曰：股自乘，减弦自乘，余六十四尺，开方得勾，合问。"①

视《详解九章算法》与《详解算法》为一书的第三个证据是"开方作法本源"，既见于《详解九章算法》，同时又见于《详解算法》，且两者的内容完全相同。因此，《详解算法》与《详解九章算法》的区别仅仅是由于教学的实际需要，杨辉将自己编写的例题和贾宪新出的研究内容单独抽取出来，故名《详解算法》，实则仍然属于《详解九章算法》的组成部分。

第二，杨辉《详解九章算法·纂类》，对于《详解九章算法》的编排体例，出现了两种不同方式：一种方式如前所述；另一种方式即《纂类》本身所采用的方式，共分乘除、互换、合率、分率、衰分、垒积、盈不足、方程及勾股 9 类。然而，后一种方式显然与杨辉在《详解九章算法》序言中所说"总十有二卷"不一致。于是，严敦杰提出了杨辉《详解九章算法》原著 12 卷的复原应为：

"卷首，全书插图。据《乘除通变算宝》卷上说：'《九章》二百四十六问……列于卷首。'又据《永乐大典》存本书残章少广云：'立草在《九章》卷首布置图内。'

卷一，对基本运算的说明。《乘除通变算宝》卷上：'《详解九章算法》第一卷有乘除，立问一十三题，专说乘除。'可以证明。

卷二，方田。全卷无存。

卷三，粟米。今《永乐大典》卷 16343 算法十四尚可辑出 3 题，余无存。

卷四，衰分。在《永乐大典》卷 16343 算法十四中尚可辑出 1 题，余全佚。

卷五，少广。在《永乐大典》卷 16343 算法十五中尚可辑出整卷，杨辉还补了开四次方 1 题。贾宪增乘方法都在此卷。又《田亩比类乘除捷法》卷下也说：'开方带从段数草图活法，详载《九章》少广。'

---

① 杨辉：《详解九章算法》，通汇本：974.

　　卷六，商功。仅存 13 题，缺 15 题。

　　卷七，均输。存 19 题，缺 1 题。

　　卷八，盈不足。整卷全。

　　卷九，方程。存 16 题，缺 4 题。

　　卷十，勾股。整卷全。

　　卷末，纂类。整卷全。"①

　　这种编排不能说没有道理，但宋人喜欢标新立异，杨辉亦不例外。所以他在《详解九章算法·纂类》序录中坦言："类题，以物理分章，有题法又互之讹。今将二百四十六问，分别门例，使后学亦可周知也。"②不独杨辉对"九章"的编排不同于古本"九章"，秦九韶《数书九章》对"九章"的编排也独树一帜，另辟蹊径。例如，秦九韶的"九章"分别是："大衍第一"、"天道第二"、"田域第三"、"测望第四"、"赋役第五"、"钱谷第六"、"营建第七"、"军旅第八"、"市易第九"。与古本"九章"差异十分显著。有鉴于此，笔者综合各种因素，认为还是以杨辉自己所述为准，有必要重新建构《详解九章算法》的编写体例。当然，这仅仅是一次探索和尝试。

三

　　比较古本《九章算术》与《详解九章算法》的特点，我们可以得出下面两点认识：

　　第一，《九章算术》的术文并不整齐划一，有的题目多且内容比较复杂，有的较为浅显，有的则多题无术文，方法非常灵活，似无死板之规。反观残本《详解九章算法》，其编写结构亦不一定。例如，有的题分六个层次："问答"、"术"、"解题"、"比类"、"草"、"法"（系新添的术文）。有的题分五个层次："问答"、"术"、"解题"、"比类"、"草"。还有的题分四个层次："问答"、"术"、"解题"、"草"；有的题分三个层次："问答"、"术"、"草"……"比类"题的内容亦相差较多。例如，有的题分四个层次："问答"、"解题"、"法"、"草"。有的题分三个层次："问答"、"术"、"草"。有的题分两个层次："问答"、"草"或"问答"、"术"。有的题，仅仅列一个"问答"。这种看似混乱的编排体例，实则体现了宋人的一种学术意识，不拘一格，不为成规所束缚。所以，我们在还原《详解九章算法》的本来面貌时，尽量遵守杨辉的逻辑思想，将其所阙部分，依古本《九章算术》的内容，分别补入，包括问答和术文。

　　第二，《详解九章算法》至少包括贾宪的《黄帝九章算经细草》和杨辉的《详解算法》。关于《黄帝九章算经细草》一书的主要内容和特色，郭书春认为："它以魏刘徽注、唐李淳风等注释的《九章算术》为底本，在有关的术、题后别立法(术)、草，有时新

---

①　吴文俊主编：《中国数学史大系》第 5 卷《两宋》，北京：北京师范大学出版社，2000：554 - 555.

②　杨辉：《详解九章算法·纂类》，通汇本：1004.

设题目,取得了若干重大成就,使贾宪成为宋元数学的主要推动者之一。"①杨辉的《详解算法》有不少古本《九章算术》里没有的算题,至于这些新的算题是杨辉之创造还是贾宪之所出,尚待考证。但无论怎样,这些超出《九章算术》范围的题目,如何融合到古本《九章算术》之中,是杨辉面临的新问题。贾宪的《黄帝九章算经细草》相对于古本《九章算术》是一种不落窠臼的再创造,同样,杨辉的《详解九章算法》相对于贾宪的《黄帝九章算经细草》,又是一种不落窠臼的再创造。其最突出的创新就是体例的重新结构。

我们知道,杨辉的《详解九章算法》是从《九章算术》的 246 道算题中精选 80 道编纂而成,其体例仍依《九章算术》,分九卷。可惜,《详解九章算法》原文阙失比较严重,因此,杨辉精选出来的 80 道算题,一一复原几乎已不可能。但为了客观反映杨辉与《九章算术》之间的学术继承关系,我们有必要依据《纂类》(现传本全)所载录的《九章算术》原题,并按照杨辉的编撰体例,尽力向读者完整地呈现其《详解九章算法》的历史面貌。

杨辉在《详解九章算法·自序》中说:

"择八十题以为矜式,自余一百六十六问,无出前意,不敢废先贤之文,删留题次,学者可以闻一知十。"

鲍澣之说:"虽有细草,类皆简捷残缺,懵于本原,无有刘徽、李淳风之旧注者,古人之意,不可复见。"

可见,《详解九章算法》是在保留《九章算术》原题次的前提下,重点对其中的 80 道算题做了创造性的阐释。故为了恢复《详解九章算法》的原貌,我们一方面以前揭杨辉本《九章算术》的体例为参照,对现传本《详解九章算法》的内容做了重新编排;另一方面需在"自余一百六十六问","题次"后面补上"刘徽、李淳风之旧注"。当然,关于杨辉重新结构后的《详解九章算法》,目前学界对其内容已经研究得非常深入,笔者不必弄斧班门。但为彰显杨辉的数学精神起见,笔者还是想在这里就杨辉的"解题"思想及其成就,特转引郭书春的论说如下,以作为本文的结语:

"杨辉的'解题'包括名词和题目、术文的解释、应用。值得注意的是对贾宪新设开三乘方题目的解题是'三度相乘,其状扁直',形象地表示了四次方,开后来李善兰尖锥术以图形表示高次方之先河。"②

吕变庭

2014 年 2 月 14 日

---

① 郭书春:《详解九章算法提要》,通汇本:944.

② 郭书春:《详解九章算法提要》,通汇本:946.

刘徽《九章算术注》序

　　昔在包牺氏,始画八卦,以通神明之德,以类万物之情,作九九之术,以合六爻之变。暨于黄帝神而化之,引而申之,于是建历纪,协律吕,用稽道原,然后两仪四象精微之气可得而效焉。记称隶首作数,其详未之闻也。按周公制礼而有九数,九数之流,则《九章》是矣。往者暴秦焚书,经术散坏。自时厥后,汉北平侯张苍、大司农中丞耿寿昌皆以善算命世。苍等因旧文之遗残,各称删补。故校其目则与古或异,而所论者多近语也。徽幼习《九章》,长再详览。观阴阳之割裂,总算术之根源,探赜之暇,遂悟其意。是以敢竭顽鲁,采其所见,为之作注。事类相推,各有攸归,故枝条虽分而同本干者,知发其一端而已。又所析理以辞,解体用图,庶亦约而能周,通而不黩,览之者思过半矣。且算在六艺,古者以宾兴贤能,教习国子。虽曰九数,其能穷纤入微,探测无方。至于以法相传,亦犹规矩度量可得而共,非特难为也。当今好之者寡,故世虽多通才达学,而未必能综于此耳。《周官·大司徒》职,夏至日中立八尺之表,其景尺有五寸,谓之地中。说云,南戴日下万五千里。夫云尔者,以术推之。按《九章》立四表望远及因木望山之术,皆端旁互见,无有超邈若斯之类。然则苍等为术犹未足以博尽群数也。徽寻九数有重差之名,原其指趣乃所以施于此也。凡望极高、测绝深而兼知其远者必用重差、句股,则必以重差为率,故曰重差也。立两表于洛阳之城,令高八尺。南北各尽平地,同日度其正中之时。以景差为法,表高乘表间为实,实如法而一,所得加表高,即日去地也。以南表之景乘表间为实,实如法而一,即为从南表至南戴日下也。以南戴日下及日去地为句、股,为之求弦,即日去人也。以径寸之筒南望日,日满筒空,则定筒之长短以为股率,以筒径为句率,日去人之数为大股,大股之句即日径也。虽天圆穹之象犹曰可度,又况泰山之高与江海之广哉。徽以为今之史籍且略举天地之物,考论厥数,载之于志,以阐世术之美,辄造《重差》,并为注解,以究古人之意,缀于《句股》之下。度高者重表,测深者累矩,孤离者三望,离而又旁求者四望。触类而长之,则虽幽遐诡伏,靡所不入。博物君子,详而览焉。

荣 棨 序

　　夫算者,数也。数之所生,生于道。老子曰:"道生一"是也。数之所成,成于九。列子曰:"九者究"是也。爰昔黄帝,推天地之道,究万物之始,错综其数,列为九章,立术二百四十有六。始之以方田,终之以勾股,其为用也大矣。若施之于圭表,则穹窿之天可考,推日月之晦明,步五星之盈缩,验晨昏昼夜不移,行气候寒暑无忒。若施之于勾股,则磅礴之地可度,望山岳之高低,测江海之深浅,筹道里广远之积,方田畴形体之幂。若施之于诸术,则万物之情可察,经纬天地之间,笼络覆载之内,凡言数之见者,又焉得逃于此乎?变交质之息耗,衰贵贱之等差,均役输远近之劳,商功徒轻重之力,盈朒明隐互之形,方程正错综之失,至于物物不齐,亹亹无尽,该贯总摄,区分派别,广大纤微,莫不悉举,可谓包括三才,旁通万有之术也。是以国家尝设算科取士,选《九章》以为算经之首,盖犹儒者之六经,医家之《难》、《素》,兵法之《孙子》欤?后之学者,有倚其门墙,瞻其步趋,或得一二者,以能自成一家之书,显名于世矣。比尝较其数,譬若大海汲水,人力有尽,而海水无穷。又若盘之走圆,横斜万转,终其能出于盘哉?由是自古迄今,历数千余载,声教所被,舟车所及,凡善数学者,人人服膺而重之。奈何自靖康以来,罕有旧本,间有存者,狃于末习,不循本意,或隐问答以欺众,或添歌象以炫己,乖万世益人之心,为一时射利之具,以至真术淹废,伪本滋兴,学者泥于见闻,伥伥然入于迷望,可胜计邪?居仁由义之士,每不平之。愚向获善本,不敢私藏,而今而后,圣人之法,暗而复明,仆而复起,学之者得睹其全经,悟之者必达微旨矣。不亦善乎?谨命工镂板,庶广其传,四方君子,得以鉴焉。时圣宋绍兴十八年戊辰岁八月旦丙戌日。寓临安府汴阳学算荣棨序。

鲍澣之序

　　《九章算经》九卷，周公之遗书，而汉丞相张苍之所删补者也。算数之书，凡数十家，独以《九章》为经之首。以其九数之法，无所不备，诸家立术，虽有变通，推其本意，皆自此出，而且知后人无以易周汉之旧也。自唐有国，用之于取士，本朝崇宁亦立于学官。故前世算数之学，相望有人。自衣冠南渡以来，此学既废，非独好之者寡，而《九章算经》亦几泯没无传矣。近世民间之本，题之曰《黄帝九章》，岂以其为隶首之所作欤？名己不当。虽有细草，类皆简捷残缺，懵于本原，无有刘徽、李淳风之旧注者，古人之意，不可复见，每为慨叹。庆元庚申之夏，余在都城，与太史局同知算造杨忠辅德之论历，因从其家得古本《九章》，乃汴都之故书，今秘馆所定著亦从此本，写以送官者也。谨案：《晋志》刘徽所注《九章》，实魏之景元四年。观其序文，以谓'析理以辞，解体用图'，又造《重差》于《勾股》之下。辞乃今之注文，其图至唐犹在，今则亡矣。《重差》之法，今之《海岛算经》是也。又李淳风之注见于《唐志》，凡九卷，而今之盈不足、方程之篇，咸缺淳风注文。意者此书岁久传录，不无错漏，犹幸有此存者。今此乃是合刘、李二注，而为一书云。其年六月一日乙酉，迪功郎新兴隆府靖安县主簿括苍鲍澣之仲祺谨书。

杨辉《详解九章算法·自序》

夫习算者，以乘法为主，凡布置法者，欲其得宜；定位呼数，欲其不错。除不尽者，以法为分母，实为分子，繁者约之，复通分而还源，此乘除之规绳也。题有分者，随母通之；母不同者，齐子并之；田不匠者，折并直之；数皆求者，互乘换之；等差除实，别而衰之；垒垒积者，以形测之；数隐互者，维乘并之；（方程）为问，正负入之；勾股旁要，开方求之；节题匿积，演段取之；此算法之尽理也。《黄帝九章》备全奥妙，包括群情，谓非圣贤之书不可也。靖康以来古本浸失，后人补续，不得其真，致有题重法缺，使学者难入其门，好者不得其旨，辉虽慕此书，未能贯理，妄以浅也，聊为编述。择八十题以为矜式，自余一百六十六问，无出前意，不敢废先贤之文，删留题次，学者可以闻一知十。恐问隐而添题解，见法隐而续释注。刊大小字，以明法、草。僭比类题，以通俗务。凡题法解白不明者，别图而验之。编乘除诸术，以便入门。纂法问类次，见之章末。总十有二卷。虽不足补前贤之万一，恐亦可备故来之观览云尔。景定二年辛酉岁正月十七已卯日，钱塘杨辉谨序。

目　录

图验卷第一

（已阙）

乘除卷第二

杨辉题录载此卷共 41 问:方田 38 问,粟米 3 问。但《详解九章算法·纂类》仅存《粟米》2 问,阙 1 问。包括直田法、里田方田法、圭田法、斜田法、圆田法、畹田法、弧田法、环田法、约分法、合分法、课分法、平分法、乘分法、除分法、经分法等 15 种算法。

1. 直田法

直田法曰:广、从相乘为实(或为积)如亩法而一。

(1) 广十五步,从十六步。问:为田几何?

答曰:一亩。①

(2) 广十二步,从十四步。问:为田几何?

答曰:一百六十八步。②

方田术曰:广从步数相乘得积步。此积谓田幂。凡广从相乘谓之幂。臣淳风等谨按:经云广从相乘得积步,注云广从相乘谓之幂。观斯注意,积幂义同。以理推之,固当不尔。何则?幂是方面单布之名,积乃众数聚居之称。循名责实,二者全殊。虽欲同之,窃恐不可。今以凡言幂者据广从之一方;其言积者举众步之都数。经云相乘得积步,即是都数之明文。注云谓之为幂,全乖积步之本意。此注前云积为田幂,于理得通。复云谓之为幂,繁而不当。今者注释,存善去非,略为料简,遗诸后学。以亩法二百四十步除之,即亩数。百亩为一顷。臣淳风等谨按:此为篇端,故特举顷、亩二法。余术不复言者,从此可知。一亩之田,广十五步,从而疏之,令为十五行,则每行广一步而从十六步。又横而截之,令为十六行,则每行广一步而从十五步。此即从疏横截之步,各自为方,凡有二百四十步。一亩之地,步数正同。以此言之,则广从相乘得积步,验矣。二百四十步者,亩法也;百亩者,顷法也。故以除之,即得。

2. 里田方田法

里田方田法曰:方自乘为积,里以一里之积三百七十五亩乘之。

(3) 方田,一里。问:为田几何?

答曰:三顷七十五亩。③

(4) 广二里,从三里。问:为田几何?

---

① 长方形的面积 $S = 长 \times 宽 = 15 \times 16 = 240$ 步$^2 = 1$ 亩。

② 长方形的面积 $S = 长 \times 宽 = 12 \times 14 = 168$ 步^2。

③ 1 里:汉代为 300 步。方田:指正方形或长方形。设边长为 a,则

正方形的面积 $S = a^2 = 300^2 = 90000$ 步^2。换算为田亩,1 顷$=100$ 亩,故 $S = \dfrac{90000}{240} = 375$ 亩$=3$ 顷 75 亩。

答曰:二十二顷五十亩。①

里田术曰:广从里数相乘得积里。以三百七十五乘之,即亩数。按:此术广从里数相乘得积里。方里之中有三顷七十五亩,故以乘之,即得亩数也。

3. 圭田法

圭②法曰:半广以乘正从③,或半正从以乘广。

(5)圭田,广十二步,正从二十一步。问:为田几何?

答曰:一百二十六步。④

(6)圭田,广五步二分步之一,从八步三分步之二。问:为田几何?

答曰:二十三步六分步之五。⑤

术曰:半广以乘正从。半广知,以盈补虚为直田也。亦可半正从以乘广。按:半广乘从,以取中平之数,故广从相乘为积步。亩法除之,即得也。

4. 斜田法

斜⑥法曰:并两斜,半之,以乘正从;或并两广乘半从;或并两广乘从,折半。

(7)斜田,南广三十步,北阔四十二步,从六十四步。问:为田几何?

答曰:九亩一百四十四步。⑦

(8)斜田,正广六十五步,一半从一百步,一半从七十二步。问:几何?

答曰:二十三亩七十步。⑧

术曰:并两斜而半之,以乘正从若广。又可半正从若广,以乘并。亩法而一。并

---

① 因 1 里² 为 375 亩,故长方形的面积 $s = 2$ 里 $\times 3$ 里 $= 6$ 里² $\times 375$ 亩/里² $= 2250$ 亩 $= 22$ 顷 50 亩。

② 指等腰三角形之田。

③ 即"正纵",指三角形的高。

④ 设圭田的底边长为 a,高为 h,则圭田面积 $s = \dfrac{a}{2} \times h = 12 \div 2 \times 21 = 126$ 步²。

⑤ 圭田面积 $s = \dfrac{a}{2} \times h = \dfrac{5\frac{1}{2}}{2} \times 8\frac{2}{3} = \dfrac{11}{4} \times \dfrac{26}{3} = \dfrac{286}{12} = 23\frac{5}{6}$ 步²。

⑥ 邪通"斜","斜田"就是直角梯形,"正从"即高,"正广"即直角梯形两直角间的边,"两邪"即与边相邻的两广或两从,如图所示。

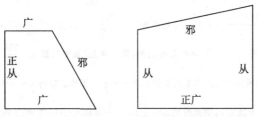

⑦ 设斜田的广为 a_1, a_2,高为 h,则斜田的面积 $s = \dfrac{a_1 + a_2}{2} \times h = \dfrac{30 + 42}{2} \times 64 = 2304$ 步², $\dfrac{2304}{240} = 9$ 亩 144 步²。

⑧ $s = \dfrac{a_1 + a_2}{2} \times h = \dfrac{100 + 72}{2} \times 65 = 5590$ 步² $\dfrac{5590}{240} = 23$ 亩 70 步²。

而半之者,以盈补虚也。

(9) 箕田①,舌广二十步,踵广五步,正从三十步。问:田几何?

答曰:一亩一百三十五步。②

(10) 箕田,舌广一百一十七步,踵广五十步,正从一百三十五步。问:田几何?

答曰:四十六亩二百三十二步半。③

箕田与斜田法同。

术曰:并踵、舌而半之,以乘正从。亩法而一。中分箕田则为两邪田,故其术相似。又可并踵、舌,半正从,以乘之。

5. 圆田法

圆田法④曰:半周、半径相乘;半周自乘三而一;周自乘十二而一,径自乘三之四而一;周径相乘四而一,半径自乘三之;密率,周自乘,又七因之,如八十八而一;徽术,周自乘,又二十五乘三百一十四而一。

(11) 四周三十步,径一十步。问:田几何?

古术答曰:七十五步⑤;密率答曰:七十一步二十三分步之一十三;徽术答曰:七十一步一百五十七分步之一百三。

刘徽、李淳风注本:今有圆田,周三十步,径十步。臣淳风等谨按:术意以周三径一为率,周三十步,合径十步。今依密率,合径九步十一分步之六。问:为田几何?

答曰:七十五步。

此于徽术,当为田七十一步一百五十七分步之一百三。臣淳风等谨按:依密率,为田七十一步二十三分步之一十三。

(12) 四周一百八十一步,径六十步三分步之一。问:田几何?

古术答曰:一十一亩九十步十二分步之一;密率答曰:一十亩二百五步八十八分之八十七;刘徽术答曰:一十亩二百八步三百一十四分步之一百一十三。

---

① 指形状像簸箕的田,从几何的角度看,就是指一般的梯形。

② 箕田的面积 $s=\frac{a_1+a_2}{2}\times h=\frac{20+5}{2}\times30=375$ 步²,故 $\frac{375}{240}=1$ 亩 135 步²。

③ $s=\frac{a_1+a_2}{2}\times h=\frac{117+50}{2}\times135=11272.5$ 步²。$\frac{11272.5}{240}=46$ 亩 232$\frac{1}{2}$ 步²。

④ 圆周率之演变:古率 $\pi=3$。密率有几种说法:第一种是"徽率",即 $\pi=\frac{157}{50}$;第二种是"祖率",即 $\pi=\frac{355}{113}$;第三种是"李率"(李淳风所说的圆周率近似值),即 $\pi=\frac{22}{7}$。祖冲之却将 $\pi=\frac{22}{7}$ 称为"约率"。

⑤ 设圆的周长为 L,半径为 r,则圆面积 $S=\frac{1}{2}Lr=\frac{1}{2}\times30\times\frac{10}{2}=75$ 步²。在此,圆周率取 $\pi=3$。

术文给出多个公式$\left(半周为\frac{L}{2},半径为\frac{D}{2}\right)$:$S_圆=\frac{L}{2}\times\frac{D}{2}$,$S_圆=\frac{1}{4}\times LD$,$S_圆=\frac{1}{12}L^2$。前两个公式都是非常精确的。

刘徽、李淳风注本：又有圆田，周一百八十一步，径六十步三分步之一。臣淳风等谨按：周三径一，周一百八十一步，径六十步三分步之一。依密率，径五十七步二十二分步之一十三。问：为田几何？

　　答曰：十一亩九十步十二分步之一。[①]

此于徽术，当为田十亩二百八步三百一十四分步之一百一十三。臣淳风等谨按：依密率，当为田十亩二百五步八十八分步之八十七。

术曰：半周半径相乘得积步。按：半周为从，半径为广，故广从相乘为积步也。假令圆径二尺，圆中容六觚之一面，与圆径之半，其数均等。合径率一而外周率三也。又按：为图，以六觚之一面乘一弧半径，三之，得十二觚之幂。若又割之，次以十二觚之一面乘一弧之半径，六之，则得二十四觚之幂。割之弥细，所失弥少。割之又割，以至于不可割，则与圆周合体而无所失矣。觚面之外，又有余径。以面乘余径，则幂出觚表。若夫觚之细者，与圆合体，则表无余径。表无余径，则幂不外出矣。以一面乘半径，觚而裁之，每辄自倍。故以半周乘半径而为圆幂。此以周、径，谓至然之数，非周三径一之率也。周三者，从其六觚之环耳。以推圆规多少之觉，乃弓之与弦也。然世传此法，莫肯精核；学者踵古，习其谬失。不有明据，辩之斯难。凡物类形象，不圆则方。方圆之率，诚著于近，则虽远可知也。由此言之，其用博矣。谨按图验，更造密率。恐空设法，数昧而难譬，故置诸检括，谨详其记注焉。割六觚以为十二觚术曰：置圆径二尺，半之为一尺，即圆里觚之面也。令半径一尺为弦，半面五寸为句，为之求股。以句幂二十五寸减弦幂，余七十五寸，开方除之，下至秒、忽。又一退法，求其微数。微数无名知以为分子，以十为分母，约作五分忽之二。故得股八寸六分六厘二秒五忽五分忽之二。以减半径，余一寸三分三厘九毫七秒四忽五分忽之三，谓之小句。觚之半面又谓之小股。为之求弦。其幂二千六百七十九亿四千九百一十九万三千四百四十五忽，余分弃之。开方除之，即十二觚之一面也。割十二觚以为二十四觚术曰：亦令半径为弦，半面为句，为之求股。置上小弦幂，四而一，得六百六十九亿八千七百二十九万八千三百六十一忽，余分弃之，即句幂也。以减弦幂，其余开方除之，得股九寸六分五厘九毫二秒五忽五分忽之四。以减半径，余三分四厘七秒四忽五分忽之一，谓之小句。觚之半面又谓之小股。为之求小弦。其幂六百八十一亿四千四百八十三万四千九百四十六忽，余分弃之。开方除之，即二十四觚之一面也。割二十四觚以为四十八觚术曰：亦令半径为弦，半面为句，为之求股。置上小弦幂，四而一，得一百七十亿三千七百七十八万七千三百六十六忽，余分弃之，即句幂也。以减弦幂，其余，开方除之，得股九寸九分一厘四毫四秒四忽五分忽之四。以减半径，余八厘五毫五秒五忽五分忽之一，谓之小句。觚之半面又谓之小股。为之求小弦。其幂一百七十一亿一千二十七万八千八百一十三忽，余分弃之。开方除之，得小弦一寸三分八毫六忽，余分弃之，即四十八觚之一面。以半径一尺乘之，又以二十四乘之，得幂三万一千一百三十九亿四千四百万忽。以百亿除之，得幂三百一十三寸六百二十五分寸之五百八十四，即九十六觚之

---

①　设圆的周长为 L，半径为 r，则圆面积 $s=\pi r^2=\pi\left(\dfrac{D}{2}\right)^2=\dfrac{L}{2}\times\dfrac{D}{2}=\left(\dfrac{1}{2}\times 181\right)\times\left(\dfrac{1}{2}\times 60\dfrac{1}{3}\right)=\dfrac{32761}{12}=2730\dfrac{1}{12}$ 步 ^{2}。$\dfrac{2730}{240}\times\dfrac{1}{12}=11$ 亩 $90\dfrac{1}{12}$ 步 ^{2}。

幂也。割四十八觚以为九十六觚术曰：亦令半径为弦，半面为句，为之求股。置次上弦幂，四而一，得四十二亿七千七百五十六万九千七百三忽，余分弃之，即句幂也。以减弦幂，其余，开方除之，得股九寸三分七厘八毫五秒八忽十分忽之九。以减半径，余二厘一毫四秒一忽十分忽之一，谓之小句。觚之半面又谓之小股。为之求小弦。其幂四十二亿八千二百一十五万四千一十二忽，余分弃之。开方除之，得小弦六分五厘四毫三秒八忽，余分弃之，即九十六觚之一面。以半径一尺乘之，又以四十八乘之，得幂三万一千四百一十亿二千四百万忽，以百亿除之，得幂三百一十四寸六百二十五分寸之六十四，即一百九十二觚之幂也。以九十六觚之幂减之，余六百二十五分寸之一百五，谓之差幂。倍之，为分寸之二百一十，即九十六觚之外弧田九十六所，谓以弦乘矢之凡幂也。加此幂于九十六觚之幂，得三百一十四寸六百二十五分寸之一百六十九，则出圆之表矣。故还就一百九十二觚之全幂三百一十四寸以为圆幂之定率而弃其余分。以半径一尺除圆幂，倍之，得六尺二寸八分，即周数。令径自乘为方幂四百寸，与圆幂相折，圆幂得一百五十七为率，方幂得二百为率。方幂二百，其中容圆幂一百五十七也。圆率犹为微少。按：弧田图令方中容圆，圆中容方，内方合外方之半。然则圆幂一百五十七，其中容方幂一百也。又令径二尺与周六尺二寸八分相约，周得一百五十七，径得五十，则其相与之率也。周率犹为微少也。晋武库中汉时王莽作铜斛，其铭曰：律嘉量斛，内方尺而圆其外，庣旁九厘五毫，幂一百六十二寸，深一尺，积一千六百二十寸，容十斗。以此术求之，得幂一百六十一寸有奇，其数相近矣。此术微少。而觚差幂六百二十五分寸之一百五。以一百九十二觚之幂以率消息，当取此分寸之三十六，以增于一百九十二觚之幂，以为圆幂，三百一十四寸二十五分寸之四，置径自乘之方幂四百寸，令与圆幂通相约，圆幂三千九百二十七，方幂得五千，是为率。方幂五千中容圆幂三千九百二十七；圆幂三千九百二十七中容方幂二千五百也。以半径一尺除圆幂三百一十四寸二十五分寸之四，倍之，得六尺二寸八分二十五分分之八，即周数也。全径二尺与周数通相约，径得一千二百五十，周得三千九百二十七，即其相与之率。若此者，盖尽其纤微矣。举而用之，上法仍约耳。当求一千五百三十六觚之一面，得三千七十二觚之幂，而裁其微分，数亦宜然，重其验耳。臣淳风等谨按：旧术求圆，皆以周三径一为率。若用之求圆周之数，则周少径多。用之求其六觚之田，乃与此率合会耳。何则？假令六觚之田，觚间各一尺为面，自然从角至角，其径二尺可知。此则周六径二与周三径一已合。恐此犹以难晓，今更引物为喻。设令刻物作圭形者六枚，枚别三面，皆长一尺。攒此六物，悉使锐头向里，则成六觚之周，角径亦皆一尺。更从觚角外畔，围绕为规，则六觚之径尽达规矣。当面径短，不至外规。若以径言之，则为规六尺，径二尺，面径皆一尺。面径股不至外畔，定无二尺可知。故周三径一之率于圆周乃是径多周少。径一周三，理非精密。盖术从简要，举大纲略而言之。刘徽特以为疏，遂乃改张其率。但周、径相乘，数难契合。徽虽出斯二法，终不能究其纤毫也。祖冲之以其不精，就中更推其数。今者修撰，捃摭诸家，考其是非，冲之为密。故显之于徽术之下，冀学者之所裁Ф。①

又术曰：周、径相乘，四而一。此周与上觚同耳。周、径相乘，各当以半。而今周、径两全，故两母相乘为四，以报除之。于徽术，以五十乘周，一百五十七而一，即径也。以一百五十七乘径，

---

　　①　此为刘徽求圆周率的数学方法，其内容详解见：郭书春，《九章算术译注》，上海：上海古籍出版社，2009：40－49.

五十而一,即周也。新术径率犹当微少。据周以求径,则失之长;据径以求周,则失之短。诸据见径以求幂者,皆失之于微少;据周以求幂者,皆失之于微多。臣淳风等谨按:依密率,以七乘周,二十二而一,即径;以二十二乘径,七而一,即周。依术求之,即得。

又术曰:径自相乘,三之,四而一。按:圆径自乘为外方,三之,四而一者,是为圆居外方四分之三也。若令六觚之一面乘半径,其幂即外方四分之一也。因而三之,即亦居外方四分之三也。是为圆里十二觚之幂耳。取以为圆,失之于微少。于徽新术,当径自乘,又以一百五十七乘之,二百而一。臣淳风等谨按:密率,令径自乘,以十一乘之,十四而一,即圆幂也。

又术曰:周自相乘,十二而一。六觚之周,其于圆径,三与一也。故六觚之周自相乘为幂,若圆径自乘者九方。九方凡为十二觚者十有二,故曰十二而一,即十二觚之幂也。今此令周自乘,非但若圆径自乘者九方而已。然则十二而一,所得又非十二觚之类也。若欲以为圆幂,失之于多矣。以六觚之周,十二而一可也。于徽新术,直令圆周自乘,又以二十五乘之,三百一十四而一,得圆幂。其率:二十五者,周幂也;三百一十四者,周自乘之幂也。置周数六尺二寸八分,令自乘,得幂三十九万四千三百八十四分。又置圆幂三万一千四百分。皆以一千二百五十六约之,得此率。臣淳风等谨按:方面自乘即得其积。圆周求其幂,假率乃通。但此术所求用三、一为率。圆田正法,半周及半径以相乘。今乃用全周自乘,故须以十二为母。何者?据全周而求半周,则须以二为法。就全周而求半径,复假六以除之。是二、六相乘,除周自乘之数。依密率,以七乘之,八十八而一。

6. 畹田法

畹田法曰:周径相乘,四而一。

(13)宛田[1],下周三十步,径十六步。问:为田几何?

答曰:一百二十步。

(14)宛田,下周九十九步,径五十一步。问:为田几何?

答曰:五亩六十二步四分步之一。[2]

---

[1] 指类似于球冠的曲面形,图示如下。

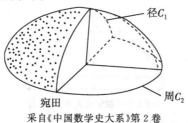

采自《中国数学史大系》第2卷

设径为 C_1,周为 C_2,则宛田的面积 $S = \frac{1}{4}C_1C_2 = \frac{1}{4} \times 30 \times 16 = 120$ 步^2。注:吴文俊认为:"这是一个很粗疏的近似公式,又所拟数据使球冠超过半球,取为耕作用田亩,有悖实际。"(见:吴文俊主编,《中国数学史大系》(第2卷),北京:北京师范大学出版社,1998:180.)

[2] $S = \frac{1}{4}C_1C_2 = \frac{1}{4} \times 99 \times 51 = 1262\frac{1}{4}$ 步^2。 $\frac{1262\frac{1}{4}}{240}$ 步^2/亩 = 5 亩 62$\frac{1}{4}$ 步^2。

术曰：以径乘周，四而一。此术不验，故推方锥以见其形。假令方锥下方六尺，高四尺。四尺为股，下方之半三尺为句。正面邪为弦，弦五尺也。令句、弦相乘，四因之，得六十尺，即方锥四面见者之幂。若令其中容圆锥，圆锥见幂与方锥见幂，其率犹方幂之与圆幂也。按：方锥下六尺，则方周二十四尺。以五尺乘而半之，则亦锥之见幂。故求圆锥之数，折径以乘下周之半，即圆锥之幂也。今宛田上径圆穹，而与圆锥同术，则幂失之于少矣。然其术难用，故略举大较，施之大广田也。求圆锥之幂，犹求圆田之幂也。今用两全相乘，故以四为法，除之，亦如圆田矣。开立圆术说圆方诸率甚备，可以验此。

7. 弧田法

弧田法①曰：弧矢相乘，矢自乘，并之，如二而一；弧矢相并，乘矢半之。

(15) 弧田，弦三十步，矢十五步。问：田几何？

答曰：一亩九十七步半。②

(16) 弧田，弦七十八步二分步之一，矢十三步九分步之七。问：田几何？

答曰：二亩一百五十五步八十一分步之五十六。③

术曰：以弦乘矢，矢又自乘，并之，二而一。方中之圆，圆里十二觚之幂，合外方之幂四分之三也。中方合外方之半，则朱青合外方四分之一也。弧田，半圆之幂也。故依半圆之体而为之术。以弦乘矢而半之，则为黄幂，矢自乘而半之，则为二青幂。青、黄相连为弧体，弧体法当应规。今觚面不至外畔，失之于少矣。圆田旧术以周三径一为率，俱得十二觚之幂，亦失之于少也，与此相似，指验半圆之弧耳。若不满半圆者，益复疏阔。宜以句股锯圆材之术，以弧弦为锯道长，以矢为锯深，而求其径。既知圆径，则弧可割分也。割之者，半弧田之弦以为股，其矢为句，为之求弦，即小弧之弦也。以半小弧之弦为句，半圆径为弦，为之求股。以减半径，其余即小弦之矢也。割之又割，使至极细。但举弦、矢相乘之数，则必近密率矣。然于算数差繁，必欲有所寻究也。若

---

① 弧田指弓形，图示如下。

采自《中国数学史大系》第 2 卷

其面积 $S=\frac{1}{2}(ah+h^2)$，或弧田面积 $=\frac{1}{2}(弦+矢)\times矢=\frac{1}{2}(a+h)\times h$。

② $S=\frac{1}{2}(ah+h^2)=\frac{1}{2}[30\times15+15^2]=337\frac{1}{2}步^2$。$\frac{675}{2}\div240=337.5\div240=1$ 亩 $97\frac{1}{2}步^2$。

③ $S=\frac{1}{2}(a+h)h=\frac{1}{2}\left(78\frac{1}{2}+13\frac{7}{9}\right)\times13\frac{7}{9}=\frac{1}{2}\times\left(\frac{157}{2}+\frac{124}{9}\right)\times\frac{124}{9}=\frac{1}{2}\times\frac{1661}{18}\times\frac{124}{9}=\frac{102982}{162}=635\frac{56}{81}步^2$。$635\frac{56}{81}=2$ 亩 $155\frac{56}{81}步^2$。

但度田，取其大数，旧术为约耳。①

8. 环田法

环田法②曰：并中外周而半之，以径乘之；外周自乘，以中周自乘减之，余十二而一。

(17) 环田，中周九十二步，外周一百二十二步，径五步。问：田几何？

答曰：二亩五十五步。③

刘徽、李淳风注本：今有环田，中周九十二步，外周一百二十二步，径五步。此欲令与周三径一之率相应，故言径五步也。据中、外周，以徽术言之，当径四步一百五十七分步之一百二十二也。臣淳风等按：依密率，合径四步二十二分步之十七。问：为田几何？

答曰：二亩五十五步。

于徽术，当为田二亩三十一步一百五十七分步之二十三。臣淳风等：依密率，为田二亩三十步二十二分步之十五。

(18) 环田，中周六十二步四分步之三，外周一百一十三步二分步之一，径十二步三分步之二。问：田几何？

---

① 关于此段术文的解释见：吴文俊主编，《中国数学史大系》（第3卷），北京：北京师范大学出版社，1998：176－179。

② 环田是指圆环形的土地。在此，杨辉给出了两个环形面积公式：

a.设外周为 C_1，中（内）周为 C_2，环宽（即径，两周间距离）为 B，则环形面积 $S=\frac{1}{2}(C_1+C_2)B$；

b.环形面积 $S=\frac{1}{12}(C_1^2-C_2^2)$，图示如下。

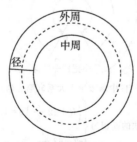

采自〔李继闵，《东方数学典籍〈九章算术〉及其刘徽注研究》，西安：山西人民出版社，1990：291。〕

③ 环形面积 $S=\frac{1}{12}(C_1^2+C_{22})=\frac{1}{12}(122^2-92^2)=\frac{1}{12}\times6420=535$ 步²。$\frac{535}{240}=2$ 亩 55 步²。或者 $S=\frac{1}{2}(C_1+C_2)B=\frac{1}{2}(122+92)\times5=\frac{1070}{2}=535$ 步²。$\frac{535}{240}=2$ 亩 55 步²。

答曰：四亩一百五十六步四分步之一。① 古注：田环而不通匝，过周三径一之率，故径十二步三分步之二；　李淳风等按：依周三径一考之，合径八步二十四分步之一十一，为田三亩二十五步六十四分步之二十五；依密率，合径八步一百七十六分步之一十三，为田二亩二百三十一步一千四百八分步之七百一十七。按徽术：当径八步六百二十八分步之五十一，为田二亩二百三十二步五千二十四分步之七百八十七。

原题为：又有环田，中周六十二步四分步之三，外周一百一十三步二分步之一，径十二步三分步之二。此田环而不通匝，故径十二步三分步之二。若据上周求径者，此径失之于多，过周三径一之率，盖为疏矣。于徽术，当径八步六百二十八分步之五十一。臣淳风等谨按：依周三径一考之，合径八步二十四分步之一十一。依密率，合径八步一百七十六分步之一十三。问：为田几何？

答曰：四亩一百五十六步四分步之一。

于徽术，当为田二亩二百三十二步五千二十四分步之七百八十七也。依周三径一，为田三亩二十五步六十四分步之二十五。臣淳风等谨按：依密率，为田二亩二百三十一步一千四百八分步之七百一十七也。

术曰：并中、外周而半之，以径乘之，为积步。此田截而中之周则为长。并而半之知，亦

----

① 设圆环之径为 B。组成圆环内圆的周长为 C_1，半径为 r_1；圆环外圆的周长为 C_2，半径为 r_2。则刘徽求出圆环之径，取 $\pi=\frac{157}{50}$，$B=r_2-r_1=\frac{1}{2}\times\frac{50}{157}(C_2-C_1)=\frac{50}{314}\left(113\frac{1}{2}-62\frac{3}{4}\right)=8\frac{51}{628}$ 步。

李淳风依密率 $\frac{22}{7}$ 算得 $B=r_2-r_1=\frac{1}{2}\times\frac{22}{7}(C_2-C_1)=\frac{7}{44}\left(113\frac{1}{2}-62\frac{3}{4}\right)=8\frac{13}{176}$ 步。所以，依刘徽环田密率法算得 $S=\frac{1}{2}(C_1+C_2)B=\frac{1}{2}\left(113\frac{1}{2}+62\frac{3}{4}\right)\times8\frac{51}{628}=2$ 亩 $232\frac{787}{5024}$ 步²。刘徽依周 1 径 1 之率算得 $S=\frac{1}{2}(C_1+C_2)B=\frac{1}{2}\left(113\frac{1}{2}+62\frac{3}{4}\right)\times8\frac{11}{24}=3$ 亩 $25\frac{25}{64}$ 步²；但此算有误，因为"此田环不通匝"，所以不能由整圆环来推求"环径"。而刘徽恰恰是从整圆环来推求"环径"的，图示如下。

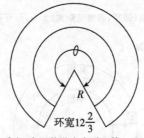

环宽$12\frac{2}{3}$

采自《中国数学史大系》（第 2 卷）

吴文俊等用现代数学方法算得此环缺的面积为 $\begin{cases}\left(R+12\frac{2}{3}\right)\theta=113\frac{1}{2}\\r\theta=62\frac{3}{4}\end{cases}$，解得内半径 $R=15\frac{403}{609}$，所张圆心角 $\theta=229°33'36''$，其面积为 $S=\frac{1}{4\pi}\left[\left(113\frac{1}{2}\right)^2-\left(62\frac{3}{4}\right)^2\right]\frac{1}{2\pi}\left(4\frac{1}{152}\right)=453.89$ 步²，453.89 步²$=1$ 亩 $213\frac{214}{240}$ 步²。

以盈补虚也。此可令中、外周各自为圆田,以中圆减外圆,余则环实也。按:此术,并中、外周步数于上,分母、子于下,母乘子者,为中、外周俱有分,故以互乘齐其子,母相乘同其母。子齐母同,故通全步,内分子。半之知,以盈补虚,得中平之周。周则为从,径则为广,故广、从相乘而得其积。既合分母,还须分母除之。故令周、径分母相乘而连除之,即得积步。不尽,以等数除之而命分。以亩法除积步,得亩数也。密率术:置中、外周步数,分母子各居其下。母互乘子,通全步,内分子。以中周减外周,余半之,以益中周。径亦通分内子,以乘周为实。分母相乘为法。除之为积步。余,积步之分。以亩法除之,即亩数也。

9. 约分法

约分法曰:可半者半之,不可半者副置分母子之数,以少减多,更相减损,求等约之。

(19) 十八分之十二。问:约之,得几何?

答曰:三分之二。[①]

(20) 九十一分之四十九。问:约之,得几何?

答曰:十三分之七。[②]

约分[③]按:约分者,物之数量,不可悉全,必以分言之。分之为数,繁则难用。设有四分之二者,繁而言之,亦可为八分之四;约而言之,则二分之一也,虽则异辞,至于为数,亦同归尔。法实相推,动有参差,故为术者先治诸分。

术曰:可半者半之;不可半者,副置分母、子之数,以少减多,更相减损,求其等也。以等数约之。等数约之,即除也。其所以相减者,皆等数之重叠,故以等数约之。

10. 合分法

合分法曰:母互乘子,并以为实;母相乘为法。实如法而一,不满法者,以法命之,其母同者,直相从之。

(21) 三分之一,五分之二。问:合之得几何?

答曰:一十五分之十一。[④]

(22) 三分之二,七分之四,九分之五。问:合之得几何?

答曰:得一余六十三分之五十。[⑤]

(23) 二分之一、三分之二、四分之三、五分之四,合之得几何?

---

① $\dfrac{12}{18} = \dfrac{4}{6} = \dfrac{2}{3}$。

② $\dfrac{49}{91} = \dfrac{7}{13}$。

③ 指约简分数。

④ $\dfrac{1}{3} + \dfrac{2}{5} = \dfrac{11}{15}$。

⑤ $\dfrac{2}{3} + \dfrac{4}{7} + \dfrac{5}{9} = \dfrac{42+36+35}{63} = \dfrac{113}{63} = 1\dfrac{50}{63}$。

答曰：得二余六十分之四十三。①

合分臣淳风等谨按：合分知，数非一端，分无定准，诸分子杂互，群母参差，粗细既殊，理难从一，故齐其众分，同其群母，令可相并，故曰合分。

术曰：母互乘子，并以为实。母相乘为法。母互乘子；约而言之者，其分粗；繁而言之者，其分细。虽则粗细有殊，然其实一也。众分错杂，非细不会。乘而散之，所以通之。通之则可并也。凡母互乘子谓之齐，群母相乘谓之同。同者，相与通同共一母也；齐者，子与母齐，势不可失本数也。方以类聚，物以群分。数同类者无远；数异类者无近。远而通体知，虽异位而相从也；近而殊形知，虽同列而相违也。然则齐同之术要矣：错综度数，动之斯谐，其犹佩觿解结，无往而不理焉。乘以散之，约以聚之，齐同以通之，此其算之纲纪乎？其一术者，可令母除为率，率乘子为齐。实如法而一。不满法者，以法命之。今欲求其实，故齐其子，又同其母，令如母而一。其余以等数约之，即得知，所谓同法为母，实余为子，皆从此例。其母同者，直相从之。

11. 课分法

课②法曰：母互乘子，以少减多，余为实，母相乘为法，实如法而一，即余亦曰相多也。

（24）九分之八，减其五分之一。问：余几何？

答曰：四十五分之三十一。③

（25）四分之三，减其三分之一。问：余几何？

答曰：十二分之五。④

减分臣淳风等谨按：诸分子、母数各不同，以少减多，欲知余几，减余为实，故曰减分。

术曰：母互乘子，以少减多，余为实。母相乘为法。实如法而一。母互乘子知，以齐其子也。以少减多知，齐故可相减也。母相乘为法者，同其母也。母同子齐，故如母而一，即得。

（26）八分之五比二十五分之十六。问孰多？多几何？

答曰：二十五分之十六多，多二百分之三。

（27）九分之八比七分之六。问孰多？多几何？

答曰：九分之八多，多六十三分之二。

（28）二十一分之八比五十分之十七。问孰多？多几何？

答曰：二十一分之八多，多一千五十分之四十三。⑤

课分臣淳风等谨按：分各异名，理不齐一，校其相多之数，故曰课分也。

---

① $\frac{1}{2}+\frac{2}{3}+\frac{3}{4}+\frac{4}{5}=\frac{30+40+45+48}{60}=\frac{163}{60}=2\frac{43}{60}$。

② 课：比较。课分：指分数大小的比较。

③ $\frac{8}{9}-\frac{1}{5}=\frac{40-9}{45}=\frac{31}{45}$。

④ $\frac{3}{4}-\frac{1}{3}=\frac{9-4}{12}=\frac{5}{12}$。

⑤ $\frac{8}{21}$ 多；$\frac{8}{21}-\frac{17}{50}=\frac{400-357}{1050}=\frac{43}{1050}$，即多 $\frac{43}{1050}$。

术曰:母互乘子,以少减多,余为实。母相乘为法。实如法而一,即相多也。臣淳风等谨按:此术母互乘子,以少分减多分,多与减分义同。惟相多之数,意共减分有异:减分知,求其余数有几;课分知,以其余数相多也。

12. 平分法

平分[①]法曰:母互乘子,副并为平实,母相乘为法。以列数乘未并分子各自为列实。亦以列数乘法,以平实减列实,余为所减,以列实减平实。余为所益并所减以益少,以法命平实,各其平也。

(29) 二分之一,三分之二,四分之三。减多益少几何而平?

答曰:减四分之三求之者四,减三分之二求之者一,益二分之一求之者五,各平于三十六分之二十三。[②]

(30) 三分之一,三分之二,四分之三。问减多益少几何而平?

答曰:减四分之三求之者二,减三分之二求之者一,并以益原问三分之一,各平于十二分之七。[③]

平分臣淳风等谨按:平分知,诸分参差,欲令齐等,减彼之多,增此之少,故曰平分也。

术曰:母互乘子,齐其子也。副并为平实。臣淳风等谨按:母互乘子,副并为平实知,定此平实主限,众子所当损益知,限为平。母相乘为法。母相乘为法知,亦齐其子,又同其母。以列数乘未并者各自为列实。亦以列数乘法。此当副置列数除平实,若然则重有分,故反以列数乘同齐。臣淳风等谨又按:问云所平之分多少不定,或三或二,列位无常。平三知,置位三重;平二知,置位二重。凡此之例,一准平分不可预定多少,故直云列数而已。以平实减列实,余,约之为所减。并所减以益于少。以法命平实,各得其平。[④]

13. 乘分法

乘分[⑤]法曰:分母各乘其全,分子从之。相乘为实,分母相乘为法,实如法而一。无平步者,子相乘为实,母相乘为法,实如法而一。

(31) 田广七步四分步之三,从十五步九分步之五。问:为田几何?

---

① 是指求几个分数的算术平均数。

② 首先,求平均数。因 $\frac{1}{3}=\frac{4}{12}$,$\frac{2}{3}=\frac{8}{12}$,$\frac{3}{4}=\frac{9}{12}$,所以,中数为 $\frac{1}{3}\times\left(\frac{1}{3}+\frac{2}{3}+\frac{3}{4}\right)=\frac{7}{12}$;

其次,依题意,则 $\frac{9}{12}-\frac{7}{12}=\frac{2}{12}$;$\frac{8}{12}-\frac{7}{12}=\frac{1}{12}$;故 $\frac{2}{12}+\frac{1}{12}=\frac{3}{12}$,$\frac{3}{12}+\frac{4}{12}=\frac{7}{12}$。

③ 首先,求平均数。因 $\frac{1}{2}=\frac{6}{12}$,$\frac{2}{3}=\frac{8}{12}$,$\frac{3}{4}=\frac{9}{12}$,所以,中数为 $\frac{1}{3}\times\left(\frac{1}{2}+\frac{2}{3}+\frac{3}{4}\right)=\frac{23}{36}$;

其次,依题意,则 $\frac{9}{12}-\frac{23}{36}=\frac{4}{36}$;$\frac{8}{12}-\frac{23}{36}=\frac{1}{36}$;故 $\frac{4}{36}+\frac{1}{36}=\frac{5}{36}$,$\frac{5}{36}+\frac{18}{36}=\frac{23}{36}$。

④ 具体解释参见:吴文俊主编,《中国数学史大系》(第2卷),北京:北京师范大学出版社,1998:162-163.

⑤ 指分数相乘。

答曰：一百二十步九分步之五。①

（32）田广十八步七分步之五，从二十三步十一分步之六。问：为田几何？

答曰：一亩二百步十一分步之七。②

（33）田广三步三分步之一，从五步五分步之二。问：为田几何？

答曰：十八步。③

（34）田广步下五分步之四，从步下九分步之五。问：为田几何？

答曰：九分步之四。④

（35）田广九分步之七，从十一分步之九。问：为田几何？

答曰：十一分步之七。⑤

（36）田广七分步之四，从五分步之三。问：为田几何？

答曰：三十五步之一十二。⑥

乘分臣淳风等谨按：乘分者，分母相乘为法，子相乘为实，故曰乘分。

术曰：母相乘为法，子相乘为实，实如法而一。凡实不满法者而有母、子之名。若有分，以乘其实而长之，则亦满法，乃为全耳。又以子有所乘，故母当报除。报除者，实如法而一也。今子相乘则母各当报除，因令分母相乘而连除也。此田有广从，难以广谕。设有问者曰：马二十四，直金十二斤。今卖马二十四，三十五人分之，人得几何？答曰：三十五分斤之十二。其为之也，当如经分术，以十二斤金为实，三十五人为法。设更言马五匹，直金三斤。今卖（马）四匹，七人分之，人得几何？答曰：人得三十五分斤之十二。其为之也，当齐其金、人之数，皆合初问入于经分矣。然则分子相乘为实者，犹齐其金也；母相乘为法者，犹齐其人也。同其母为二十，马无事于同，但欲求齐而已。又，马五匹，直金三斤，完全之率；分而言之，则为一匹直金五分斤之三。七人卖四马，一人卖七分马之四。金与人交互相生。所从言之异，而计数则三术同归也。

14. 除分法

除分⑦法曰：以人数为法，钱数为实。有分者通之，实如法而一（此术载于方田）。

（37）七人，均八钱三分钱之一。问：人得几何？

---

① $7\frac{3}{4} \times 15\frac{5}{9} = \frac{31}{4} \times \frac{140}{9} = \frac{4340}{36} = 120\frac{5}{9}$ 步²。

② $18\frac{5}{7} \times 23\frac{6}{11} = \frac{131}{7} \times \frac{259}{11} = \frac{33929}{77} = 440\frac{7}{11}$ 步² = 1 亩 200 $\frac{7}{11}$ 步²。

③ $3\frac{1}{3} \times 5\frac{2}{5} = \frac{10}{3} \times \frac{27}{5} = 18$ 步²。

④ $\frac{4}{5} \times \frac{5}{9} = \frac{4}{9}$ 步²。

⑤ $\frac{7}{9} \times \frac{9}{11} = \frac{7}{11}$ 步²。

⑥ $\frac{4}{7} \times \frac{3}{5} = \frac{12}{35}$ 步²。

⑦ 指推求一人所分的量，实际上就是分数除法，亦即经分。

答曰：人得一钱二十一分钱之四。①

(38) 三人三分人之一，均六钱三分钱之一，四分钱之三。问：人得几何？

答曰：人得二钱八分钱之一。②

刘徽、李淳风注本：经分臣淳风等谨按：经分者，自合分已下，皆与诸分相齐，此乃直求一人之分。以人数分所分，故曰经分也。

术曰：以人数为法，钱数为实，实如法而一。有分者通之。母互乘子知，齐其子；母相乘者，同其母。以母通之者，分母乘全内子。乘，散全则为积，积分则与子相通之，故可令相从。凡数相与者谓之率。率知，自相与通。有分则可散，分重叠则约也。等除法实，相与率也。故散分者，必令两分母相乘法实也。重有分者同而通之。又以法分母乘实，实分母乘法。此谓法、实俱有分，故令分母各乘全分内子，又令分母互乘上下。

15. 经率法

经率法(俗名商除)曰：钱数为实，以所买率为法，实如法而一。原载粟米章。

(39) 钱一百六十文，买瓴甓十八枚。问：枚价几何？

答曰：一枚八钱九分钱之八。③

(40) 钱十三贯五百，买竹二千三百五十个。问：个价？

答曰：五钱四十七分钱之三十五。④

经率术曰：以所买率为法，所出钱数为实，实如法得一。此术犹经分。臣淳风等谨按：今有之义，以所求率乘所有数，合以瓴甓一枚乘钱一百六十为实。但以一乘不长，故不复乘，是以径将所买之率与所出之钱为法、实也。又按：此今有之义。出钱为所有数，一枚为所求率，钱为所有率，而今有之，即得所求数。一乘不长，故不复乘，是以径将所买之率为法，以所出之钱为实，实如法得。一枚钱。不尽者，等数而命分。

---

① $8\frac{1}{3} \div 7 = \frac{25}{3} \times \frac{1}{7} = \frac{25}{21} = 1\frac{4}{21}$ 钱。

② $\left(6\frac{1}{3} + \frac{3}{4}\right) \div 3\frac{1}{3} = \frac{19}{10} + \frac{9}{40} = \frac{85}{40} = 2\frac{1}{8}$ 步²。

③ $160 \div 18 = 8\frac{8}{9}$ 钱。

④ 知 1 贯等于 1000 文，则依题意，$13500 \div 2350 = 5\frac{35}{47}$ 钱。在此，粟米少一题。

除率卷第三[*]

杨辉题录载此卷共 9 问：粟米 5 问（已阙），盈不足 4 问^①，但可从《详解九章算法·纂类》归入本卷的算题仅有 7 问，包括贵贱率除法和反其率两种算法。

1. 贵贱率除法

贵贱率除法^②曰：以出钱数为实，所买物数为法。实如法而一；实不满法者，以数为贵率，以实减法为贱率也。

（1）出钱五百七十六文，买竹七十八个。欲其大小率^③之，问：各几何？

答曰：其四十八个，个七钱。其三十个，个八钱。^④

（2）出钱一贯一百二十文，买丝一石二钧一十八斤。^⑤ 欲其贵贱率之，问：各几何？

答曰：其二钧八斤，斤五钱。其一石一十斤，斤六钱。^⑥

（3）出钱一十三贯九百七十文，买丝一石二钧二十八斤三两五铢。欲其贵贱石率之，问：各几何？

答曰：一钧九两十二铢，石八贯五十一钱。其一石一钧二十七斤九两十七铢，石八贯五十二钱。^⑦

---

* 杨辉没有详解，但由《详解九章算法·纂类》的体系结构推知，这里所谓"除率"，实际上就是"分率"的另一种说法，它包括"贵贱率除法"、"反其率法"及"分率术"。其中，"分率术"的例题见题兼二法卷。

① 据《详解九章算法·纂类》所加。

② 是一种带余除法。其中，"贵贱"二字的含义应是对质量好差而言，质量好者为贵，质量差者为贱。

③ "其率"指推求所买物品的单位价格。

④ 解法为：$576 \div 78 = 7\frac{30}{78}$，因大竹较小竹多 1 钱，大竹 30 个，每个 8 钱，余下 48 个是小竹，每个 7 钱。故"其"48 个，每个 7 钱；"其"30 个，每个 8 钱。

⑤ 1 石＝120 斤，1 钧＝30 斤。

⑥ 解法为：$1120 \div 198 = 5\frac{130}{198}$ 钱。即如果每斤 7 钱，余 130 钱；如果设每斤增 1 钱，则可以作为 130 斤（1石 10 斤），每斤 6 钱；余下 $198 - 130 = 68$ 斤（2 钧 8 斤），每斤 5 钱。因此，"其"2 钧 8 斤，斤 5 钱；"其"1 石 10 斤，斤 6 钱。

⑦ 1 斤＝16 两，1 两＝24 铢。"一十三贯九百七十文"＝13970 钱，"一石二钧二十八斤三两五铢"＝$(120 \times 16 \times 24) + (2 \times 30 \times 16 \times 24) + (28 \times 16 \times 24) + 3 \times 24 + 5 = 79949$ 铢。

解法为：

首先，换算为石，则 2 钧＝$\frac{60}{120}$＝0.5 石，28 斤＝$\frac{28}{120} \approx 0.2$ 石，3 两＝$\frac{3}{1920} \approx 0.002$ 石，5 铢＝$\frac{5}{46080} \approx 0.0001$ 石。其次，依"其率"法算得 $13970 \div 1.7021 = 8207\frac{8653}{17021}$ 钱。

（4）出钱一十三贯九百七十文，买丝一石二钧二十八斤三两五铢。欲其贵贱斤率之，问：各几何？

答曰：二十斤九两一铢，每斤六十八钱。其一石二钧七斤十两四铢，每斤六十七钱。[①]

（5）出钱一十三贯九百七十文，买丝一石二钧二十八斤三两五铢。欲其贵贱两率之，问：各几何？

答曰：其一钧一十斤五两四铢，每两五文；其一石一钧一十七斤十四两一铢，每两四文。[②]

其率术曰：各置所买石、钧、斤、两以为法，以所率乘钱数为实，实如法而一。不满法者，反以实减法。法贱实贵。其求石、钧、斤、两，以积铢各除法、实，各得其积数，余各为铢。其率知，欲令无分。按：出钱五百七十六，买竹七十八个，以除钱，得七，实余三十，是为三十个复可增一钱。然则实余之数即是贵者之数，故曰实贵也。本以七十八个为法，今以贵者减之，则其余悉是贱者之数。故曰法贱也。其求石、钧、斤、两，以积铢各除法、实，各得其积数，余各为铢者，谓石、钧、斤、两积铢除实，又以石、钧、斤、两积铢除法，余各为铢，即合所问。

2. 反其率法

反其率法曰：以所有物数为法，所有钱数为实。实如法而一；实不满法者，以实为贱率，以实减法，余为贵率。各乘出物求之。

（6）出钱一十三贯九百七十文，买丝一石二钧二十八斤三两五铢。欲其贵贱铢率之，问：各几何？

答曰：其一钧二十斤六两十一铢，五铢一钱；其一石一钧七斤十二两十八铢，六铢一钱。[③]

（7）出钱六百二十文，买羽二千一百瓣。[④] 欲其贵贱率之，问：各几何？

---

① 首先，换算为斤，则 1 石＝120 斤，2 钧＝60 斤，28 斤＝28 斤，3 两＝$\frac{3}{16}$≈0.19 斤，5 铢＝$\frac{5}{16\times24}$＝$\frac{5}{384}$＝0.013 斤；其次，依"其率"法算得 13970÷208.203＝67 $\frac{20399}{208203}$钱。

② 首先，换算为两，则 1 石＝120 斤＝120 斤×16 两＝1920 两，2 钧＝60 斤＝60 斤×16 两＝960 两，28 斤＝28 斤×16 两＝448 两，3 两＝3 两，5 铢＝$\frac{5}{24}$≈0.2 两；其次，依"其率"法算得 13970÷3331.2＝4 $\frac{6452}{33312}$钱。

③ 首先，换算为铢，则 5 铢＝5 铢，3 两＝3×24＝72 铢，28 斤＝28×16 两＝448×24 铢＝10752 铢，2 钧＝2×30 斤＝60×16 两＝960×24 铢＝23040 铢，1 石＝1×120 斤＝120×16 两＝1920×24 铢＝46080 铢；其次，依"反其率"法算得 79949÷13970＝5 $\frac{10099}{13970}$钱。其中，5 为贵价，即每 5 铢＝1 钱；而 5＋1＝6 为贱价，即每 6 铢 1 钱。以法减实，于是，得 13970－10099＝3871 为贵物钱数；10099 为贱物钱数。各乘以贵、贱价，因此，得 3871×5＝19355 铢；10099×6＝60594 铢。即 1 钱 5 铢，共 19355 铢＝1 均 20 斤 6 两 11 铢，是贵物；1 钱 6 铢，共 60594 铢＝1 石 1 钧 7 斤 12 两 18 铢，是贱物。

④ 瓣：表示羽矢（箭）的单位量词。

答曰:其一千一百四十猴,三猴一钱。其九百六十猴,四猴一钱。①

反其率臣淳风等谨按:其率者,钱多物少;反其率知,钱少物多;多少相反,故曰反其率也。其率者,以物数为法,钱数为实。反之知,以钱数为法,物数为实。不满法知,实余也。当以余物化为钱矣。法为凡钱,而今以化钱减之,故以实减法。法少知,经分之所得,故曰法少;实多者,余分之所益,故曰实多。乘实宜以多,乘法宜以少,故曰各以其所得多少之数乘法、实,即物数。其求石、钧、斤、两,以积铢各除法、实,各得其数,余各为铢者,谓之石、钧、斤、两积铢除实,石、钧、斤、两积铢除法,余各为铢,即合所问。

术曰:以钱数为法,所率为实,实如法而一。不满法者,反以实减法。法少实多。二物各以所得多少之数乘法、实,即物数。按:其率:出钱六百二十,买羽二千一百猴。反之,当二百四十钱,一钱四猴;其三百八十钱,一钱三猴。是钱有二价,物有贵贱。故以羽乘钱,反其率也。

---

① 　2100÷620＝3$\frac{240}{620}$猴。因此,有240钱为1钱买4猴,而余2100−240×4＝1140为1钱买3猴。

合率卷第四

合率 20 问[①];少广章 11 问[②],均输章 8 问,盈不足 1 问,包括少广法、反用合分术和并率除术三种算法。

1. 少广法或少广术

设诸分母子并而为广,借田求纵立少广章,易合分之术而为之法。用副置分母自乘,以乘全步及诸子,各以本母除其子而并之。免互乘之繁,又得此术兼助合分使法术,引伸不亦善乎。

少广法曰:列置全步及分母子,而副置分母自乘以全步及子各以本母除子,并之为法。以全步积分乘母步为实。实如法而一。

少广[③]:以御积幂方圆。

少广臣淳风等谨按:一亩之田,广一步,长二百四十步。今欲截取其从少,以益其广,故曰少广。

术曰:置全步及分母子,以最下分母遍乘诸分子及全步。臣淳风等谨按:以分母乘全步者,通其分也;以母乘子者,齐其子也。各以其母除其子,置之于左,命通分者,又以分母遍乘诸分子及已通者,皆通而同之。并之为法。臣淳风等谨按:诸子悉通,故可并之为法。亦宜用合分术,列数尤多,若用乘则算数至繁,故别制此术,从省约。置所求步数,以全步积分乘之为实。此以田广为法,以亩积步为实。法有分者,当同其母,齐其子,以同乘法实,而并齐于法。今以分母乘全步及子,子如母而一,并以并全法,则法实俱长,意亦等也。故如法而一,得从步数。实如法而一,得从步。

(1)田一亩,广一步半。问:从?[④]

答曰:一百六十步。[⑤]

术曰:下有半,是二分之一。以一为二,半为一,并之得三,为法。置田二百四十步,亦以一为二乘之,为实。实如法得从步。

(2)田一亩,广一步半、三分步之一。求问:从?

---

①　因杨辉《详解九章算术纂类》补之,合率是指两个或两个以上分数的相加运算,其具体算法主要有合分术、反用合分术、并率除术等。

②　原文作"少广章十一",根据上下文意,补"问"字。

③　即已知矩形面积或长方体的体积,求其一边长。

④　从,通"纵",即南北向,意指宽。

⑤　设长为 a,宽为 b,且 1 亩等于 240 步^2,故长方形的面积为 $S=a\times b$,$b=\dfrac{S}{a}=\dfrac{240}{1.5}=160$ 步。

答曰：一百三十步一十一分步之一十。[1]

术曰：下有三分，以一为六，半为三，三分之一为二，并之，得一十一，以为法。置田二百四十步，亦以一为六乘之，为实。实如法得从步。

（3）田一亩，广一步半、三分步之一、四分步之一。问：从？

答曰：一百一十五步五分步之一。[2]

术曰：下有四分，以一为一十二，半为六，三分之一为四，四分之一为三，并之，得二十五，以为法。置田二百四十步，亦以一为一十二乘之，为实。实如法而一，得从步。

（4）田一亩，广一步半、三分步之一、四分步之一、五分步之一。问：从？

答曰：一百五步一百三十七分步之一十五。[3]

术曰：下有五分，以一为六十，半为三十，三分之一为二十，四分之一为一十五，五分之一为一十二，并之，得一百三十七，以为法。置田二百四十步，亦以一为六十乘之，为实。实如法得从步。

---

① $b=\dfrac{S}{a}=\dfrac{240}{\dfrac{3}{2}+\dfrac{1}{3}}=\dfrac{240}{\dfrac{11}{6}}=\dfrac{1440}{11}=130\dfrac{10}{11}$ 步。

② $b=\dfrac{S}{a}=\dfrac{240}{\dfrac{3}{2}+\dfrac{1}{3}+\dfrac{1}{4}}=\dfrac{240}{\dfrac{25}{12}}=\dfrac{2880}{25}=115\dfrac{1}{5}$ 步。

用"少广术"解，基本思路是将分数化为整数：

1		4		12
$\dfrac{1}{2}$		3		6
$\dfrac{1}{3}$	用4遍乘 →	$\dfrac{4}{3}$	用3遍乘 →	4
$\dfrac{1}{4}$		1		3

将最右边一列数相加，即 $12+6+4+3=25$，用作除数；再将 $12\times240=2880$ 作被除数，求得田长步数为 $115\dfrac{1}{5}$ 步。

③ $b=\dfrac{S}{a}=\dfrac{240}{\dfrac{3}{2}+\dfrac{1}{3}+\dfrac{1}{4}+\dfrac{1}{5}}=\dfrac{240}{\dfrac{137}{60}}=\dfrac{14400}{137}=105\dfrac{15}{137}$ 步。

用"少广术"解：

1		5		20		60
$\dfrac{1}{2}$		$\dfrac{5}{2}$		10		30
$\dfrac{1}{3}$	用5遍乘 →	$\dfrac{5}{3}$	用4遍乘 →	$\dfrac{20}{3}$	用3遍乘 →	20
$\dfrac{1}{4}$		$\dfrac{5}{4}$		5		15
$\dfrac{1}{5}$		1		4		12

将最右边一列数相加，即 $12+15+20+30+60=137$，用作除数；再将 $60\times240=1440$ 作被除数，求得田长步数为 $105\dfrac{15}{137}$ 步。

（5）田一亩，广一步半、三分步之一、四分步之一、五分步之一、六分步之一。问：从？

答曰：九十七步四十九分步之四十七。[①]

术曰：下有六分，以一为一百二十，半为六十，三分之一为四十，四分之一为三十，五分之一为二十四，六分之一为二十，并之，得二百九十四，以为法。置田二百四十步，亦以一为一百二十乘之，为实。实如法得从步。

（6）田一亩，广一步半、三分步之一、四分步之一、五分步之一、六分步之一、七分步之一。问：从？

答曰：九十二步一百二十一分步之六十八。[②]

[①] $b = \dfrac{S}{a} = \dfrac{240}{\dfrac{3}{2}+\dfrac{1}{3}+\dfrac{1}{4}+\dfrac{1}{5}+\dfrac{1}{6}} = \dfrac{240}{\dfrac{147}{60}} = \dfrac{14400}{147} = 97\dfrac{47}{49}$ 步。

用"少广术"解：

1	6	30	120
$\frac{1}{2}$	3	15	60
$\frac{1}{3}$	2	10	40
$\frac{1}{4}$（用6遍乘→）	$\frac{6}{4}$（用5遍乘→）	$\frac{30}{4}$（用4遍乘→）	30
$\frac{1}{5}$	$\frac{6}{5}$	6	24
$\frac{1}{6}$	1	5	20

将最右边一列数相加，即 20＋24＋30＋40＋120＝294，用作除数；再将 120×240＝28800 作被除数，求得田长步数为 $\dfrac{28800}{294} = 97\dfrac{282}{294} = 97\dfrac{47}{49}$ 步。

[②] $b = \dfrac{S}{a} = \dfrac{240}{\dfrac{3}{2}+\dfrac{1}{3}+\dfrac{1}{4}+\dfrac{1}{5}+\dfrac{1}{6}+\dfrac{1}{7}} = \dfrac{240}{\dfrac{1089}{420}} = \dfrac{100800}{1089} = 92\dfrac{68}{121}$ 步。

用"少广术"解：

1	7	42	210	420
$\frac{1}{2}$	$\frac{7}{2}$	21	105	210
$\frac{1}{3}$	$\frac{7}{3}$	14	70	140
$\frac{1}{4}$（用7遍乘→）	$\frac{7}{4}$（用6遍乘→）	$\frac{21}{2}$（用5遍乘→）	$\frac{105}{2}$（用2遍乘→）	105
$\frac{1}{5}$	$\frac{7}{5}$	$\frac{42}{5}$	42	84
$\frac{1}{6}$	$\frac{7}{6}$	7	35	70
$\frac{1}{7}$	1	1	30	60

将最右边一列数相加，即 60＋70＋84＋105＋140＋210＋420＝1089，用作除数；再将 420×240＝100800 作被除数，求得田长步数为 $\dfrac{100800}{1089} = 92\dfrac{612}{1089} = 92\dfrac{68}{121}$ 步。

术曰:下有七分,以一为四百二十,半为二百一十,三分之一为一百四十,四分之一为一百五,五分之一为八十四,六分之一为七十,七分之一为六十,并之,得一千八十九,以为法。置田二百四十步,亦以一为四百二十乘之,为实。实如法得从步。

(7) 田一亩,广一步半、三分步之一、四分步之一、五分步之一、六分步之一、七分步之一、八分步之一。问:从?

答曰:八十八步七百六十一分步之二百三十二。①

术曰:下有八分,以一为八百四十,半为四百二十,三分之一为二百八十,四分之一为二百一十,五分之一为一百六十八,六分之一为一百四十,七分之一为一百二十,八分之一为一百五,并之,得二千二百八十三,以为法。置田二百四十步,亦以一为八百四十乘之,为实。实如法得从步。

(8) 田一亩,广一步半、三分步之一、四分步之一、五分步之一、六分步之一、七分步之一、八分步之一、九分步之一。问:从?

---

① $b=\dfrac{S}{a}=\dfrac{240}{\dfrac{3}{2}+\dfrac{1}{3}+\dfrac{1}{4}+\dfrac{1}{5}+\dfrac{1}{6}+\dfrac{1}{7}+\dfrac{1}{8}}=\dfrac{240}{\dfrac{10956}{4032}}=\dfrac{967680}{10956}=88\dfrac{232}{761}$ 步。

用"少广术"解:

1	8	56	168	840
$\frac{1}{2}$	4	28	84	420
$\frac{1}{3}$	$\frac{8}{3}$	$\frac{56}{3}$	56	280
$\frac{1}{4}$	2	14	42	210
$\frac{1}{5}$	$\frac{8}{5}$	$\frac{56}{5}$	$\frac{168}{5}$	168
$\frac{1}{6}$	$\frac{4}{3}$	$\frac{28}{3}$	28	140
$\frac{1}{7}$	$\frac{8}{7}$	8	24	120
$\frac{1}{8}$	1	7	21	105

（各列之间分别标注：用 8 遍乘 →　用 7 遍乘 →　用 3 遍乘 →　用 5 遍乘 →）

将最右边一列数相加,即 105＋120＋140＋168＋210＋280＋420＋840＝2283,用作除数;再将 840×240＝201600 作被除数,求得田长步数为 $\dfrac{201600}{2283}=88\dfrac{696}{2283}=88\dfrac{232}{761}$ 步。

答曰：八十四步七千一百二十九分步之五千九百六十四。[1]

术曰：下有九分，以一为二千五百二十，半为一千二百六十，三分之一为八百四十，四分之一为六百三十，五分之一为五百四，六分之一为四百二十，七分之一为三百六十，八分之一为三百一十五，九分之一为二百八十，并之，得七千一百二十九，以为法。置田二百四十步，亦以一为二千五百二十乘之，为实。实如法得从步。

（9）田一亩，广一步半、三分步之一、四分步之一、五分步之一、六分步之一、七分步之一、八分步之一、九分步之一、十分步之一。问：从？

---

[1] $b = \dfrac{S}{a} = \dfrac{240}{\dfrac{3}{2} + \dfrac{1}{3} + \dfrac{1}{4} + \dfrac{1}{5} + \dfrac{1}{6} + \dfrac{1}{7} + \dfrac{1}{8} + \dfrac{1}{9}} = \dfrac{240}{\dfrac{7129}{2520}} = 84\dfrac{5964}{7129}$ 步。

用"少广术"解：

1		9		72		504	2520
$\dfrac{1}{2}$		$\dfrac{9}{2}$		36		252	1260
$\dfrac{1}{3}$		3		24		168	840
$\dfrac{1}{4}$		$\dfrac{9}{4}$		18		126	630
$\dfrac{1}{5}$	用9遍乘→	$\dfrac{9}{5}$	用8遍乘→	$\dfrac{72}{5}$	用7遍乘→	$\dfrac{504}{5}$	用5遍乘→ 504
$\dfrac{1}{6}$		$\dfrac{3}{2}$		12		84	420
$\dfrac{1}{7}$		$\dfrac{9}{7}$		$\dfrac{72}{7}$		72	360
$\dfrac{1}{8}$		$\dfrac{9}{8}$		9		63	315
$\dfrac{1}{9}$		1		8		56	280

将最右边一列数相加，即 280＋315＋360＋420＋504＋630＋840＋1260＋2520＝7129，用作除数；再将 2520×240＝604800 作被除数，求得田长步数为 $\dfrac{604800}{7129} = 84\dfrac{5964}{7129}$ 步。

答曰：八十一步七千三百八十一分步之六千九百三十九。①

术曰：下有一十分，以一为二千五百二十，半为一千二百六十，三分之一为八百四十，四分之一为六百三十，五分之一为五百四，六分之一为四百二十，七分之一为三百六十，八分之一为三百一十五，九分之一为二百八十，十分之一为二百五十二，并之，得七千三百八十一，以为法。置田二百四十步，亦以一为二千五百二十乘之，为实。实如法得从步。

（10）田一亩，广一步半、三分步之一、四分步之一、五分步之一、六分步之一、七分步之一、八分步之一、九分步之一、十分步之一、十一分步之一。问从？

---

① $b = \dfrac{S}{a} = \dfrac{240}{\dfrac{3}{2} + \dfrac{1}{3} + \dfrac{1}{4} + \dfrac{1}{5} + \dfrac{1}{6} + \dfrac{1}{7} + \dfrac{1}{8} + \dfrac{1}{9} + \dfrac{1}{10}} = \dfrac{240}{\dfrac{7381}{2520}} = 81\dfrac{6939}{7381}$ 步。

用"少广术"解：

1		10	90	360	2520
$\frac{1}{2}$		5	45	180	1260
$\frac{1}{3}$		$\frac{10}{3}$	30	120	840
$\frac{1}{4}$		$\frac{5}{2}$	$\frac{45}{2}$	90	630
$\frac{1}{5}$		2	18	72	504
$\frac{1}{6}$	用10遍乘	$\frac{5}{3}$	用9遍乘 15	用4遍乘 60	用7遍乘 420
$\frac{1}{7}$		$\frac{10}{7}$	$\frac{90}{7}$	$\frac{360}{7}$	360
$\frac{1}{8}$		$\frac{5}{4}$	$\frac{45}{4}$	45	315
$\frac{1}{9}$		$\frac{10}{9}$	10	40	280
$\frac{1}{10}$		1	9	36	252

　　将最右边一列数相加，即 252＋280＋315＋360＋420＋504＋630＋840＋1260＋2520＝7381，用作除数；再将 2520×240＝604800 作被除数，求得田长步数为 $\dfrac{604800}{7381} = 81\dfrac{6939}{7381}$ 步。

答曰：七十九步八万三千七百一十一分步之三万九千六百三十一。[①]

术曰：下有一十一分，以一为二万七千七百二十，半为一万三千八百六十，三分之一为九千二百四十，四分之一为六千九百三十，五分之一为五千五百四十四，六分之一为四千六百二十，七分之一为三千九百六十，八分之一为三千四百六十五，九分之一为三千八十，一十分之一为二千七百七十二，十一分之一为二千五百二十，并之，得八万三千七百一十一，以为法。置田二百四十步，亦以一为二万七千七百二十乘之，为实。实如法得从步。

（11）田一亩，广一步半、三分步之一、四分步之一、五分步之一、六分步之一、七分步之一、八分步之一、九分步之一、十分步之一、十一分步之一、十二分步之一。问：从？

[①] $b=\dfrac{S}{a}=\dfrac{240}{\dfrac{3}{2}+\dfrac{1}{3}+\dfrac{1}{4}+\dfrac{1}{5}+\dfrac{1}{6}+\dfrac{1}{7}+\dfrac{1}{8}+\dfrac{1}{9}+\dfrac{1}{10}+\dfrac{1}{11}}=\dfrac{240}{\dfrac{83711}{27720}}=\dfrac{19327440}{27720}=79\dfrac{39631}{83711}$步。

用"少广术"解：

1		11	110	990	3960	27720
$\frac{1}{2}$		$\frac{11}{2}$	55	495	1980	13860
$\frac{1}{3}$		$\frac{11}{3}$	$\frac{110}{3}$	330	1320	9240
$\frac{1}{4}$		$\frac{11}{4}$	$\frac{55}{2}$	$\frac{495}{2}$	990	6930
$\frac{1}{5}$		$\frac{11}{5}$	22	198	792	5544
$\frac{1}{6}$	用11遍乘	$\frac{11}{6}$ 用10遍乘	$\frac{55}{3}$ 用9遍乘	165 用4遍乘	660 用7遍乘	4620
$\frac{1}{7}$		$\frac{11}{7}$	$\frac{110}{7}$	$\frac{990}{7}$	$\frac{3960}{7}$	3960
$\frac{1}{8}$		$\frac{11}{8}$	$\frac{55}{4}$	$\frac{495}{4}$	495	3465
$\frac{1}{9}$		$\frac{11}{9}$	$\frac{110}{9}$	110	440	3080
$\frac{1}{10}$		$\frac{11}{10}$	11	99	396	2772
$\frac{1}{11}$		1	10	90	360	2520

将最右边一列数相加，即 2520＋2772＋3080＋3465＋3960＋4620＋5544＋6930＋9240＋13860＋27720＝83711，用作除数；再将 27720×240＝6652800 作被除数，求得田长步数为 $\dfrac{6652800}{83711}=79\dfrac{39631}{83711}$步。

答曰：七十七步八万六千二十一分步之二万九千一百八十三。①

术曰：下有一十二分，以一为八万三千一百六十，半为四万一千五百八十，三分之一为二万七千七百二十，四分之一为二万零七百九十，五分之一为一万六千六百三十二，六分之一为一万三千八百六十，七分之一为一万一千八百八十，八分之一为一万零三百九十五，九分之一为九千二百四十，一十分之一为八千三百一十六，十一分之一为七千五百六十，十二分之一为六千九百三十，并之，得二十五万八千六十三，以为法。置田二百四十步，亦以一为八万三千一百六十乘之，为实。实如法得从步。臣淳风等谨按：凡为术之意，约省为善。宜云"下有一十二分，以一为二万七千七百二十，半为一万三千八百六十，三分之一为九千二百四十，四分之一为六千九百三十，五分之一为五千五百四十四，六

---

① 2、3、4、5、6、7、8、9、10、11、12 的最小公倍数是 27720。依题意，则

$$b=\frac{S}{a}=\frac{240}{\frac{3}{2}+\frac{1}{3}+\frac{1}{4}+\frac{1}{5}+\frac{1}{6}+\frac{1}{7}+\frac{1}{8}+\frac{1}{9}+\frac{1}{10}+\frac{1}{11}+\frac{1}{12}}=\frac{240}{\frac{86021}{27720}}=77\frac{29183}{86021}步。$$

用"少广术"解：

各列间箭头标注（在 $\frac{1}{7}$ 行）：用12遍乘 → ；用11遍乘 → ；用10遍乘 → ；用9遍乘 → ；用7遍乘 →

1	12	132	1320	11880	83160
$\frac{1}{2}$	6	66	660	5940	41580
$\frac{1}{3}$	4	44	440	3960	27720
$\frac{1}{4}$	3	33	330	2970	20790
$\frac{1}{5}$	$\frac{12}{5}$	$\frac{132}{5}$	264	2376	16632
$\frac{1}{6}$	2	22	220	1980	13860
$\frac{1}{7}$	$\frac{12}{7}$	$\frac{132}{7}$	$\frac{1320}{7}$	$\frac{11880}{7}$	11880
$\frac{1}{8}$	$\frac{12}{8}$	$\frac{132}{8}$	165	1485	10395
$\frac{1}{9}$	$\frac{12}{9}$	$\frac{132}{9}$	$\frac{1320}{9}$	1320	9240
$\frac{1}{10}$	$\frac{12}{10}$	$\frac{132}{10}$	132	1188	8316
$\frac{1}{11}$	$\frac{12}{11}$	12	120	1080	7560
$\frac{1}{12}$	1		110	990	6930

将最右边一列数相加，即 6930＋7560＋8316＋9240＋10395＋11880＋13860＋16632＋20790＋27720＋41580＋83160＝258063，用作除数；再将 83160×240＝19958400 作被除数，求得田长步数为 $\frac{19958400}{258063}＝77\frac{87549}{258063}＝77\frac{29183}{86021}$步。

分之一为四千六百二十，七分之一为三千九百六十，八分之一为三千四百六十五，九分之一为三千八十，十分之一为二千七百七十二，十一分之一为二千五百二十，十二分之一为二千三百一十，并之，得八万六千二十一，以为法。置田二百四十步，亦以一为二万七千七百二十乘之，以为实。实如法得从步"。其术亦得知，不繁也。

2. 反用合分术

反用合分术曰：母互乘子为法，母相乘为实。实如法而一。

（12）今有乘传委输，空车日行七十里，重车日行五十里。今载太仓粟输上林，五日三返①。问：太仓去上林几何？

答曰：四十八里一十八分里之一十一。

术曰：并空、重里数，以三返乘之，为法。令空、重相乘，又以五日乘之，为实。实如法得一里。② 此亦如上术。率：一百七十五里之路，往返用六日也。于今有术，即五日为所有数，一百七十五里为所求率，六日为所有率。以此所得，则三返之路。③ 今求一返，当以三约之，因令乘法而并除也。为术亦可各置空、重行一里用日之率，以为列衰，副并为法。以五日乘列衰为实。实如法，所得即各空、重行日数也。各以一日所行以乘，为凡日所行。三返约之，为上林去太仓之数。④ 淳风等按：此术重往空还，一输再还道。置空行一里用七十分日之一，重行一里用五十分日之一，齐而同之，空、重行一里之路，往返用一百七十五分日之六。⑤ 定言之者，一百七十五里之路，往返用六日。故并空、重者，并齐也；空、重相乘者，同其母也。于今有术，五日为所有数，一百七十五为所求率，六为所有率。以此所得，则三返之路。今求一返者，当以三约之。故令乘法而并除，亦当约之也。⑥

解题：以合分互用，见空重车法解⑦，兼粟米互换之术，而立题。

术曰：并空重车日行里数。以空车、重车行里不齐之数，借为分母以各行一日借为分子，

---

① "程传"，杨辉本原为"乘传"，戴震辑录本作"程传"，今依戴本，"程传"指标准的输送，第25题"程耕"，与此意同。上林：指上林苑，位于长安城西郊。考汉《二年律令·徭律》载："事委输传送，重车重负日行五十里，空车七十里。"与本题同，反映了《九章算术》所载算题源于实际，具有很强的社会现实意义。

② 用式子表示，即
　　太仓距上林的路程＝(空行里数×重行里数)÷[(空行里数＋重行里数)×3]。

③ 设太仓距上林的路程为 x，则 $5=3x\left(\frac{1}{70}+\frac{1}{50}\right)$。除了上面的解题方法外，还有一法，即

太仓距上林的路程＝$(70×50×5)÷[(70+50)×3]=17500÷360=48\frac{11}{18}$ 里。

④ 郭书春释：用衰分术求解，即空行日数＝$\left(\frac{1}{70}×5\right)÷\left(\frac{1}{70}+\frac{1}{50}\right)=2\frac{1}{12}$ 日，重行日数＝$\left(\frac{1}{50}×5\right)÷$

$\left(\frac{1}{70}+\frac{1}{50}\right)=2\frac{11}{12}$ 日。故 $2\frac{1}{12}×70÷3=\frac{1750}{36}≈48\frac{33}{36}$ 里，又 $2\frac{11}{12}×50÷3=\frac{1750}{36}=48\frac{11}{18}$ 里。

⑤ 此题解法，与"均输"第20题"凫起南海"一致，用式子表示 $1÷(\frac{1}{70}+\frac{1}{50})=\frac{175}{6}$。

⑥ 用式子表示，则为 $5÷\left[\left(\frac{1}{70}+\frac{1}{50}\right)×3\right]$。

⑦ 这里解释解法用到了齐同术（即合）与衰分术。

用母互乘，子并之为法，非直并空，重车里数，此作法者之隐也。以三返乘之为法。粟米中不要者乘之，为除也。令空、重车相乘。分母相乘为法也。以五日乘之为实。粟米要者乘。实如法而一。以法除实。①

草曰：空、重车里数为分母，各以一日为分子。母互乘子。得一百二十。以三返乘之为法。三百六十。令空、重车里数相乘。三千五百。又以五日乘之为实。得一万七千五百。实如法而一，合问。②

比类：五十分之一，七十分之一。问：合之几何？答曰：合之得三百五十分之一百二十，反求得二余一十二分之十一。③ 法曰：合分求之，反用母互乘子为法，母相乘为实，实如法而一，合问。

（13）今有凫起南海，七日至北海；雁起北海，九日至南海。今凫、雁俱起，问：何日相逢？

答曰：三日十六分日之十五。

术曰：并日数为法，日数相乘为实，实如法得一日。按：此术置凫七日一至，雁九日一至。齐其至，同其日，定六十三日凫九至，雁七至。今凫、雁俱起而问相逢者，是为共至。并齐以除同，即得相逢日。④ 故"并日数为法"者，并齐之意；"日数相乘为实"者，犹以同为实也。一日：凫飞日行七分至之一，雁飞日行九分至之一。齐而同之，凫飞定日行六十三分至之九，雁飞定日行六十三分至之七。是为南北海相去六十三分，凫日行九分，雁日行七分也。并凫、雁一日所行，以除南北相去，而得相逢日也。⑤

（14）今有一人一日为牝瓦三十八枚，一人一日为牡瓦七十六枚。今令一人一日作瓦，牝、牡相半⑥，问：成瓦几何？

---

① 解题步骤：已知重行车从太仓至上林苑的行车时间为 $\frac{1}{50}$ 天，空行车从太仓至上林苑的行车时间为 $\frac{1}{70}$ 天，而往返一次的行车时间为 $\frac{1}{50}+\frac{1}{70}$ 天，往返三次的行车时间为 $3\left(\frac{1}{70}+\frac{1}{50}\right)$ 天，由 5 天往返 3 次，得公式 $5\div\left[\left(\frac{1}{70}+\frac{1}{50}\right)\times 3\right]$。

② 计算过程：$5\div\left[\left(\frac{1}{70}+\frac{1}{50}\right)\times 3\right]=5\div\left(\frac{120}{3500}\times 3\right)=5\div\frac{360}{3500}=\frac{5\times 3500}{360}=\frac{1750}{36}$ 里。

③ 本题计算有误。因 $\frac{1}{70}+\frac{1}{50}=\frac{120}{3500}$，而不是 $\frac{120}{350}$。反求，即 $1\div\frac{120}{3500}$。可见，题目与答案不一致。题目应改正为"五分之一，七分之一，问：合之几何？答曰：合之得三十五分之十二，反求得二余一十二分之十一"。

④ 根据术文，7＋9＝16 作除数，7×9＝63 作被除数，$\frac{63}{16}=3\frac{15}{16}$ 日。

⑤ 这是用比率来求解行程的算题。设南、北海距离为1，凫日飞行率为 $\frac{1}{7}$，雁日飞行率为 $\frac{1}{9}$，两者相向而飞，则日飞行率为 $\frac{1}{7}+\frac{1}{9}$。因此，速度 $=\frac{距离}{时间}=\frac{1}{\frac{1}{7}+\frac{1}{9}}=\frac{1}{\frac{16}{63}}=\frac{63}{16}=3\frac{15}{16}$ 日。

⑥ 牡瓦是指盖瓦，牝瓦则是指沟瓦，二者为一组合。

答曰：二十五枚少半枚。①

术曰：并牝、牡为法，牝、牡相乘为实，实如法得一枚。此意亦与龟雁同术。牝、牡瓦相并，犹如龟、雁日飞相并也。淳风等按：此术"并牝、牡为法"者，并齐之意；"牝、牡相乘为实"者，犹以同为日也。故实如法，即得也。

（15）今有一人一日矫矢五十，一人一日羽矢三十，一人一日筈矢十五。今令一人一日自矫、羽、筈，问：成矢几何？

答曰：八矢少半矢。

术曰：矫矢五十，用徒一人；羽矢五十，用徒一人太半人；筈矢五十，用徒三人少半人。并之，得六人，以为法。以五十矢为实。实如法得一矢。按：此术言成矢五十，用徒六人，一日工也。此同工其作，犹龟、雁共至之类，亦以同为实，并齐为法。可令矢互乘一人为齐，矢相乘为同。今先令同于五十矢。矢同则徒齐，其归一也。以此术为龟雁者，当雁飞九日而一至，龟飞九日而一至七分至之二。并之，得二至七分至之二，以为法。以九日为实。实如法而一，得一人日成矢之数也。②

术曰：以矫羽筈为分母，一人、一人、一人为分子。以母互乘子，并之为法，母相乘为实。实如法而一。

（16）今有假田，初假之岁三亩一钱，明年四亩一钱，后年五亩一钱。凡三岁得一百。问：田几何？

答曰：一顷二十七亩四十七分亩之三十一。

术曰：置亩数及钱数。令亩数互乘钱数，并，以为法。亩数相乘，又以百钱乘之，为实。实如法得一亩。③按：此术令亩互乘钱者，齐其钱；亩数相乘者，同其亩。同于六十，则初假之岁得钱二十，明年得钱十五，后年得钱十二也。凡三岁得钱一百，为所有数，同亩为所求率，四十七钱为所有率，今有之，即得也。齐其钱，同其亩，亦如龟雁术也。于今有术，百钱为所有数，同亩为所求率，并齐为所有率。淳风等按：假田六十亩，初岁得钱二十，明岁得钱十五，后年得钱十二。并之，得钱四十七。是为得田六十亩，三岁所治。于今有术，百钱为所有数，六十亩为所求率，四十七为所有率，而今有之，即合问也。

术曰：以亩数为分母，以钱数为分子。令母互乘子，并之为法，亩数相乘。又一百

---

① 制造盖瓦和沟瓦各一片，需要 $\frac{1}{38}+\frac{1}{76}=\frac{2}{76}+\frac{1}{76}=\frac{3}{76}$ 日；故每日制瓦 $1\div\frac{3}{76}=25\frac{1}{3}$ 片，即 $1\div\left(\frac{1}{38}+\frac{1}{76}\right)=25\frac{1}{3}$ 片。

② 依题意，知1人1天矫矢50，而1天矫矢50，需要 $\frac{50}{50}=1$ 人；因此，1天羽矢30，需要 $\frac{50}{30}=1\frac{2}{3}$ 人；1天筈矢15，需要 $\frac{50}{15}=3\frac{1}{3}$ 人。所以共需要 $1+1\frac{2}{3}+3\frac{1}{3}=6$ 人。则成矢数为 $\frac{50}{1+1\frac{2}{3}+3\frac{1}{3}}=\frac{50}{\frac{18}{3}}=50\times\frac{3}{18}=8\frac{1}{3}$ 矢。

③ 依题意解，用今有术得：$\frac{100}{\frac{1}{3}+\frac{1}{4}+\frac{1}{5}}=\frac{100}{\frac{47}{60}}=100\times\frac{60}{47}=127\frac{31}{47}$ 亩。

乘之为实，以法除之。

（17）今有程耕，一人一日发七亩，一人一日耕三亩，一人一日耰种五亩。今令一人一日自发、耕、耰种之。问：治田几何？

答曰：一亩一百一十四步七十一分步之六十六。

术曰：置发、耕、耰亩数，令互乘人数，并，以为法。亩数相乘为实。实如法得一亩。①此犹凫雁术也。淳风等按：此术亦发、耕、耰种亩数互乘人者，齐其人；亩数相乘者，同其亩。故并齐为法，以同为实。计日一百五亩，发用十五人，耕用三十五人，种用二十一人。并之，得七十一工。治田一百五亩，故以为实。而一人一日所治，故以人数为法除之，即得。

术曰：以发耕种亩数为分母，以一人、一人、一人为分子。令母互乘子，并之为法，母相乘为实。实如法而一。

（18）池积水，通五渠。开甲渠，少半日而满；若开乙渠，则一日而满；开丙渠，二日半而满；开丁渠，三日而满；开戊渠，五日而满。问：五渠齐开，几日可满？

答曰：七十四分日之十五。②

术曰：各置渠一日满池之数，并，以为法。按：此术其一渠少半日满者，是一日三满也；次，一日一满；次，二日半满者，是一日五分满之二也；次，三日满者，是一日三分满之一也；次，五日满者，是一日五分满之一也。并之，得四满十五分满之十四也。以一日为实，实如法得一日。此犹矫矢之术也。先令同于一日，日同则满齐。自凫雁至此，其为同齐有 二术焉，可随率宜也。其一术：各置日数及满数。其一渠少半日满者，是一日三满也；次，一日一满；次，二日半满者，是五日二满；次，三日一满，次五日一满。此谓之列置日数及满数也。令日互相乘满，并，以为法。日数相乘为实。实如法得一日。亦如凫雁术也。按：此其一渠少半日满池者，是一日三满池也；次，一日一 满；次，二日半满者，是五日再满；次，三日一满；次，五日一满。此谓列置日数于右行，及满数于左行。以日互乘满者，齐其满；日数相乘者，同其日。满齐而日同，故并齐以除同，即得也。③

---

① 依题意解，得：$\dfrac{1}{\dfrac{1}{7}+\dfrac{1}{3}+\dfrac{1}{5}}=\dfrac{1}{\dfrac{71}{105}}=\dfrac{105}{71}=1\dfrac{34}{71}$ 亩。因 1 亩＝240 步，故 $1\dfrac{34}{71}$ 亩＝$1\dfrac{34}{71}\times240$ 步＝1

亩 $114\dfrac{66}{71}$ 步²。用李淳风的术注，得 $\dfrac{105}{71}=1\dfrac{34}{71}$ 亩。

② 设池的容积为 1，那么，依据题中已知条件，则甲的日注水率为 $\dfrac{1}{\dfrac{1}{3}}=3$，乙的日注水率为 1，丙的日注水

率为 $\dfrac{1}{2\dfrac{1}{2}}=\dfrac{1}{\dfrac{5}{2}}=\dfrac{2}{5}$，丁的日注水率为 $\dfrac{1}{3}$，戊的日注水率为 $\dfrac{1}{5}$。所以，五渠同时日注水率为 $3+1+\dfrac{2}{5}+\dfrac{1}{3}+$

$\dfrac{1}{5}=\dfrac{45+15+6+5+3}{15}=\dfrac{74}{15}$。因此，五渠同时注满一池水的天数为 $1\div\dfrac{74}{15}=\dfrac{15}{74}$ 天。

③ 在这段注文里，给出了两种方法：第一种方法见上；第二种方法实际上是第一种方法的演算过程的具体

化，即 $1\div\left(\dfrac{1}{\dfrac{1}{3}}+\dfrac{1}{1}+\dfrac{1}{2\dfrac{1}{2}}+\dfrac{1}{3}+\dfrac{1}{5}\right)=1\div\left(\dfrac{3}{1}+\dfrac{1}{1}+\dfrac{2}{5}+\dfrac{1}{3}+\dfrac{1}{5}\right)=$

$1\div\dfrac{3\times1\times5\times3\times5+1\times1\times5\times3\times5+2\times1\times1\times3\times5+1\times1\times1\times5\times5+1\times1\times1\times5\times3}{1\times1\times5\times3\times5}=1\div\dfrac{74}{15}=\dfrac{15}{74}$ 日。

(19) 今有甲发长安,五日至齐;乙发齐,七日至长安。今乙发已先二日,甲乃发长安。问:几何日相逢?

答曰:二日十二分日之一。

术曰:并五日、七日,以为法。按:此术"并五日、七日为法"者,犹并齐为法。置甲五日一至,乙七日一至。齐而同之,定三十五日甲七至,乙五至。并之为十二者,用三十五日也。谓甲、乙与发之率耳。然则日化为至,当除日,故以为法也。以乙先发二日减七日。"减七日"者,言甲、乙俱发,今以发为始发之端,于本道里则余分也。余,以乘甲日数为实。七者,长安去齐之率也;五者,后发相去之率也。今问后发,故舍七用五,以乘甲五日,为二十五日。言甲七至,乙五至,更相去,用此二十五日也。实如法得一日。一日甲行五分之一,乙行七分至之一。齐而同之,甲定日行三十五分至之七,乙定日行三十五分至之五。是为齐去长安三十五分,甲日行七分,乙日行五分也。今乙先行发二日,已行十分,余,相去二十五分。故减乙二日,余,令相乘,为二十五分。①

解题:与空重车法意同,惟加乙先发二日。

术曰:并甲、乙合行日数为法。五日、七日乃甲、乙本程也,相并得一十二。以乙先发二日减乙原程日,余以乘甲程为实。乙本程七日减先行二日,是求甲、乙同发也,皆五自乘,为二十五。以法除之。

3. 并率除术

并率除术曰:以积为实,并所求率为法。实如法而一。

(20) 垣高九尺。瓜生其上,蔓日长七寸。瓠生其下,蔓日长一尺。问:几日相逢? 答曰:五日十七分日之五。瓜蔓长三尺七寸十七分寸之一,瓠蔓长五尺二寸十七分寸之十六。②

---

① 设乙行"余分"5 至,那么,需要 7 减 2 日乘 5 至等于 25 日,然而,在此 25 日内,甲行"余分"为 7 至。所以 25 日甲乙共行"余分"为 12 至,故甲乙相逢需 $\frac{25}{12}=2\frac{1}{2}$ 日,即相逢日 $=\frac{(7-2)\times5}{5+7}$ 日 $=\frac{25}{12}$ 日 $=2\frac{1}{12}$ 日。用现代数学方法求解,则甲、乙每天分别行全程的 $\frac{1}{5}$ 和 $\frac{1}{7}$,所以乙先行 2 日后,甲乙 2 人相距的路程为 $\left(1-\frac{1}{7}\times2\right)=\frac{5}{7}$,而甲乙 2 人每日共行路程为 $\frac{1}{5}+\frac{1}{7}=\frac{12}{35}$,求得甲乙 2 人相遇所需时间为 $\frac{5}{7}\div\frac{12}{35}=\frac{5\times35}{7\times12}=\frac{175}{84}=2\frac{1}{12}$ 日。

② 此题解见"题兼二法者"。

互换卷第五

杨辉题录载互换63问:粟米38问,衰分11问,均输11问,盈朒3问。[①] 但《详解九章算法·纂类》却载:“互换五十六问,今考该五十五问:粟米三十一,衰分十一,均输十一,盈朒二。二法:互换,取用。”兹以《详解九章算法·纂类》为准,包括互换乘除和先取用而求互换两种算法。

1. 互换乘除法

互换乘除法曰:以所求率乘所有数为实,以所有率为法。实如法而一。置位草曰:钱钱物物,数数率率,依本色对列其各物,原率随而下布立式如后:

今有数粟二斗一升乘所求率粺米率二十七为实,所有粟率五十为法。[②]

刘徽、李淳风注本:粟米以御交质变易

粟米之法。凡此诸率相与大通,其特求之,各如本率。可约者约之,别术然也。

粟率五十	粝米三十
粺米二十七	糳米二十四
御米二十一	小䵂十三半
大䵂五十四	粝饭七十五
粺饭五十四	糳饭四十八
御饭四十二	菽、荅、麻、麦各四十五
稻六十	豉六十三
飧九十	熟菽一百三半
糵一百七十五	

今有此都术也。凡九数以为篇名,可以广施诸率。所谓告往而知来,举一隅而三隅反者也。诚能分诡数之纷杂,通彼此之否塞,因物成率,审辨名分,平其偏颇,齐其参差,则终无不归于此术也。

术曰:以所有数乘所求率为实。以所有率为法。少者多之始,一者数之母,故为率者必等之于一。据粟率五、粝率三,是粟五而为一,粝米三而为一也。欲化粟为米者,粟当先本是一。一者,谓以五约之,令五而为一也。讫,乃以三乘之,令一而为三。如是,则率至于一,以五为三矣。然先除后乘,或有余分,故术反之。又完言之知,粟五升为粝米三升;以分言之知,粟一斗为粝米五

---

① 因杨辉《详解九章算术·纂类》补之。文中原阙“问”字,今补。“朒”:《说文解字》云:“朒,朔而月见东方,谓之缩朒。”引义为不足。

② $\dfrac{今有数 \times 所求率}{所有率}$。

分斗之三,以五为母,三为子。以粟求粝米者,以子乘,其母报除也。然则所求之率常为母也。臣淳风等谨按:"宜云所求之率常为子,所有之率常为母。"今乃云"所求之率常为母"知,脱错也。实如法而一。

(1)粟二斗一升。问:粝米几何?

答曰:一斗一升五十分升之十七。①

术曰:以粟求粝米,二十七之,五十而一。臣淳风等谨按:粝米之率二十有七,故直以二十七之,五十而一也。

(2)粟三斗六升。问:为粺饭几何?

答曰:三斗八升二十五分升之二十二。②

术曰:以粟求粺饭,二十七之,二十五而一。臣淳风等谨按:此术与大麴多同。

(3)粟八斗六升。问:为糳饭几何?

答曰:八斗二升二十五分升之一十四。③

术曰:以粟求饭,二十四之,二十五而一。臣淳风等谨按:糳饭率四十八。此亦半二率而乘除。

(4)粟九斗八升。问:为御饭几何?

答曰:八斗二升二十五分升之八。④

术曰:以粟求御饭,二十一之,二十五而一。臣淳风等谨按:此术半率,亦与糳饭多同。

(5)粟七斗八升。问:几何?

答曰:为豉九斗八升二十五分升之七。⑤

术曰:以粟求豉,六十三之,五十而一。

(6)粟五斗五升。问:为飧几何?

答曰:九斗九升。⑥

术曰:以粟求飧,九之,五而一。臣淳风等谨按:飧率九十,退位,与求稻多同。

(7)粟四斗。问:为熟菽几何?

答曰:八斗二升五分升之四。⑦

---

① 因粟率为50,粝米率为27,设为粝米 x,则 $50:27=21:x$, $x=\dfrac{27\times21}{50}=\dfrac{567}{50}=11\dfrac{17}{50}$ 升。

② 因粟率为50,粺饭率为54,设粺米为 x,则 $50:54=36:x$, $x=\dfrac{54\times36}{50}=\dfrac{1944}{50}=38\dfrac{22}{25}$ 升。

③ 因粟率为50,糳饭率为48,设粺米为 x,则 $50:48=86:x$, $x=\dfrac{48\times86}{50}=\dfrac{4128}{50}=82\dfrac{14}{25}$ 升。

④ 因粟率为50,御饭率为42,设御饭为 x,则 $50:42=98:x$, $x=\dfrac{42\times98}{50}=\dfrac{4116}{50}=82\dfrac{8}{25}$ 升。

⑤ 因粟率为50,豉率为63,设豉为 x,则 $50:63=78:x$, $x=\dfrac{63\times78}{50}=98\dfrac{7}{25}$ 升。

⑥ 因粟率为50,飧率为90,设飧为 x,则 $50:90=55:x$, $x=\dfrac{90\times55}{50}=99$ 升。

⑦ 因粟率为50,熟菽率为103.5,设熟菽为 x,则 $50:103.5=40:x$, $x=\dfrac{103.5\times40}{50}=82\dfrac{4}{5}$ 尺。

术曰：以粟求熟菽，二百七之，百而一。臣淳风等谨按：熟菽之率一百三半。半者，其母二，故以母二通之。所求之率既被二乘，所有之率随而俱长，故以二百七之，百而一。

（8）粟二斗。问：为蘗几何？

答曰：七斗。[①]

术曰：以粟求蘗，七之，二而一。臣淳风等谨按：蘗率一百七十有五，合以此数乘其本粟。术欲从省，先以等数二十五约之，所求之率得七，所有之率得二，故七乘二除。

（9）粟三斗少半升。问：为菽几何？

答曰：二斗七升一十分升之三。[②]

（10）粟四斗一升太半升。问：为荅几何？

答曰：三斗七升半。[③]

（11）粟五斗太半升。问：为麻几何？

答曰：四斗五升五分升之三。[④]

（12）粟一斗。问：为粝米几何？

答曰：六升。[⑤]

术曰：以粟求粝米，三之，五而一。臣淳风等谨按：都术，以所求率乘所有数，以所有率为法。此术以粟求米，故粟为所有数。三是米率，故三为所求率。五为粟率，故五为所有率。粟率五十，米率三十，退位求之，故惟云三、五也。

（13）粟四斗五升。问：为糳米几何？

答曰：二斗一升五分升之三。[⑥]

术曰：以粟求米，十二之，二十五而一。臣淳风等谨按：糳米之率二十有四，以为率太繁，故因而半之，半所求之率，以乘所有之数。所求之率既减半，所有之率亦减半。是故十二乘之，二十五而一也。

（14）粟七斗九升。问为御米几何？

---

① 因粟率为 50，蘗率为 175，设熟菽为 x，则 $50:175=20:x$，$x=\dfrac{175\times20}{50}=70$ 升。

② 因粟率为 50，菽率为 45，设菽为 x，则 $50:45=\dfrac{91}{3}:x$，$x=\dfrac{45\times\frac{91}{3}}{50}=\dfrac{4095}{150}=27\dfrac{3}{10}$ 升。

③ 因粟率为 50，荅率为 45，设荅为 x，则 $50:45=\dfrac{125}{3}:x$，$x=\dfrac{45\times\frac{125}{3}}{50}=\dfrac{5625}{150}=37\dfrac{1}{2}$ 升。

④ 因粟率为 50，麻率为 45，设麻为 x，则 $50:45=\dfrac{152}{3}:x$，$x=\dfrac{45\times\frac{152}{3}}{50}=\dfrac{6840}{150}=45\dfrac{3}{5}$ 升。

⑤ 因粟率为 50，粝米率为 30，设粝米为 x，则 $50:30=10:x$，$x=\dfrac{30\times10}{50}=6$ 升。

⑥ 因粟率为 50，糳米率为 24，设糳米为 x，则 $50:24=45:x$，$x=\dfrac{24\times45}{50}=\dfrac{1080}{50}=21\dfrac{3}{5}$ 升。

答曰：三斗三升五十分升之九。①

术曰：以粟求御米，二十一之，五十而一。

（15）粟一斗。问：为小䵂几何？

答曰：二升一十分升之七。②

术曰：以粟求小䵂，二十七之，百而一。臣淳风等谨按：小䵂之率十三有半。半者二为母，以二通之，得二十七，为所求率。又以母二通其粟率，得一百，为所有率。凡本率有分者，须即乘除也。他皆仿此。

（16）粟九斗八升。问：为大䵂几何？

答曰：一石五升二十五分升之二十一。③

术曰：以粟求大䵂，二十七之，二十五而一。臣淳风等谨按：大䵂之率五十有四。因其可半，故二十七之，亦如粟求糳米，半其二率。

（17）粟二斗三升。问：为粝饭几何？

答曰：三斗四升半。④

术曰：以粟求粝饭，三之，二而一。臣淳风等谨按：粝饭之率七十有五，粟求粝饭，合以此数乘之。今以等数二十有五约其二率，所求之率得三，所有之率得二，故以三乘二除。

（18）粟十斗八升五分升之二。问：为麦几何？

答曰：九斗七升二十五分升之一十四。⑤

术曰：以粟求菽、荅、麻、麦，皆九之，十而一。臣淳风等谨按：四术率并四十五，皆是为粟所求，俱合以此率乘其本粟。术欲从省，先以等数五约之，所求之率得九，所有之率得十，故九乘十除，义由于此。

（19）粟七斗五升七分升之四。问：为稻几何？

答曰：九斗三十五分升之二十四。⑥

术曰：以粟求稻，六之，五而一。臣淳风等谨按：稻率六十，亦约二率而乘除。

（20）粝米十五斗五升五分升之二。问：为粟几何？

---

① 因粟率为50,御米率为30,设御米为 x,则 $50:21=79:x$, $x=\dfrac{21\times79}{50}=\dfrac{1659}{50}=33\dfrac{9}{50}$ 升。

② 因粟率为50,小䵂率为 $13\dfrac{1}{2}$,设小䵂为 x,则 $50:13\dfrac{1}{2}=10:x$, $x=\dfrac{\frac{27}{2}\times10}{50}=\dfrac{270}{100}=2\dfrac{7}{10}$ 升。

③ 因粟率为50,大䵂率为54,设大䵂为 x,则 $50:54=98:x$, $x=\dfrac{54\times98}{50}=\dfrac{5292}{50}=105\dfrac{21}{25}$ 升。

④ 因粟率为50,粝饭率为75,设粝米为 x,则 $50:75=23:x$, $x=\dfrac{75\times23}{50}=\dfrac{1725}{50}=34\dfrac{1}{2}$ 升。

⑤ 因粟率为50,麦率为45,设麦为 x,则 $50:45=108\dfrac{2}{5}:x$, $x=\dfrac{45\times\frac{542}{5}}{50}=\dfrac{24390}{250}=97\dfrac{14}{25}$ 升。

⑥ 因粟率为50,稻率为60,设稻为 x,则 $50:60=75\dfrac{4}{7}:x$, $x=\dfrac{60\times\frac{529}{7}}{50}=\dfrac{31740}{350}=90\dfrac{24}{35}$ 升。

答曰:二十五斗九升。①

术曰:以粝米求粟,五之,三而一。臣淳风等谨按:上术以粟求米,故粟为所有数,三为所求率,五为所有率。今此以米求粟,故米为所有数,五为所求率,三为所有率。准都术求之,各合其数。以下所有反求多同,皆准此。

(21)粺米二斗。问:为粟几何?

答曰:三斗七升二十七分升之一。②

术曰:以粺米求粟,五十之,二十七而一。

(22)繫米三斗少半升。问:为粟几何?

答曰:六斗三升三十六分升之七。③

术曰:以繫米求粟,二十五之,十二而一。

(23)御米十四斗。问:为粟几何?

答曰:三十三斗三升少半升。④

术曰:以御米求粟,五十之,二十一而一。

(24)稻谷十二斗六升一十五分升之一十四。问:为粟几何?

答曰:十斗五升九分升之七。⑤

原题为:今有稻一十二斗六升一十五分升之一十四,欲为粟。问:得几何?

答曰:为粟一十斗五升九分升之七。

术曰:以稻求粟,五之,六而一。

(25)粝米十九斗二升七分升之一。问:为粺米几何?

答曰:十七斗二升一十四分升之一十三。⑥

术曰:以粝米求粺米,九之,十而一。臣淳风等谨按:粺米率二十七,合以此数乘粝米。术欲从省,先以等数三约之,所求之率得九,所有之率得十,故九乘而十除。

(26)粝米六斗四升五分升之三。问:为粝饭几何?

---

① 因粝米率为30,粟率为50,设粟为 x,则 $30:50=155\frac{2}{5}:x$, $x=\dfrac{50\times\frac{777}{5}}{30}=\dfrac{38850}{150}=259$ 升。

② 因粺米率27,粟率为50,设粟为 x,则 $27:50=20:x$, $x=\dfrac{20\times50}{27}=37\frac{1}{27}$ 升。

③ 因繫米率24,粟率为50,设粟为 x,则 $24:50=30\frac{1}{3}:x$, $x=\dfrac{50\times\frac{91}{3}}{24}=\dfrac{4550}{72}=63\frac{7}{36}$ 升。

④ 因御米率21,粟率为50,设粟为 x,则 $21:50=140:x$, $x=\dfrac{50\times140}{21}=\dfrac{7000}{21}=333\frac{1}{3}$ 升。

⑤ 因稻率为60,粟率为50,设粟为 x,则 $60:50=126\frac{14}{15}:x$, $x=\dfrac{50\times\frac{1904}{15}}{60}=\dfrac{95200}{900}=105\frac{7}{9}$ 升。

⑥ 因粝米率为30,粺米率为50,设粺米为 x,则 $30:27=192\frac{1}{7}:x$, $x=\dfrac{27\times\frac{1345}{7}}{30}=\dfrac{36315}{210}=172\frac{13}{14}$ 升。

答曰：一十六斗一升半。①

术曰：以粝米求粝饭，五之，二而一。臣淳风等谨按：粝饭之率七十有五，宜以本粝米乘此率数。术欲从省，先以等数十五约之，所求之率得五，所有之率得二，故五乘二除，义由于此。

(27) 粝饭七斗六升七分升之四。问：为飱几何？

答曰：九斗一升三十五分升之三十一。②

术曰：以粝饭求飱，六之，五而一。臣淳风等谨按：飱率九十，为粝饭所求，宜以粝饭乘此率。术欲从省，先以等数十五约之，所求之率得六，所有之率得五。以此，故六乘五除也。

(28) 菽一斗。问：为熟菽几何？

答曰：二斗三升。③

术曰：以菽求熟菽，二十三之，十而一。臣淳风等谨按：熟菽之率一百三半。因其有半，各以母二通之，宜以菽数乘此率。术欲从省，先以等数九约之，所求之率得一十一半，所有之率得五也。

(29) 菽二斗。问：为豉几何？

答曰：二斗八升。④

术曰：以菽求豉，七之，五而一。臣淳风等谨按：豉率六十三，为菽所求，宜以菽乘此率。术欲从省，先以等数九约之，所求之率得七，而所有之率得五也。

(30) 麦八斗六升七分升之三。问：为小𪋿几何？

答曰：二斗五升一十四分升之一十三。⑤

术曰：以麦求小𪋿，三之，十而一。臣淳风等谨按：小𪋿之率十三半，宜以母二通之，以乘本麦之数。术欲从省，先以等数九约之，所求之率得三，所有之率得十也。

(31) 麦一斗。问：为大𪋿几何？

答曰：一斗二升。⑥

术曰：以麦求大𪋿，六之，五而一。臣淳风等谨按：大𪋿之率五十有四，合以麦数乘此率。术欲从省，先以等数九约之，所求之率得六，所有之率得五也。

---

① 因粝米率为30，粝饭率为75，设粝饭为 x，则 $30:75=64\frac{3}{5}:x$，$x=\dfrac{75\times\frac{323}{5}}{30}=\dfrac{24225}{150}=161\frac{1}{2}$升。

② 因粝饭率为75，飱率为90，设飱为 x，则 $75:90=76\frac{4}{7}:x$，$x=\dfrac{90\times\frac{536}{7}}{75}=\dfrac{48240}{525}=91\frac{31}{35}$升。

③ 因菽率为45，熟菽率为 $103\frac{1}{2}$，设熟菽为 x，则 $45:103\frac{1}{2}=10:x$，$x=\dfrac{10\times\frac{207}{2}}{45}=\dfrac{2070}{90}=23$升。

④ 因菽率为45，豉率为63，设豉为 x，则 $45:63=20:x$，$x=\dfrac{63\times20}{45}=\dfrac{1260}{45}=28$升。

⑤ 因麦率为45，小𪋿率为 $13\frac{1}{2}$，设小𪋿为 x，则 $45:13\frac{1}{2}=86\frac{3}{7}:x$，$x=\dfrac{\frac{27}{2}\times\frac{605}{7}}{45}=\dfrac{16335}{630}=25\frac{13}{14}$升。

⑥ 因麦率为45，大𪋿率为54，设大𪋿为 x，则 $45:54=10:x$，$x=\dfrac{54\times10}{45}=12$升。

（32）丝一斤，价三百四十五。今有七两一十二铢，问：钱？

答曰：一百六十一钱三十二分钱之二十三。①

术曰：以一斤铢数为法，以一斤价数乘七两一十二铢为实。实如法得钱数。臣淳风等谨按：此术亦今有之义。以丝一斤铢数为所有率，价钱为所求率，今有丝为所有数，而今有之，即得。

（33）缣一丈，价一百二十八。今有一匹九尺五寸，问：钱？

答曰：六百三十三钱五分钱之三。②

术曰：以一丈寸数为法，以价钱数乘今有缣寸数为实。实如法得钱数。臣淳风等谨按：此术亦今有之义。以缣一丈寸数为所有率，价钱为所求率，今有缣寸数为所有数，而今有之，即得。

（34）布一匹，价一百二十五。有布二丈七尺，问：钱几何？

答曰：八十四钱分钱之三。③

术曰：以一匹尺数为法，今有布尺数乘价钱为实。实如法得钱数。臣淳风等谨按：此术亦今有之义。以一匹尺数为所有率，价钱为所求率，今有布为所有数，今有之，即得。

（35）田一亩，收粟六升太半升。今有一顷二十六亩一百五十九步，问：收粟几何？

答曰：收粟八石四斗四升十二分升之五。④

术曰：以亩二百四十步为法。以六升太半升乘今有田积步为实，实如法得粟数。臣淳风等谨按：此术亦今有之义。以一亩步数为所有率，六升太半升为所求率，今有田积步为所有数，而今有之，即得。

（36）取保一岁三百五十四日，价钱二贯五百。今先取一贯二百，问：当几日？

答曰：一百六十九日二十五分日之二十三。⑤

术曰：以价钱为法，以一岁三百五十四日乘先取钱数为实，实如法得日数。臣淳风等谨按：此术亦今有之义。以价为所有率，一岁日数为所求率，取钱为所有数，而今有之，即得。

（37）素一匹一丈，价六百二十五。今有钱五百，问：得素几何？

---

① 因 1 斤＝16 两，1 两＝24 铢，则 7 两 12 铢＝7.5 两，依题意，设得钱为 x，列式如下：$16:345=7.5:x$，$x=\dfrac{345\times7.5}{16}=\dfrac{2587.5}{16}=161\dfrac{23}{32}$ 钱。

② 因 1 匹＝4 丈，则 1 匹 9 尺 5 寸＝4.95 丈＝49.5 尺。依题意，设得钱为 x，列式如下：$10:128=49.5:x$，$x=\dfrac{128\times49.5}{10}=633\dfrac{3}{5}$ 钱。

③ 因 1 匹＝4 丈＝40 尺。依题意，设得钱为 x，列式如下：$40:125=27:x$，$x=\dfrac{125\times27}{40}=84\dfrac{3}{8}$ 钱。

④ 因 1 亩＝240 步，1 顷＝100 亩，则"一顷二十六亩一百五十九步"等于 30399 步，依题意，设收粟为 x，列式如下：$240:6\dfrac{2}{3}=30399:x$，$x=\dfrac{\frac{20}{3}\times30399}{240}=\dfrac{607980}{720}=844\dfrac{5}{12}$ 升。

⑤ 因 1 贯＝1000 文，则"二贯五百"等于 2500 文，依题意，设日为 x，列式如下 $2500:354=1200:x$，$x=\dfrac{354\times1200}{2500}=\dfrac{424800}{2500}=169\dfrac{23}{25}$ 日。

答曰:得素一匹。[①]

术曰:以价直为法,以一匹一丈尺数乘今有钱数为实。实如法得素数。臣淳风等谨按:此术亦今有之义。以价钱为所有率,五丈尺数为所求率,今有钱为所有数,今有之,即得。

(38)丝一十四斤,约得缣一十斤。今与丝四十五斤八两,问:缣几何?

答曰:三十二斤八两。[②]

术曰:以一十四斤两数为法,以一十斤乘今有丝两数为实。实如法得缣数。臣淳风等谨按:此术亦今有之义。以一十四斤两数为所有率,一十斤为所求率,今有丝为所有数,今有之,即得。

(39)丝一斤,耗七两。今有丝二十三斤五两,问:耗几何?

答曰:耗一百六十三两四铢半。[③]

术曰:以一斤展十六两为法。以七两乘今有丝两数为实。实如法得耗数。臣淳风等谨按:此术亦今有之义。以一斤为十六两为所有率,七两为所求率,今有丝为所有数,而今有之,即得。

(40)生丝三十斤,干之,耗三斤十二两。今有干丝一十二斤,问:生丝几何?

答曰:一十三斤一十一两一十铢七分铢之二。[④]

术曰:置生丝两数,除耗数,余,以为法。余四百二十两,即干丝率。三十斤乘干丝两数为实。实如法得生丝数。凡所谓率者,细则俱细,粗则俱粗,两数相推而已。故品物不同,如上缣、丝之比,相与率焉。三十斤凡四百八十两,今生丝率四百八十两,今干丝率四百二十两,则其数相通。可俱为铢,可俱为两,可俱为斤,无所归滞也。若然,宜以所有干丝斤数乘生丝两数为实。今以斤、两错互而以同归者,使干丝以两数为率,生丝以斤数为率,譬之异类,亦各有一定之势。臣淳风等谨按:此术,置生丝两数,除耗数,余即干丝之率,于有今有术为所有率;三十斤为所求率,干丝两数为所有数。凡所为率者,细则俱细,粗则俱粗。今有一斤乘两知,干丝即以两数为率,生丝即以斤数为率,譬之异物,各有一定之率也。

2. 先取用而求互换

(41)今有善行者得(行)一百步,不善行者行六十步。今不善行者先行一百步,善行者追之。问:几何步及之?

---

① 依题意,设得素 x,列式如下:$625:5=500:x$,$x=\dfrac{5\times500}{625}=4$ 丈=1 匹。

② 依题意,设得缣 x,列式如下:$14:10=45\dfrac{1}{2}:x$,$x=\dfrac{10\times45\frac{1}{2}}{14}=\dfrac{910}{28}=32\dfrac{1}{2}$斤=32 斤 8 两。

③ 依题意,设耗 x,列式如下:$16:7=373:x$,$x=\dfrac{7\times373}{16}=\dfrac{2611}{16}=163\dfrac{3}{16}$两=163 两 4 $\dfrac{1}{2}$铢。

④ 依题意,设耗 x,因 1 斤等于 16 两,1 两等于 24 铢,列式如下:

$(30-3\dfrac{12}{16}):30=12:x$,$x=\dfrac{30\times12}{30-3\frac{12}{16}}=\dfrac{360}{\frac{420}{16}}=\dfrac{5760}{420}=13\dfrac{5}{7}$斤=13 斤 11 $\dfrac{3}{7}$两=13 斤 11 两 10 $\dfrac{2}{7}$铢。

答曰:二百五十步。①

术曰:置善行者一百步,减不善行者六十步,余四十步,以为法。以善行者一百步乘不善行者先行一百步,为实。实如法得一步。② 按:此术以六十步减一百步,余四十步,即不善行者先行率也;善行者一百步,为追及率。约之,追及率得五,先行率得二。于今有术,不善行者先行一百步为所有数,五为所求率,二之,得追及步也。③

(42) 今有不善行者先行一十里,善行者追之一百里,先至不善行者二十里。问:善行者几何里及之?

答曰:三十三里少半里。④

术曰:置不善行者先行一十里,以善行者先至二十里增之,以为法。以不善行者先行一十里乘善行者一百里,为实。实如法得一里。⑤ 按:此术不善行者既先行一十里,后不及二十里,并之,得三十里也,谓之先行率。善行者一百里为追及率,约之,追及率得十,先行率得三,于今有术,不善行者先行十里为所有数,十为所求率,三为所有率,而今有之,即得也。其意如上术也。⑥

草曰:先行十里乘疾者百里得一千里为实,以先行一十里,并追过二十里,共三十里为法,以法除之。

(43) 今有兔先走一百步,犬追之二百五十步,不及三十步而止。问:犬不止,复行几何步及之?

答曰:一百七步七分步之一。

术曰:置兔先走一百步,以犬走不及三十步减之,余为法。以不及三十步乘犬追步数为实。实如法得一步。⑦ 按:此术以不及三十步减先走一百步,余七十步,为兔先走率。犬行二百五十步为追及率。约之,先走率得七,追及率得二十五。于今有术,不及三十步为所有数,二十五为所求率,七为所有率,而今有之,即得也。⑧

----

① 先行率为 100−60=40 步,追及率为 100 步,则追及率:先行率=100:40=5:2,故追及步数=不善行者先行 100 步×5÷2=250 步。

② 用算式表示,则追及步数为 $\dfrac{100\ \text{步}\times100\ \text{步}}{100\ \text{步}-60\ \text{步}}=\dfrac{10000}{40}$ 步=250 步。

③ 用比率和今有术求解:先行率=40,追及率=100 步,故 $\dfrac{100}{40}=\dfrac{5}{2}$,即追及步数=$\dfrac{100\times5}{2}$=250 步。

④ 先行率=10+20=30 里,追及率=100 里,则追及率:先行率=100:30=10:3。

所以追及里数=不善行者先行 10 里×10÷3=33 $\dfrac{1}{3}$ 里。

⑤ 用算式表示,则追及里数为 $\dfrac{\text{不善行者先行 10 里}\times\text{善行者追之 100 里}}{\text{不善行者先行 10 里}+\text{善行者先至 20 里}}=\dfrac{1000}{30}=33\dfrac{1}{3}$ 里。

⑥ 用今有术解,则先行率为 10+20=30 里,追及率为 100 里,故有 $\dfrac{\text{追及率}}{\text{先行率}}=\dfrac{100}{30}=\dfrac{10}{3}$,追及里数=$\dfrac{10\times10}{3}$ 里=33 $\dfrac{1}{3}$ 里。

⑦ 用算式表示,即复行步数=$\dfrac{\text{犬追 250 步}\times\text{不及 30 步}}{\text{兔先跑 100 步}-\text{不及 30 步}}=\dfrac{7500}{70}$ 步=107 $\dfrac{1}{7}$ 步。

⑧ 用今有术解,则先走率为 70 步,追及率为犬行 250 步,故 $\dfrac{\text{追及率}}{\text{先走率}}=\dfrac{250}{70}$ 步=$\dfrac{25}{7}$ 步,而复行步数=30 步×$\dfrac{25}{7}$=107 $\dfrac{1}{7}$ 步。

草曰：兔先一百减犬，不及三十，兔先七十步为法，以兔多三十步乘犬追二百五十步，得七千五百步为实，以法除之。

(44) 粝米一十斗，日中不知原数，添粟满而舂之，得米七斗。问：新米几何？

答曰：四斗五升。[①]

粝率三十减粟率五十，余二十为糠率。米七斗减十斗，余三斗为糠数，以粝乘之。粝米三十乘糠数三斗为实，糠率二十为法。

术曰：以盈不足术求之。假令故米二斗，不足二升；令之三斗，有余二升。按：桶受一斛，若使故米二斗，须添粟八斗以满之。八斗得粝米四斗八升，课于七斗，是为不足二升。若使故米三斗，须添粟七斗以满之。七斗得粝米四斗二升，课于七斗，是为有余二升。以盈、不足维乘假令之数者，欲为齐同之意。为齐同者，齐其假令，同其盈胒。通计齐即不盈不胒之正数，故可以并之为实，并盈、不足为法。实如法，即得故米斗数，乃不盈不胒之正数也。[②]

(45) 今有黄金九枚，白银一十一枚，称之重，适等。交易其一，金轻十三两。问：金、银一枚各重几何？

答曰：金重二斤三两一十八铢，银重一斤一十三两六铢。

术曰：假令黄金三斤，白银二斤一十一分斤之五，不足四十九，于右行。令之黄金二斤，白银一斤一十一分斤之七，多一十五，于左行。以分母各乘其行内之数。以盈、不足维乘所出率，并，以为实。并盈、不足为法。实如法，得黄金重。分母乘法以除，得银重。约之得分也。按：此术假令黄金九，白银一十一，俱重二十七斤。金，九约之，得三斤；银，一十一约之，得二斤一十一分斤之五；各为金、银一枚重数。就金重二十七斤之中减一金之重，以益银，银重二十七斤之中减一银之重，以益金，则金重二十六斤一十一分斤之五，银重二十七斤一十一分斤之六。以少减多，则金轻一十七两一十一分两之五。课于一十三两，多四两一十一分两之五。通分内子言之，是为不足四十九。又令之黄金九，一枚重二斤，九枚重一十八斤；白银一十一，亦合重一十八斤也。乃以一十一除之，得一斤一十一分斤之七，为银一枚之重数。今就金重一十八斤之中减一枚金，以益银；复减一枚银，以益金，则金重一十七斤一十一分斤之七，银重一十八斤一十一分斤之四。以少减多，即金轻一十一分斤之八。课于一十三两，少一两一十一分两之四。通分内子言之，是为多一十五。以盈不足为之，如法，得金重。分母乘法以除者，为银两分母，故同之。须通法而后乃除，得银重。余皆约之者，术省故也。

术草曰：求金银差数。不知金银之重，以互易一金一银，为二除金银十三两，得差六两半。以乘金数。六两半乘金九，得五十八两半。二物。九金与十一银。相减余二为法。金之差重，则银之差实也。实如法而一，得银重。

---

① 设糠率＝粝率－粟率＝30－50＝－20，糠数＝7斗－10斗＝－3斗，得米＝$\dfrac{30\times3}{20}$＝4升5斗。

② 设故米2斗，不足2升，假令3斗，盈2升，则米斗数＝$\dfrac{2斗\times2升+3斗\times2升}{2升+2升}$＝2升5斗。

可见，杨辉的运算结果与原题的计算结果一致，只是一求新米，另一求故米。

盈不足术曰：假令金三斤，银二斤十一分斤之五，不足四十九。金一枚三斤，其九枚共重二十七斤。上问金银之重适等，则银十一亦合重二十七斤，其一枚合二斤一十一分斤之五，列金银数各二十七斤，交易一枚，其八金一银重二十六斤十一分斤之五。其一金十银重二十七斤十一分斤之六，以少减多，则一金十银多一斤十一分斤之一，通分内子是为十二，以斤法十六两乘，为一百九十二。又置金轻十三两，以分母十一通为一百四十三，以减上余四十九，故曰不足。令之金二斤，银一斤十一分斤之七，多十五。金一枚重二斤，共九枚，共重一十八斤，其银十一枚亦合等重一十八斤，凡一枚得重一斤十一分斤之七，列金银数各十八斤，交易一枚，其八金一银重十七斤十一分斤之七，其一金十银得十八斤十一分斤之四，以少减多，则一金十银多十一分斤之八，以斤法十六乘，得一百二十八，置金轻十三两，以分母十一通，为一百四十三，课于上余一十五，故曰多也。

草曰：列置所出率，盈不足仍以母分通其银。金三斤，银二十七，少四十九；金二斤，银一十八，多一十五。维乘出金银率，并金。得一百四十三。并银。得一千二百八十七两。为实，并盈不足。得六十四。为法，除之。先除金得二斤，不尽十五，以十六为乘，仍用故法，除得三两，不尽四十八，以二十四铢乘，仍用故法，除得一十八铢，合问。后除银者，以原母十一乘法六十四，得七百四，除实一千二百八十七，先得一斤，不尽五百八十三，以十六两乘之，仍用故法，得十三两，不尽一百七十六，以二十四铢乘，仍用故法七百四除，得六铢，合问。

（46）今有取佣，负盐二斛，行一百里，与钱四十。今负盐一斛七斗三升少半升[1]，行八十里。问：与钱几何？

答曰：二十七钱一十五分钱之一十一。[2]

术曰：置盐二斛升数，以一百里乘之为法。按：此术以负盐二斛升数乘所行一百里，得二万里。是为负盐一升行二万里，得钱四十。于今有术，为所有率。以四十钱乘今负盐升数，又以八十里乘之，为实。实如法得一钱。[3]以今负盐升数乘所行里，今负盐一升凡所行里也。于今有术为所有数四十钱为所求率也。衰分章"贷人千钱"与此同。[4]

法曰：原负盐重与里数相乘为法，以今负盐重及今行里数。乘原与钱数为实。实如法而一。

此问以今负盐重与今行里数，乘原与钱数为实，即要者乘也。其原负盐行里数为

---

① "少半升"＝三分之一。

② 这是一道复比例算题。因 2 石＝200 升，200×100＝20000，"一斛七斗三升少半升"＝$173\frac{1}{3}$，设与钱为 x，则 $\begin{cases}200:173\frac{1}{3}\\100:80\end{cases}=40:x, x=\dfrac{173\frac{1}{3}\times80\times40}{200\times100}=27\frac{11}{15}$钱。

③ 所得钱数＝$\dfrac{40\,钱\times今背盐升数\times80\,里}{盐\,200\,升\times100\,里}=\dfrac{40\times173\frac{1}{3}\times80}{200\times100}=\dfrac{520\times3200}{60000}=27\frac{44}{60}=27\frac{11}{15}$钱。

④ 郭书春在《〈九章算术〉译注》中解释：刘徽认为"所得钱数"中背盐 20 升行 100 里，得 40 钱，相当于背盐 1 升行 20000 里，得 40 钱。而衰分章"贷人千钱"题中，贷人 1000 钱 30 日，得利息 30 钱，相当于贷人 30000 钱 1 日，得利息 30 钱。因此，两者相同（郭书春：《〈九章算术〉译注》，沈阳：辽宁教育出版社，1998：350。）

法,即是不要者除也。

(47) 故负笼重一石一十七斤,行七十六步,今负笼重一石,行百步①,五十返。问:返几何?

答曰:五十七返二千六百三分返之一千六百二十九。②

术曰:以故所行步数乘故笼重斤数,为法。此法谓负一斤一返所行之积步也。今笼重斤数乘今步,又以返数乘之,为实。实如法得一返。③ 按:此法,负一斤一返所行之积步;此实者一斤一日所行之积步。故以一返之课除终日之程,即是返数也。④ 淳风等按:此术,所行步多者得返少,所行步少者得返多。然则故所行者今返率也。今所行者故返率也,令故所得返乘今返之率,为实,而以故返之率为法,今有术也。⑤ 按:此负笼又有轻重,于是为术者令重者得返少,轻者得返多。故又因其率以乘法、实者,重今有之义也。然此意非也。按:此笼虽轻而行有限,笼过重则人力遗力有遗而术无穷,人行有限而笼轻重不等。使其有限之力随彼无穷之变,故知此术率乖理也。若故所行有空行返数,设以问者,当因其所负以为返率,则今返之数可得而知也。假令空行一日六十里,负重一斛行四十里。减重一斗进二里半,负重三斗以下与空行同。今负笼重六斗,往返行一百步,问返几何?答曰:一百五十返。⑥ 术曰:置重行率,加十里,以里法通之,为实。以一返之步为法。实如法而一,即得也。

法曰:今笼重行步乘原返数为实。要者为乘。以故重行步自乘为法,除之。弃者为除。

(48) 丝一斤,直二百四十。今有一千三百二十八文,问:为丝几何?

---

① 根据沈钦裴校证:此题有错简现象,应改正为"故负笼重一石,行百步,五十返。今有负笼重一石一十七斤,行七十六步,问几何?",此亦为一说。"今有",依术文应改为"故"。

② 按照术文,本题答案有误。设令负重返为 x,则依题意 $x = \dfrac{120\ 斤 \times 100\ 步 \times 50\ 返}{(120+17) \times 76} = \dfrac{600000}{10412} = 57\dfrac{1629}{2513}$ 次。本题有误,李淳风在注文中已经指出了这一点。故今人多将本题改正为:

今有负笼,重一石一十七斤,行七十六步,五十返。今负笼,重一石,行百步,问:返几何?

答曰:四十三返六十分之二十三。

术曰:以今所行步数乘今笼重斤数,为法。此法谓负一斤一返所行之积步也。故笼重斤数乘故步,又以返数乘之,为实。实如法得一返。(沈康身:《〈九章算术〉导读》,武汉:湖北教育出版社,1997:415.)

设现在来回次数为 x,则 $(120 \times 100) : (137 \times 76) = 50 : x$,$x = \dfrac{137 \times 76 \times 50}{120 \times 100} = 43\dfrac{23}{60}$ 次。

③ 求解本题的步骤:第一步,"故笼重斤数"为一石一十七斤 $= 120$ 斤(汉)$+ 17$ 斤,则 137 斤 $\times 76$ 步为法,即分母;第二步,"今笼重斤数乘今步,又以返数乘之",即 120 斤 $\times 100$ 步 $\times 50$ 返,为分子。释:"笼",《说文解字》云:"举土器也",也就是背土的筐子。

④ 此段注说明这道题是计算的是负重运输者的日劳动量。按:今行步数×今笼重斤数就等于一日的路程;而故笼重斤数×故步数×返数等于一次往返的步数。

因此,往返的次数=(故笼重斤数×故步数×返数)÷(今行步数×今笼重斤数)。

⑤ 设返数为 x,按今有术则 $\dfrac{50}{x} = \dfrac{137 \times 76}{120 \times 100}$,$x = \dfrac{100 \times 120 \times 50}{137 \times 76}$。

⑥ 依题意:空行,60 里一返;负重 8 斗,45 里一返;负重 6 斗,50 里一返;负重 4 斗,55 里一返;负重 2 斗,60 里一返。按汉代一里 $= 300$ 步,则一日往返 $= \dfrac{50 \times 300}{6} \div \dfrac{100}{6} = 150$ 次。

答曰：五斤八两一十二铢五分铢之四。[①]

术曰：以一斤价数为法，以一斤乘今有钱数为实，实如法得丝数。按：此术今有之义，以一斤价为所有率，一斤为所求率，今有钱为所有数，而今有之，即得。

（49）贷钱一贯，月息三十。今贷七百五十，于九日归之。求息几何？

答曰：六钱四分钱之三。[②]

术曰：以月三十日乘千钱为法。以三十日乘千钱为法者，得三万，是为贷人钱三万，一日息三十也。以息三十乘今所贷钱数，又以九日乘之，为实。实如法得一钱。以九日乘今所贷钱为今一日所有钱，于今有术为所有数，息三十为所求率；三万钱为所有率。此又可以一月三十日约息三十钱，为十分一日，以乘今一日所有钱为实；千钱为法。为率者，当等之一也。故三十日或可乘本，或可约息，皆所以等之也。

（50）今有络丝一斤为练丝一十二两，练丝一斤为青丝一斤一十二铢。[③] 今有青丝一斤，问：本络丝几何？

答曰：一斤四两一十六铢三十三分铢之一十六。

术曰：以练丝十二两乘青丝一斤一十二铢为法。以青丝一斤铢数乘练丝一斤两数，又以络丝一斤乘，为实。实如法得一斤。[④] 按：练丝一斤为青丝一斤十二铢，此练率三百八十四，青率三百九十六也。又络丝一斤为练丝十二两，此为络率十六，练十二也。置今有青丝一斤，以练率三百八十四乘之，为实。实如青丝率三百九十六而一。所得，青丝一斤，用练丝之数也。又以络率十六乘之，所得为实；以练率十二为法。所得，即练丝用络丝之数也。是谓重今有也。[⑤] 虽各有率，不问中间。故令后实乘前实，后法乘前法而并除也。故以练丝两数为实，青丝铢数为法。一曰：又置络丝一斤两数与练丝十二两，约之，络得四，练得三。此其相与之率。又置练丝一斤铢数与青丝一斤一十二铢，约之，练得三十二，青得三十三。亦其相与之率。齐其青丝、络

---

① 依题意，设丝为 x，则 $240 : 1 = 1328 : x$

$x = \dfrac{1328}{240} = 5\dfrac{8}{15}$ 斤 $= 5$ 斤 $\dfrac{8 \times 16}{15}$ 两 $= 5$ 斤 8 两 $\dfrac{8 \times 24}{15}$ 铢 $= 5$ 斤 8 两 $12\dfrac{4}{5}$ 铢。

② 由复比例法求得 $\begin{cases} 1000\ \text{钱} \\ 30\ \text{日} \end{cases} : 30\ \text{钱} = \begin{cases} 750\ \text{钱} \\ 9\ \text{日} \end{cases} : x$，

$x = \dfrac{30 \times 750 \times 9}{1000 \times 30} = 6\dfrac{3}{4}$ 钱。

③ 按汉度量衡制：1 斤等于 16 两，1 两等于 24 铢。本题是有关制丝工艺过程（即生丝≠熟丝≠青丝）中所遇到的比例问题。

④ 用式子表示，即络丝＝[（青丝×练丝）×络丝]÷（练丝×青丝）。

⑤ 此题为连锁比例。1 斤＝16×24 铢＝384 铢，12 两＝12×24 铢＝288 铢，1 斤 12 铢＝384＋12＝396 铢。络率 16，练率 12，即络、练的率关系为 384∶288＝16∶12＝4∶3；同理，练、青的率关系为 384∶396＝32∶33。求"生丝∶熟丝∶青丝"的连比，则解法按今有术：以青丝 1 斤（384 铢）为所有数，练丝 1 斤（16 两）乘络丝 1 斤为所求率，练丝 12 乘青丝 396 铢为所有率，算得络丝为 384×16×384÷（12×396）＝2359296÷4752＝496$\dfrac{2304}{4752}$，化简得 496$\dfrac{16}{33}$。或云：络丝数＝所用练丝数×16÷12＝（用青丝 1 斤×383 铢÷396 铢）×16÷12＝（青丝 1 斤×384 铢÷16 两）÷（396 铢×12 两）。

丝,同其二练,络得一百二十八,青得九十九,练得九十六,即三率悉通矣。① 今有青丝一斤为所有数,络丝一百二十八为所求率,青丝九十九为所有率。为率之意犹此,但不先约诸率耳。凡率错互不通者,皆积齐同用之。放此,虽四五转不异也。言同其二练者,以明三率之相与通耳,于术无以异也。又一术:今有青丝一斤,铢数乘练丝一斤两数,为实;以青丝一斤一十二铢为法。所得,即用练丝两数。以络丝一斤乘所得为实,以练丝十二两为法,所得,即用络丝斤数也。②

术曰:以青丝一斤十二铢。为十六两半。乘练丝十二两为法。一百九十八。以今有青丝十六两乘所问练丝十六两。又用络丝十六两乘之为实。四千九十六两。实如法而一。除得二十两,不尽一百三十六铢,以两法二十四乘实,除实得十六铢,尚余九十六铢,与法约之,合问。③

(51)今有客马,日行三百里。客去忘持衣。日已三分之一,主人乃觉。持衣追及,与之而还;至家视日四分之三。问:主人马不休,日行几何?

答曰:七百八十里。

术曰:置四分日之三,除三分日之一。按:此术"置四分日之三,除三分日之一"者,除,即减也。减之余,有十二分之五,即是主人追客还用日率也。半其余,以为法。去其还,存其往。率之者,子不可半,故倍母,二十四分之五。是为主人与客均行用日之率也。副置法,增三分日之一。法二十四分之五者,主人往追用日之分也。三分之一者,客去主人未觉之前独行用日之分也。并连此数,得二十四分日之十三,则主人追及前用日之分也。是为客行用日率也。然则主人用日率者,客马行率也;客用日率者,主人马行率也。母同则子齐,是为客马行率五,主人马行率十三。于今有术,三百里为所有数,十三为所求率,五为所有率,而今有之,即得也。以三百里乘

---

① 又一法求解:由前面给出了率关系,按照比率性质,通过"齐同"可得出下列关系:

熟丝:青丝=32:33(同乘以3)=96:99;生丝:熟丝=4:3(同乘以32)=128:96,

所以,生丝:熟丝:青丝=128:96:99。

用今有术求,则上述的连比式变为:

$$络丝=青丝 1 斤 \times 128 \div 99 = \frac{384 \times 128}{99} = \frac{49152}{99} = 496 \frac{16}{33} 铢,或云 1 斤 4 两 16 \frac{16}{33} 铢。$$

② 又一解法:

先求出青丝1斤所用练丝数,即练丝数=(青丝1斤铢数×练丝1斤两数)÷青丝1斤12铢;然后,再求练丝所用络丝数,即:

络丝=(用练丝两数×络丝1斤)÷练丝12两=[(青丝1斤铢数×练丝1斤铢数)×络丝1斤]÷(练丝12两×青丝1斤12铢)。

③ 用现代数学语言表示,则为:以 396×288 为除数,以 384×384×384 为被除数,即 $\frac{384 \times 384 \times 384}{396 \times 288}$=

$496 \frac{16}{33}$铢。

之,为实。实如法,得主人马行一里。① 欲知主人追客所行里者,以三百里乘主人均行日分子十三,以母二十四而一,得一百六十二里半。以此数主人均行日分母二十四,加客马与主人均行用日分子五而一,亦得主人马行一日七百八十里也。

解题:本分母子互换之术,以主客马迟速为问。

法曰:客马行率三分日之一,减主马行率四分日之三,其余为法。课减分法云:母互乘子,以少减多,余为法。合主、客马分子。合分法曰:母互乘子,并之为实。以客行三百里乘之为实,实如法而一。②

草曰:置客马行率三分日之一,主(人)马行率四分日之三相减,余为法。用减分法,母互乘四分日之三子,得九,其三分日之一子,得四,相减余五为法。合主、客马分子。主马分子四、客马分子九,并之,得十三。以客行三百里乘之为实。得三千九百里。以法除之。以五除得七百八十里也。

(52)今有恶粟二十斗,舂之,得粝米九斗。今欲求粺米一十斗,问:恶粟几何?

答曰:二十四斗六升八十一分升之七十四。

术曰:置粝米九斗,以九乘之,为法。亦置粺米十斗,以十乘之,又以恶粟二十斗乘之为实,实如法得一斗。③ 按:此术置今有求粺米十斗,以粝米率十乘之,如粝率九而一,则粺化为粝,又以恶粟二十斗乘之,如粝米九而一,即粝亦化为恶粟矣。此亦重今有之义。为术之意犹络丝也。虽各有率,不问中间。故令后实乘前实,后法乘前法而并除之。④

术曰:粺率九乘粝米九斗为法,得八十一。以粝米率十乘粺米十斗,又以恶粟二十斗乘之为实。得二千。实如法而一,合问。

此问以粟变粝,以粝求粺,以粺求恶粟也。⑤

---

① 这是求运动速度亦称"行率"的算题。已知马速度=每日300里,客马先行$\frac{1}{3}$日,主人马追及往返用$\frac{3}{4}$日,则主人马追客人马往返日率为$\frac{3}{4}-\frac{1}{3}=\frac{5}{12}$。先求主人马追上客人马所用时间为$\frac{\frac{3}{4}-\frac{1}{3}}{2}=\frac{1}{2}\times\frac{5}{12}=\frac{5}{24}$日,次求主人追及前客人用日率为$\frac{1}{3}+\frac{5}{24}=\frac{13}{24}$日,故主人用日率:客人用日率=$\frac{5}{24}:\frac{13}{24}=\frac{5}{13}$,用今有术求解:主人马行率为所有率,客人马行率为所求率,300里为所求数,而主人马日行里=300里×$\frac{13}{5}$=780里。

又一法:先求主人马追上客人马之前客人马所行里数=300里×$\frac{13}{24}$日=162$\frac{1}{2}$里,次求主马日行里=162$\frac{1}{2}$÷$\frac{5}{24}$日=780里。

② 主人马日行里数=300里×$\left[\frac{1}{2}\left(\frac{3}{4}-\frac{1}{3}\right)+\frac{1}{3}\right]$÷$\frac{1}{2}\left(\frac{3}{4}-\frac{1}{3}\right)$=780里。

③ 用算式表示,则为:恶粟=$\frac{（粺米10斗×10）×恶粟20斗}{粝米9斗×9}$=$\frac{2000}{81}$斗=24$\frac{56}{81}$斗。

因1斗等于10升,故24$\frac{56}{81}$斗=24斗($\frac{56}{81}$×10升)=24斗6$\frac{74}{81}$升。

④ 先求粝米=10斗×10÷9=$\frac{100}{9}$斗,再求恶粟=$\frac{100}{9}$斗×20÷9=$\frac{2000}{81}$斗。

⑤ 此为解题的思路与方法。

（53）今有人持金出五关,前关二而税一,次关三而税一,次关四而税一,次关五而税一,次关六而税一。并五关所税,适重一斤。问:本持金几何?

答曰:一斤三两四铢五分铢之四。

术曰:置一斤,通所税者以乘之为实。亦通其不税者,以减所通,余为法。实如法得一斤。① 此意犹上术也。"置一斤,通所税者",谓令二、三、四、五、六相乘,为分母,七百二十也。"通其所不税者",谓令所税之余一、二、三、四、五相乘,为分子,一百二十也。约而言之,是为余金于本所持六分之一也。以子减母,凡五关所税六分之五也。于今有术,所税一斤为所有数,分母六为所求率,分子五为所有率。此亦重今有之义。又虽各有率,不问中间,故令中率转相乘而连除之,即得也。置一以为持金之本率,以税率乘之、除之,则其率亦成积分也。

解题:不言存金已税者,问本金。

术曰:五税分母相乘。见原持率。税剩余分相乘,减之为法。减持率数。以所税乘之。持率。为实。实如法而一。即互换问题,奥不删。

草曰:五税分母相乘。二、三、四、五、六乘得七百二十。税剩余分相乘。一、二、三、四、五、五乘得百二十。减之为法。余六百。以所税乘之。十六两乘七百二十得一万一千五百二十。实如法而一。以法除实。

（54）今有人持米出三关,外关三而取一,中关五而取一,内关七而取一,余米五斗。问:本持米几何?

答曰:十斗九升八分升之三。

术曰:置米五斗,以所税者三之,五之,七之,为实。以余不税者二、四、六相乘为法。实如法得一斗。② 此亦重今有也。所税者,谓今所当税之本。三、五、七皆为所求率,二、四、六皆为所有率。置今有余米五斗,以七乘之,六而一,则内关未税之本米也。又以五乘之,四而一,即中关未税之本米也。又以三乘之,二而一,即外关未税之本米也。今从末求本,不问中间,故令中率转相乘而同之,亦如络丝术。又一术:外关三而取一,则其余本米三分之二也。求外关所税之余,则当置本持米,以二乘之,三而一。欲知中关,以四乘之,五而一。欲知内关,以六乘之,七而一。凡余分者,乘其母,而以三、五、七相乘得一百五,为分子;二、四、六相乘,得四十八,为分母。约而言之,则是余米于本所持三十五分之十六也。于今有术,余米五斗为所有数,分母三十五为所求率,分子十六为所有率也。③

---

① 用今有术求得:本持金数＝所税共数÷(1−不税者之积÷税者之积)。

由题意知,2,3,4,5,6为"税者",而 2−1,3−1,4−1,5−1,6−1 为"不税者",则本持金数＝1÷ $\left(1-\frac{1\times2\times3\times4\times5}{2\times3\times4\times5\times6}\right)=1\div\frac{5}{6}=\frac{6}{5}$ 斤。汉制1斤＝16两＝384铢,1两＝24铢,则 $\frac{6}{5}$ 斤＝$1\frac{1}{5}\times16$ 两＝1斤 3两$\frac{1}{5}\times24$ 铢＝1斤3两$4\frac{4}{5}$铢。

② 用今有术解得 $5\div\left(1-\frac{1}{7}\right)\div\left(1-\frac{1}{5}\right)\div\left(1-\frac{1}{3}\right)=5\times\frac{7}{6}\times\frac{5}{4}\times\frac{3}{2}=\frac{525}{48}=10$斗9$\frac{3}{8}$升。

③ 以 5×3×5×7 为实(被除数),以 2×4×6 为法(除数)则 $\frac{5\times3\times5\times7}{2\times4\times6}=\frac{525}{48}=10$斗9$\frac{3}{8}$升。

又一法:5×3×5×7÷[(3−1)×(5−1)×(7−1)]＝109$\frac{3}{8}$斗。

术曰：以三关所税分母乘存米为实。三分、五分、七分乘米五斗，得二百二十五，此要者乘。以税余分数为法。三分税一，余十；五分税一，余六。以二、四、六乘，得四十八为法，是不要者除。实如法而一。

（55）今有人持金十二斤出关，关税之，十分而取一。今关取金二斤，偿钱五千。问：金一斤值钱几何？

答曰：六千二百五十。

术曰：以一十乘二斤，以十二斤减之，余为法。以一十乘五千为实，实如法得一钱。[①] 按：此术置十二斤，以一乘之，十而一，得一斤五分斤之一，即所当税者也。减二斤，余即关取盈金。以盈除所偿钱，即金值也。[②] 今术既以十二斤为所税，则是以十为母，故以十乘二斤及所偿钱，通其率。于今有术，五千钱为所有数，十为所求率，八为所有率，而今有之，即得也。[③]

一术：以十分乘已税金二斤，以原金十二斤减之，余八斤为法。即十个，多取金数。以十分乘余钱五贯为实。[④] 亦十个，还余钱亦是要乘弃除取用。

二术：以十斤中，合税一斤，乘原金十二斤。以十二斤除之。求合税金数十九两二钱。以减税过二斤，余为法。多收十二两八钱。以十六两乘余钱五贯文为实，以法除之，得金斤之实。[⑤] 此是两段，要乘弃除。

三术：原金一十二斤，以税金二斤乘之。得三百八十四两。以二十除之。得合税一十九两二钱，亦是十分取一。以减税过二斤，余为法，以十六两乘余钱五贯为实，以法除之[⑥]，合问。并见前解。

---

① 1 斤金值钱 $= \dfrac{\text{偿钱 } 5000 \text{ 文} \times 10}{\text{关钱 } 2 \text{ 斤} \times 10 - \text{持金 } 12 \text{ 斤}} = \dfrac{50000}{8}$ 文 $= 6250$ 文。

② 求解法一：应向关卡缴纳的税金为 $12 \text{ 斤} \times \dfrac{1}{10} = \dfrac{12}{10}$ 文，而关卡向缴税金者多收取了关取 2 斤 $-$ 税金 12 斤 $\times \dfrac{1}{10}$，故 1 斤金值钱 $= \dfrac{\text{偿钱 } 5000 \text{ 文}}{(\text{关取 } 2 \text{ 斤} - \text{税金 } 12 \text{ 斤} \times \dfrac{1}{10})} = \dfrac{5000}{0.8}$ 文 $= 6250$ 文。

③ 求解法二：用今有术解得

应缴税为 $12 \text{ 斤} \times \dfrac{1}{10} = \dfrac{12}{10}$ 文，多缴纳税金为 $2 - \dfrac{12}{10} = \dfrac{8}{10}$ 文，则偿钱 5000 钱为所有数，10 为所求率，8 为所有率，而 1 斤金值钱 $= 5000 \text{ 文} \times \dfrac{10}{8} = 5250$ 文。

④ 1 斤金值钱 $= \dfrac{10 \times 5}{10 \times 2 - 12} = \dfrac{50}{8} = 6.25$ 贯，1 贯 $= 1000$ 文，故 6.25 贯 $\times 1000 = 6250$ 文。

⑤ 根据题意，有 $\dfrac{12}{10}$ 斤 $= 1.2 \times 16$ 两 $= 19$ 两 2 钱，$(2 \text{ 斤} \times 16 \text{ 两}) - 19$ 两 2 钱 $= 12$ 两 8 钱，故 $\dfrac{16 \times 5}{12.8} = \dfrac{80}{12.8} = 6.25 \times 1000$ 文 $= 6250$ 文。

⑥ $12 \times 2 \times 16$ 两 $= 384$ 两，$\dfrac{384 \text{ 两}}{20} = 19$ 两 2 钱，故 $\dfrac{16 \times 5}{(2 \times 16) - 19.2} = \dfrac{80}{12.8} = 6.25 \times 1000$ 文 $= 6250$ 文。

衰分卷第六

杨辉题录载此卷18问:本章9问,均输9问[①],包括衰分和均输两种算法。

1. 衰分法

衰分机轴志:欲谨初妙在差率之内,或立率失中,则答说必失矣。谨初者,切详题初问意,且如五爵分鹿,题以爵次均之。当以五、四、三、二、一为差率,如牛、马、羊食人苗,偿粟五斗。题云:牛食马之半,马食羊之半。今欲衰偿之。当倍而用四、二、一为差率。如三乡发徭,备有各乡人数。便以为差率,不必取用,大意不过切题用意,其余体此。

衰分法曰:各列置衰列相与率也,重则可约副并为法,以所分乘未并者,各自为列实,以法除之。不满法者,以法命之。

(1) 大夫、不更、簪裛、上造、公士,凡五人,以爵次高下均分五鹿,问:各几何?[②]

答曰:大夫一鹿三分鹿之二,不更一鹿三分鹿之一,簪裛一鹿,上造鹿三分之二,公士三分鹿之一。

术曰:列置爵数,各自为衰。爵数者,谓大夫五,不更四,簪裛三,上造二,公士一也。《墨子·号令篇》曰:以爵级为赐,然则战国之初有此名也。今有术,列衰各为所求率,副并为所有率,今有鹿数为所有数,而今有之,即得。副并为法;以五鹿乘未并者各自为实。实如法得一鹿。[③]

(2) 大夫、不更、簪裛、上造、公士,凡五人,依爵次支粟一十五斗。后添大夫,亦支五斗。仓无粟,欲以六人依爵次均之。

答曰:大夫二人各出一斗四分斗之一,不更一斗,簪裛四分斗之三,上造四分斗之

---

① 因杨辉《详解九章算术纂类》补之。"本章"指刘徽注《九章算术》本中的"衰(音 cuī)分章"。

② 刘徽、李淳风注本中有"今有"两字。

③ 依据郭书春《九章算术译注》补入。这是一个求解等差级数的问题,设公差为 d,首项为 a。$a_1 = a$,$a_2 = a + d$,$a_3 = a + 2d$,$a_4 = a + 3d$,$a_5 = a + 4d$。由题设知 $a + (a+d) + (a+2d) + (a+3d) + (a+4d) = 5$ 化简后,得 $a + 2d = 1$。因题中谓"次分之",即 $a + d = 2a$,求得 $a = d$,故 $a + 2d = 1$,$a = \frac{1}{3}$,即 $a_1 = \frac{1}{3}$。依次求得 $a_2 = \frac{2}{3}$,$a_3 = 1$,$a_4 = 1\frac{1}{3}$,$a_5 = 1\frac{2}{3}$。用列衰法求,则大夫:不更:簪裛:上造:公士 = 5:4:3:2:1。相加得:5+4+3+2+1 = 15 作为法。大夫得实为:5 鹿×5 = 25 鹿。不更得实为:5 鹿×4 = 20 鹿。簪裛得实为:5 鹿×3 = 15 鹿。上造得实为:5 鹿×2 = 10 鹿。公士得实为:5 鹿×1 = 5 鹿。

所以求得大夫得 $25 \div 15 = 1\frac{2}{3}$ 鹿,不更得 $20 \div 15 = 1\frac{1}{3}$ 鹿,簪裛得 $15 \div 15 = 1$ 鹿,上造得 $10 \div 15 = \frac{2}{3}$ 鹿,公士得 $5 \div 15 = \frac{1}{3}$ 鹿。

二,公士四分斗之一。①

刘徽李淳风注本:(术曰)各置所廪粟斛、斗数,爵次均之,以为列衰;副并,而加后来大夫亦五斗,得二十以为法;以五斗乘未并者,各自为实。实如法得一斗。廪前五人十五斗者,大夫得五斗,不更得四斗,簪裛得三斗,上造得二斗,公士得一斗。欲令五人各依所得粟多少减与后来大夫,即与前来大夫同。据前来大夫已得五斗,故言亦也。各以所得斗数为衰,并得十五,而加后来大夫亦五斗,凡二十,为法也,是为六人共出五斗,后来大夫亦俱损折。今有术,副并为所有率,未并者各为所求率,五斗为所有数,而今有之,即得。

(3) 问牛、马、羊食人苗。苗主责之粟五斗。牛食马之半,马食羊之半。欲衰偿之。答曰:牛二斗八升分升之四,马一斗四升七分升之二,羊七升七分升之一。

刘徽、李淳风注本:今有牛、马、羊食人苗。苗主责之粟五斗。羊主曰:"我羊食半马。"马主曰:"我马食半年。"今欲衰偿之,问:各出几何?

答曰:牛主出二斗八升七分升之四,马主出一斗四升七分升之二,羊主出七升七分之一。

术曰:置牛四、马二、羊一,各自为列衰,副并为法。以五斗乘未并者各自为实。实如法得一斗。臣淳风等按:此术同意,羊食半马,马食半牛,是谓四羊当一牛,二羊当一马。今术置羊一、马二、牛四者,通其率以为列衰。②

(4) 女子善织,日自倍,五日织五尺。问:日织几何?③

答曰:初日一寸三十一分寸之十九,二日三寸三十一分寸之七,三日六寸三十一分寸之十四,四日一尺二寸三十一分寸之二十八,五日二尺五寸三十一分寸之二十五。

术曰:置一、二、四、八、十六为列衰,副并为法。以五尺乘未并者,各自为实。实

---

① 列衰为:大夫:大夫:不更:簪裛:上造:公士=5:5:4:3:2:1。相加得5+5+4+3+2+1=20,作为法。故大夫出粟实为:5斗×5=25斗。不更出粟实为:5斗×4=20斗。簪裛出粟实为:15斗。上造出粟实为:5斗×2=10斗。公士出粟实为:5斗×1=5斗。因此,大夫出粟:25÷20=1$\frac{1}{4}$斗,不更出粟:20÷20=1斗,簪裛出粟:15÷20=$\frac{3}{4}$斗,上造出粟:10÷20=$\frac{2}{4}$斗,公士出粟:5÷20=$\frac{1}{4}$斗。

② "列衰"指将比率一一排列出来。依题意,设牛所食等于1,则有下面的比率关系:

$$牛:马:羊=1:\frac{1}{2}:\frac{1}{4}=4:2:1,$$

所以牛主出$50×\frac{4}{7}=28\frac{4}{7}$升,马主出$50×\frac{2}{7}=14\frac{2}{7}$升,羊主出$50×\frac{1}{7}=7\frac{1}{7}$升。

③ 这是一道等比级数的算题。设公比为d,首项为a,则依题意,可列出方程如下:$a+ad+ad^2+ad^3+ad^4=50$因"日自倍",即$d=2$,故求得:$a(1+2+4+8+16)=50$,$a=\frac{50}{31}=1\frac{19}{31}$寸,即$a_1=a=1\frac{19}{31}$。依次求得$a_2=ad=\frac{50}{31}×2=3\frac{7}{31}$寸,$a_3=ad^2=\frac{50}{31}×4=6\frac{14}{31}$寸,$a_4=ad^3=\frac{50}{31}×8=12\frac{28}{31}$寸,$a_5=ad^4=\frac{50}{31}×16=25\frac{25}{31}$寸。

如法得一尺。①

（5）问禀五石，欲令三人得三，令二人得二。

答曰：三人，各一石一斗五升十三分升之五。二人，各七斗六升十三分升之十二。

刘徽、李淳风注本：今有禀粟五斛，五人分之。欲令三人得三，二人得二。问：各几何？

答曰：三人，人得一斛一斗五升十三分升之五。

二人，人得七斗六升十三分升之十二。

术曰：置三人，人三；二人，人二，为列衰。副并为法。以五斛乘未并者，各自为实。实如法得一斛。②

（6）问甲持钱五百六十，乙持钱三百五十，丙持钱一百八十。出门共税百钱。以持钱衰之。

答曰：甲五十一钱一百九分钱之四十一，乙三十二钱一百九分钱之一十二，丙一十六钱一百九分钱之五十六。

术曰：各置钱数为列衰，副并为法。以百钱乘未并者，各自为实。实如法得一钱。臣淳风等谨按：此术甲、乙、丙持钱数以为列衰，副并为所有率，未并者各为所求率，百钱为所有数，而今之，即得。③

（7）问北乡算八千七百五十八，西乡算七千二百三十六，南乡算八千三百五十六，凡三乡，发徭三百七十八人。以算数多少衰出之。

答曰：北乡一百三十五人一万二千一百七十五分人之一万一千六百三十七，西乡一百一十二人一万二千一百七十五分人之四千四，南乡一百二十九人一万二千一百七十五分人之八千七百九。

术曰：各置算数为列衰。臣淳风等谨按：三乡算数，约，可半者，为列衰。副并为法。以

----

① 用列衰法求，则第一日所织数：第二日所织数：第三日所织数：第四日所织数：第五日所织数＝1：2：4：8：16。以1＋2＋4＋8＋16＝31作为法，故第一日所织数为5尺，第二日所织数为5尺×2＝10尺，第三日所织数为5尺×4＝20尺，第四日所织数为5尺×8＝40尺，第五日所织数为5尺×16＝80尺。故第一日织 $5 \div 31 = \frac{5}{31} = 1\frac{19}{31}$ 寸，第二日织 $10 \div 31 = \frac{10}{31} = 3\frac{7}{31}$ 寸，第三日织 $20 \div 31 = \frac{20}{31} = 6\frac{14}{31}$ 寸，第四日织 $40 \div 31 = 1\frac{9}{31} = 12\frac{28}{31}$ 寸，第五日织 $80 \div 31 = 2\frac{18}{31}$ 尺 $= 25\frac{25}{31}$ 寸。

② 因1斛等于10斗，1斗等于10升，则5斛等于500升，依题意，有3：3：3：2：2：2＝500升，以3＋3＋3＋2＋2＝13为法，因此，$500 \times \frac{3}{13} = 115\frac{5}{13}$ 升；$500 \times \frac{2}{13} = 76\frac{12}{13}$ 升。

③ 用列衰法求，则依题意有：甲：乙：丙＝560：350：180。以560＋350＋180＝1090为法，故得甲税之实为：100×560＝56000钱。乙税之实为：100×350＝35000钱。丙税之实为：100×180＝18000钱。所以：

甲出 $56000 \div 1090 = 51\frac{41}{109}$ 钱，乙出 $35000 \div 1090 = 32\frac{12}{109}$ 钱，丙出 $18000 \div 1090 = 16\frac{56}{109}$ 钱。

所发徭人数乘未并者,各自为实。实如法得一人。按:此术,今有之义也。[1]

(8)问大夫、不更、簪褭、上造、公士五人,均钱一百,欲令大夫出五分之一,不更出四分之一,簪褭出三分之一,上造出二分之一,公士出一分之一。各几何?

答曰:大夫八钱一百三十七分钱之一百四,不更十钱分钱之一百三十,簪褭一十四钱分钱之八十二,上造二十一钱分钱之一百二十三,公士四十三钱分钱之一百九。

术曰:置爵数,各自为衰,而反衰之。[2] 副并为法。以百钱乘未并者,各自为实。实如法得一钱。

返衰 以爵次言之,大夫五、不更四。欲令高爵得多者,当使大夫一人受五分,不更一人受四分。人数为母,分数为子。母同则子齐,齐即衰也。故上衰分宜以五、四为列焉。今此令高爵出少,则当大夫五人共出一人分,不更四人共出一人分,故谓之反衰。人数不同,则分数不齐。当令母互乘子。母互乘子,则动者为不动者衰也。亦可先同其母,各以分母约,其子为反衰。副并为法。以所分乘未并者,各自为实。实如法而一。[3]

(9)问甲持粟三升,乙持粝米三升,丙持粝饭三升。欲令合而分之。

答曰:甲二升十分升之七,乙四升十分升之五,丙一升十分升之八。

术曰:以粟率五十、粝米率三十、粝饭率七十五为衰,而返衰之。副并为法。以九升乘未并者,各自为实。实如法得一升。[4] 按:此术,三人所持升数虽等,论其本率,精粗不同。米率虽少,令最得多;饭率虽多,返使得少。故令返之,使精得多而粗得少。于今有术,副并为所有率,未并者各为所求率,九升为所有数,而今有之,即得。

2. 均输法

均输法曰:各以里傯相乘,并粟、石价约县户为衰。各列置衰副并为法,以赋粟乘

----

[1] 用列衰法求解,则北乡:西乡:南乡=8758:7236:8356,

故以 8758+7236+8356=24350 为法,得:北乡之实为 378×8758=3310524 算;西乡之实为 378×7236=2735208 算;南乡之实为 378×8356=3158568 算。所以,北乡须遣 3310524÷24350=135$\frac{23274}{24350}$=135$\frac{11637}{12175}$

人,西乡须遣 2735208÷24350=112$\frac{4004}{12175}$人,南乡须遣 3158568÷24350=129$\frac{8709}{12175}$人。

[2] 以列衰的倒数进行分配。

[3] 用返衰法求解,有$\frac{1}{5}$,$\frac{1}{4}$,$\frac{1}{3}$,$\frac{1}{2}$,1。以$\frac{1}{5}$+$\frac{1}{4}$+$\frac{1}{3}$+$\frac{1}{2}$+1=$\frac{137}{60}$作为法,故:大夫出钱之实为:100×$\frac{1}{5}$=20 钱。不更出钱之实为:100×$\frac{1}{4}$=25 钱。簪褭出钱之实为:100×$\frac{1}{3}$=$\frac{100}{3}$钱。上造出钱之实为:100×$\frac{1}{2}$=50 钱。公士出钱之实为:100 钱。所以,大夫应出钱:20÷$\frac{137}{60}$=8$\frac{104}{137}$钱。不更应出钱:20÷$\frac{137}{60}$=10$\frac{130}{137}$。簪褭应出钱:$\frac{100}{3}$÷$\frac{137}{60}$=14$\frac{82}{137}$钱。上造应出钱:50÷$\frac{137}{60}$=21$\frac{123}{137}$钱。公士应出钱:100÷$\frac{137}{60}$=43$\frac{109}{137}$钱。

[4] 用返衰法求解,则有$\frac{1}{50}$,$\frac{1}{30}$,$\frac{1}{75}$为列衰,以$\frac{1}{50}$+$\frac{1}{30}$+$\frac{1}{75}$=$\frac{1}{15}$作为法,故:

甲所分之实为:9×$\frac{1}{50}$=$\frac{9}{50}$升。乙所分之实为:9×$\frac{1}{30}$=$\frac{9}{30}$升。丙所分之实为:9×$\frac{1}{75}$=$\frac{3}{25}$升。所以,甲应分:$\frac{9}{50}$÷$\frac{1}{15}$=2$\frac{7}{10}$升。乙应分:$\frac{9}{30}$÷$\frac{1}{15}$=4$\frac{5}{10}$升。丙应分:$\frac{3}{25}$÷$\frac{1}{15}$=1$\frac{8}{10}$升。

未并者,各自为实。实如法而一。

(10) 今有均输粟①:甲县四万二千算②,粟一斛二十,自输其县;乙县三万四千二百 七十二算,粟一斛一十八,佣价一日一十钱,到输所七十里;丙县一万九千三百 二十八算,粟一斛一十六,佣价一日五钱,到输所一百四十里;丁县一万七千七 百算,粟一斛一十四,佣价一日五钱,到输所一百七十五里;戊县二万三千四十 算,粟一斛一十二,佣价一日五钱,到输所二百一十里;已县一万九千一百三十 六算,粟一斛一十,佣价一日五钱,到输所二百八十里。凡六县赋粟六万斛,皆输甲县。六人共车,车载二十五斛,重车日行五十里,空车日行七十里,载输之间各一日。粟有贵贱,佣各别价,以算出钱,令费劳等,问:县各粟几何?

答曰:甲县一万八千九百四十七斛一百三十三分斛之四十九;乙县一万八百二十七斛一 百三十三分斛之九;丙县七千二百一十八斛一百三十三分斛之六;丁县六千七百 六十六斛一百三十三分斛之一百二十二;戊县九千二十二斛一百三十三分斛之七 十四;已县七千二百一十八斛一百三十三分斛之六。③

---

① "均输"之名最早湖北江陵张家山汉墓出土的"均输律",它是指按人口多少、路途远近、谷物贵贱平均交纳租税或摊派徭役的章程。在此,讲的则是向各县征调粟米中徭役的平均负担问题。

② 算是秦汉时期的一种计量单位。

③ 设空、重行里数分别为 q_1,q_2,则法为 q_1q_2。设每县至输所的道里数为 l_i,则 $(q_1+q_2)l_i,i=1,2,3,4,5,6$ 为实。设每县至输所所用日数为 t_i,则 $t_i=(q_1+q_2)l_i\div(q_1q_2),i=1,2,3,4,5,6$。故求得:甲至输所所用日数为: $t_1=0$。乙至输所所用日数为: $t_2=(q_1+q_2)l_2\div(q_1q_2)=(50+70)\times50\div(50\times70)=\frac{8400}{3500}=2\frac{2}{5}$ 日。丙至输所所用日数为: $t_3=(q_1+q_2)l_3\div(q_1q_2)=(50+70)\times140\div(50\times70)=\frac{16800}{3500}=4\frac{4}{5}$ 日。丁至输所用日数为 $t_4=(q_1+q_2)l_4\div(q_1q_2)=(50+70)\times175\div(50\times70)=\frac{21000}{3500}=6$ 日。戊至输所所用日数为 $t_5=(q_1+q_2)l_5\div(q_1q_2)=(50+70)\times210\div(50\times70)=\frac{25200}{3500}=7\frac{1}{5}$ 日。已至输所所用日数为 $t_6=(q_1+q_2)l_6\div(q_1q_2)=(50+70)\times280\div(50\times70)=\frac{33600}{3500}=9\frac{3}{5}$ 日。因"加载输各一日",即 2 日,则每县至输所所用日数为 (t_i+2):甲为 2 日,乙 为 $4\frac{2}{5}$ 日,丙为 $6\frac{4}{5}$ 日,丁为 8 日,戊为 $9\frac{1}{5}$ 日,已 为 $11\frac{3}{5}$ 日。因 6 人 1 辆车,故 $(t_i+2)\times6$ 为输 1 车所用人数。设某县 1 人 1 日的佣钱为 j_i,因而运输 1 车所用人数乘佣钱,得 $(t_i+2)\times6j_i,i=2,3,4,5,6$。其中 $j_2=10$, $j_3=5,j_4=5,j_5=5,j_6=5$。故缴纳 1 斛至输所的佣钱为: $\frac{1}{25}(t_i+2)\times6j_i$。设某县 1 斛粟价为 f_i,则 $f_1=20,f_2=18,f_3=16,f_4=14,f_5=12,f_6=10$。于是,某县缴纳 1 斛至输所的佣钱加此县 1 斛的粟价,得 $a_i=\frac{1}{25}(t_i+2)\times6j_i+f_i,i=1,2,3,4,5,6$,即为此县缴纳 1 斛的价钱,所以:甲县为 $a_1=\frac{1}{25}(t_1+2)\times6j_1+f_1=20$ 钱;乙县为 $a_2=\frac{1}{25}(t_2+2)\times j_2+f_2=\frac{1}{25}\times4\frac{2}{5}\times6\times10+8=\frac{714}{25}$ 钱;丙县为 $a_3=\frac{1}{25}(t_3+2)\times6j_3+f_3=\frac{1}{25}\times6\frac{4}{5}\times6\times5+16=\frac{604}{25}$ 钱;丁县为 $a_4=\frac{1}{25}(t_4+2)\times6j_4+f_4=\frac{1}{25}\times8\times6\times5+14=\frac{590}{25}$ 钱;戊县为 $a_5=\frac{1}{25}(t_5+2)\times6j_5+f_5=\frac{1}{25}\times9\frac{1}{5}\times6\times5+12=\frac{576}{25}$ 钱;已县为 $a_6=\frac{1}{25}(t_6+2)\times6j_6+f_6=\frac{1}{25}\times11\frac{1}{5}\times6\times5+10=\frac{598}{25}$ 钱。设每县算数为 $b_i,i=1,2,3,4,5,6$,则 $b_1=42000,b_2=34272,b_3=19328,b_4=17700,b_5=23040,b_6=19136$。

术曰：以车程行空、重相乘为法，并空、重，以乘道里，各自为实，实如法得一日。

按：重往空还，一输①再行道也。置空行一里，用七十分日之一；重行一里，用五十分日之一。齐而同之，空、重行一里之路，往返用一百七十五分日之六。定言之者，一百七十五分之路，往返用六日也。故并空、重者，齐其子也；空、重相乘者，同其母也。于今有术，至输所里为所有数，六为所求率，一百七十五为所有率，而今有之，即各得输所用日也。②加载输各一日，欲得凡日也。③而以六人乘之。欲知一车用人也。又以佣价乘之。欲知致车人佣直几钱。以二十五斛除之。欲知致一斛之佣直也。④一斛粟价即致一斛之费。加一斛之价于致一斛之佣直，即凡输

所以每县的列衰为 $\dfrac{b_i}{a_i}$，即甲县为 $\dfrac{b_1}{a_1}=\dfrac{42000}{20}=2100$，乙县为 $\dfrac{b_2}{a_2}=\dfrac{34272}{\frac{714}{25}}=1200$，丙县为 $\dfrac{b_3}{a_3}=\dfrac{19328}{\frac{604}{25}}=800$，丁县为

$\dfrac{b_4}{a_4}=\dfrac{17700}{\frac{590}{25}}=750$，戊县为 $\dfrac{b_5}{a_5}=\dfrac{23040}{\frac{576}{25}}=1000$，己县为 $\dfrac{b_6}{a_6}=\dfrac{19136}{\frac{598}{25}}=800$。用 50 约之，得每县的列衰为：甲 42，乙

24，丙 16，丁 15，戊 20，己 16。以 $42+24+16+15+20+16=133$ 为法，每县之实为：甲县 $60000\times42=2520000$ 斛，乙县 $60000\times24=1440000$ 斛，丙县为 $60000\times16=960000$ 斛，丁县为 $60000\times15=900000$ 斛，戊县为 $60000\times20=1200000$ 斛，己县为 $60000\times16=960000$ 斛。所以每县出粟数：甲县 $2520000\div133=18947\frac{49}{133}$ 斛，乙县 $1440000\div133=10827\frac{9}{133}$ 斛，丙县 $960000\div133=7218\frac{6}{133}$ 斛，丁县 $900000\div133=6766\frac{122}{133}$ 斛，戊县 $1200000\div133=9022\frac{74}{133}$ 斛，己县 $960000\div133=7218\frac{6}{133}$ 斛。

① 指一去（满载）一回（空车）。

② 输所用日是指输送到指定纳粮地点往返所用天数，依李继闵释文，则用下式来计算：

$$输所用日=\left(\dfrac{1}{空车日行}+\dfrac{1}{重车日行}\right)\times道里=\dfrac{(空车日行+重车日行)\times道里}{空车日行\times重车日行}=\dfrac{(70+50)\times道里}{70\times50}=\dfrac{6\times道里}{175}日。$$

③ 凡日＝输所用日＋装卸用日，则：凡日 $=\dfrac{6\times道里}{175}+2$。

因此，各县运输用日分别为：甲县 $=0$，乙县 $=70\times\dfrac{6}{175}+2=4\frac{2}{5}$，丙县 $=140\times\dfrac{6}{175}+2=6\frac{4}{5}$，丁县 $=175\times\dfrac{6}{175}+2=8$，戊县 $=210\times\dfrac{6}{175}+2=9\frac{1}{5}$，己县 $=280\times\dfrac{6}{175}+2=11\frac{3}{5}$。

④ 致一斛之佣直 $=\dfrac{凡日\times6人\times佣价}{25斛}$，则各县致一斛之佣直分别是：甲县 $=0$，乙县 $=\dfrac{4\frac{2}{5}\times6\times10}{25}=10\frac{14}{25}$，丙县 $=\dfrac{6\frac{4}{5}\times6\times5}{25}=8\frac{4}{25}$，丁县 $=\dfrac{8\times6\times5}{25}=9\frac{3}{5}$，戊县 $=\dfrac{9\frac{1}{5}\times6\times5}{25}=11\frac{1}{25}$，己县 $=\dfrac{11\frac{3}{5}\times6\times5}{25}=13\frac{23}{25}$。

一斛粟取佣所用钱。① 各以约其算数为衰。今按：甲衰四十二，乙衰二十四，丙衰十六，丁衰十五，戊衰二十，己衰十六。于今有术，副并为所有率，未并者各自为所求率，所赋粟为所有数。此今有、衰分之义也。副并为法，以所赋粟乘未并者，各自为实。实如法得一斛。各置所当出粟，以其一斛之费乘之，如算数而一得率，算出九钱一百三十三分钱之三。又载输之间各一日者，即二日也。

术曰：以空、重车行程相乘为法，并空、重车以道里乘，各自为实，实如法而一，得行一日，加载输各一日，以六人乘。又佣价乘之，以一车载二十五除之，加一斛粟价，各约之为衰，副并为法，以所赋粟乘未并者，各自为实，实如法而一。② 以六县算数均者，则用衰分。今兼粟庸高下输所远近，名曰均输。又加空重车为问，不过衍盈以坚算，士之志。前题已载，更不赘述。

（11）今有均赋粟③：甲县二万五百二十户，粟一斛二十钱，自输其县；乙县一万二千三百一十二户，粟一斛一十钱，至输所二百里；丙县七千一百八十二户，粟一斛一十二钱，至输所一百五十里；丁县一万三千三百三十八户，粟一斛一十七钱，至输所二百五十里；戊县五千一百三十户，粟一斛一十三钱，至输所一百五十里。凡五县赋输粟一万斛。一车载二十五斛，与僦一里一钱。欲以县户赋粟，令费劳等，问：县各粟几何？

答曰：甲县三千五百七十一斛二千八百七十三分斛之五百一十七，乙县二千三百八十

---

① 致一斛之费＝一斛粟价＋致一斛之佣直，则各县致一斛之费分别是：甲县＝20＋0＝20 钱，乙县＝18＋10$\frac{14}{25}$＝$\frac{714}{25}$钱，丙县＝16＋8$\frac{4}{25}$＝$\frac{604}{25}$钱，丁县＝14＋9$\frac{3}{5}$＝$\frac{118}{5}$钱，戊县＝12＋11$\frac{1}{25}$＝$\frac{576}{25}$钱，己县＝10＋13$\frac{23}{25}$＝$\frac{598}{25}$。

② 衰＝各县之算÷1斛之费。根据已知条件，分别求得：

甲县＝42000÷20＝2100，乙县＝34272÷$\frac{714}{25}$＝1200，丙县＝19328÷$\frac{604}{25}$＝800，丁县＝17700÷$\frac{118}{5}$＝750，戊县＝23040÷$\frac{576}{25}$＝1000，己县＝19136÷$\frac{598}{25}$＝800。

用 50 约简，得：甲县＝42，乙县＝24，丙县＝16，丁县＝15，戊县＝20，己县＝16，而列衰为：

甲县：乙县：丙县：丁县：戊县：己县＝42：24：16：15：20：16，它们的和＝133。

那么，各县应交粟数＝总赋粟数×各自衰÷列衰之和。依此，求得：设各县应交粟数为 x，已知总收粟数为60000 斛，则各县应交粟数分别为：

甲县：133：42＝60000：x，$x=\frac{60000\times42}{133}=18947\frac{49}{133}$。乙县：133：24＝60000：$x$，$x=\frac{60000\times24}{133}=10827\frac{9}{133}$。丙县：133：16＝60000：$x$，$x=\frac{60000\times16}{133}=7218\frac{6}{133}$。丁县：133：15＝60000：$x$，$x=\frac{60000\times15}{133}=6766\frac{74}{133}$。戊县：133：20＝60000：$x$，$x=\frac{60000\times20}{133}=9022\frac{122}{133}$。己县：133：16＝60000：$x$，$x=\frac{60000\times16}{133}=7218\frac{6}{133}$。并：7980000÷133＝60000。

③ 分摊作为军赋的粟。

斛二千八百七十三分斛之二千二百六十,丙县一千三百八十八斛二千八百七十三分斛之二千二百七十六,丁县一千七百一十九斛二千八百七十三分斛之一千三百一十三,戊县九百三十九斛二千八百七十三分斛之二千二百五十三。①

术曰:以一里僦价乘至输所里。此出钱为均也。问者曰:"一车载二十五斛,与僦一里一钱。"一钱,即一里僦价也。以乘里数者,欲知僦一车到输所所用钱。甲自输其县,则无取僦价也。以一车二十五斛除之。欲知僦一斛所用钱。加一斛粟价,则致一斛之费。加一斛之价于一斛僦直,则凡输粟取僦钱也:甲一斛之费二十,乙、丙各十八,丁二十七,戊十九也。各以约其户数,为衰。言使甲二十户共出一斛,乙、丙十八户共出一斛。计其所费,则皆户一钱,故可为均赋之率也。甲衰一千二十六,乙衰六百八十四,丙衰三百九十九,丁衰四百九十四,戊衰二百七十。副并为法,所赋粟乘未并者,各自为实。实如法得一。各置所当出粟,以其一斛之费乘之,如户数而一,得率:户出三钱二千八百七十三分钱之一千三百八十一。淳风等按:此以出钱为均。问者曰:"一车载二十五斛,与僦一里一钱。"一钱则一里僦价也。以乘里数者,欲知僦一车到输所所用钱。甲自输其县,则无取僦之价。以一车二十五斛除之者,欲知僦一斛所用钱。加一斛之价于一斛僦直,则凡输粟取僦钱:甲一斛之费二十,乙、丙各十八,丁二十七,戊一十九。各以约其户,为衰:甲衰一千二十六,乙衰六百八十四,丙衰三百九十九,丁衰四百九十四,戊衰二百七十。言使甲二十户共出一斛,乙、丙十八户共出一斛。计其所费,则皆户一钱,故可为均赋之率也。②　于今有术,副并为所有率,未并者各为所求率,赋粟一万斛为所有数。此今有衰分

---

① 致一斛之费=(1里僦价×里数)÷1车斛数+1斛粟价,则甲县致一斛之费=(1×0)÷25+20=20钱,乙县致一斛之费=(1×200)÷25+100=18钱,丙县致一斛之费=(1×150)÷25+12=18钱,丁县致一斛之费=(1×250)÷25+17=27钱,戊县致一斛之费=(1×150)÷25+13=19钱。

设各县致一斛之费为 a_i,户数为 b_i,则 $\dfrac{b_i}{a_i}$,$i=1,2,3,4,5$,即各县出粟的列衰。因此,甲衰为:$\dfrac{b_1}{a_1}=\dfrac{20520}{20}=$ 1026。乙衰为:$\dfrac{b_2}{a_2}=\dfrac{12312}{18}=684$。丙衰为:$\dfrac{b_3}{a_3}=\dfrac{7182}{18}=399$。丁衰为:$\dfrac{b_4}{a_4}=\dfrac{13338}{27}=494$。戊衰为:$\dfrac{b_5}{a_5}=\dfrac{5130}{19}=$ 270。以 1026+684+399+494+270=2873 为法,则:甲县之实为:10000×1026=10260000 斛。乙县之实为:10000×684=6840000 斛。丙县之实为:10000×399=3990000 斛。丁县之实为:10000×494=4940000 斛。戊县之实为:10000×270=2700000 斛。所以,甲县出粟数为:10260000÷2873=3571$\dfrac{517}{2873}$斛。乙县出粟数为:6840000÷2873=2380$\dfrac{2260}{2873}$斛。丙县出粟数为:3990000÷2873=1388$\dfrac{2276}{2873}$斛。丁县出粟数为:4940000÷2873=1719$\dfrac{1313}{2873}$斛。戊县出粟数为:2700000÷2873=939$\dfrac{2253}{2873}$斛。

② 各县一车到输送地所用钱为:甲县=0,乙县=1×200=200,丙县=1×150=150,丁县=1×250=250,戊县=1×150=150。因此,各县粟送到输送地每每粟所需费用为:甲县=0+20=20,乙县=200÷5+10=18,丙县=150÷25+12=18,丁县=250÷25+17=27,戊县=150÷25+13=19。每户分摊钱的比数为:甲:乙:丙:丁:戊=20529÷20:12312÷18:7182÷18:13338÷27:5136÷19=1026:684:399:494:270。

之义也。① 计经赋之率,既有户算之率,亦有远近、贵贱之率。此二率者,各自相与通。通则甲二十、乙十二、丙七、丁十三、戊五。为之户率,一斛之费谓之钱率。钱率约户率者,则钱为母,户为子。子不齐,令母互乘为齐,则衰也。若其不然。以一斛之费约户数,取衰。并有分,当通分内子,约之,于算甚繁。② 此一章皆相与通公共率,略相依似。以上二率、下一率亦可放此,从其简易而已。又以分言之,使甲一户出二十分斛之一,乙一户出十八分斛之一,各以户数乘之,亦可得一县凡所当输,俱为衰也。乘之者,乘其子,母报除之。以此观之,则以一斛之费约户数者,其意不异矣。③ 然则可置一斛之费而返衰之。约子,以乘户率为衰也。合分注曰:"母除为率,率乘子为齐。"返衰注曰:"先同其母,各以分母约,其为返衰。"以施其率,为算既约,且不妨上下也。④

解题:以各县户数为衰。⑤ 即衰分也。因加远近里偰,又云:粟价不等,今以里偰粟价求为之钱重求各县户数为衰,均其输也。大意明均其粟,暗均其钱也。

法曰:各以里偰相乘。到输所里数与偰钱相乘,以求偰数。并粟石价约县户为衰。以粟偰皆为钱,求县户为衰。解题中明均其粟,暗均其钱是也。各列置衰,副并为法,以赋粟乘,

---

① 比数相加:$1026+684+399+494+270=2873$。总收军赋的粟为 10000 斛。

设各县应交粟数为 x,则 $\frac{x_甲}{10000}=\frac{1026}{2873}$,$x_甲=\frac{10000\text{斛}\times1026}{2873}=3571\frac{517}{2873}$斛。 $\frac{x_乙}{10000}=\frac{684}{2873}$,$x_乙=\frac{10000\text{斛}\times684}{2873}=2380\frac{2260}{2874}$。 $\frac{x_丙}{10000}=\frac{399}{2873}$,$x_丙=\frac{10000\text{斛}\times399}{2873}=1388\frac{2276}{2874}$。 $\frac{x_丁}{10000}=\frac{494}{2873}$,$x_丁=\frac{10000\text{斛}\times494}{2873}=1719\frac{1313}{2874}$。 $\frac{x_戊}{10000}=\frac{270}{2873}$,$x_戊=\frac{10000\text{斛}\times270}{2873}=939\frac{2253}{2874}$。

② 由已知各县户数求其户率,以最大公约数 1026 约分,则得五县的户率为:甲:乙:丙:丁:戊$=\frac{20520}{1026}:\frac{12312}{1026}:\frac{7182}{1026}:\frac{13338}{1026}:\frac{5130}{1026}=20:12:7:13:5$。又,各县粟送到输送地每斛粟所需费用,即钱率为:甲:乙:丙:丁:戊$=20:18:18:27:19$。那么,赋粟的比率$=\frac{\text{户率}}{\text{钱率}}$,将五县所得带入此式,得五县赋粟的比率分别为:甲县$\frac{20}{20}$,乙县$\frac{12}{18}$,丙县$\frac{7}{18}$,丁县$\frac{13}{27}$,戊县$\frac{5}{19}$。再以 $20\times18\times18\times27\times19=3324240$ 为公分母,通分并约简上述分数,得五县的列衰为:甲:乙:丙:丁:戊$=1026:648:399:494:270$。还有一种算法:列衰$=\frac{\text{各县户数}}{\text{致一斛之费}}$式中"致一斛之费"包括粮价和运费。由此得五县的列衰分别为:甲:乙:丙:丁:戊$=\frac{20520}{20}:\frac{12312}{\frac{1\times200}{25}+10}:\frac{7182}{\frac{1\times150}{25}+12}:\frac{13338}{\frac{1\times250}{25}+17}:\frac{5130}{\frac{1\times150}{25}+13}=1026:648:399:494:270$。

③ 已知各县送到输所后一斛粟米的价格为 20,18,18,27,19 钱,即各县每户所出的比率为:$\frac{1}{20},\frac{1}{18},\frac{1}{18},\frac{1}{27},\frac{1}{19}$。然后分别乘以其户数,得:$\frac{1}{20}\times20520=1026$,$\frac{1}{18}\times12312=684$,$\frac{1}{18}\times7182=399$,$\frac{1}{27}\times13338=494$,$\frac{1}{19}\times5130=270$。

④ 设各县送到输所后一斛粟米价格的反衰为:$\frac{1}{20},\frac{1}{18},\frac{1}{18},\frac{1}{27},\frac{1}{19}$,通分母$=20\times18\times18\times27\times19=3324240$,化简得:$\frac{3324240}{20}:\frac{3324240}{18}:\frac{3324240}{18}:\frac{3324240}{27}:\frac{3324240}{19}=51.3:57:57:38:54$用"户率"分别乘之,得各县的列衰为:$51.3\times20=1026,57\times12=684,57\times7=399,38\times13=494,54\times5=270$。

⑤ 衰分=各县户数÷(1×至输所里数×25斛+1斛粟价)。

未并者各自为实。实如法而一。此是衰分之法,已见前解。

草曰:各以里傮相乘。一车载二十五石,行道一里,得雇一钱。每石实得雇钱四厘,若以一文乘一里,当用二十五石除,或用每石四厘乘里数,亦同。并粟价约县户为衰。甲县乃自输本县,无傮里相乘,直以粟价一十约二万五百二十户,得一千二十六为衰;乙县行道二百里,以里傮十钱相乘,以一车载二十五石除,得八钱,并粟价一十为一十八钱,约本县一万二千三百一十二户,得六百八十四为衰;丙县行道九百五十里,以傮价一钱乘之,以车载二十五石除,得六钱,并粟价十二为一十八钱,约本县户七千一百八十二户,得三百九十九为衰;丁县行道二百五十里,以傮价一钱乘之,以一车载二十五石除,得一十文,并粟价一十七钱为二十七钱,约本县一万三千三百三十八户,得四百九十四为衰;戊县行道一百五十里,以傮价一文乘之,以一车载二十五石除,得六钱,并粟价十三为一十九文,除本县五千一百三十户,得二百七十为衰。各列置衰。甲一千二十六,乙六百八十四,丙三百九十九,丁四百九十四,戊二百七十。副并为法。五县共衰二千八百七十三为法。以赋粟。一万石。乘未并者,各自为实。甲一千二十六万,乙六百八十四万,丙三百九十九万,丁四百九十四万,戊二百七十万。以法。二千八百七十三。除之,合问。①

(12)今有均输粟,甲县一万户,行道八日;乙县九千五百户,行道十日;丙县一万二千三百五十户,行道十三日;丁县一万二千二百户,行道二十日,各到输所。凡四县赋当输二十五万斛,用车一万乘。欲以道里远近、户数多少衰出之,问:粟、车各几何?

答曰:甲县粟八万三千一百斛,车三千三百二十四乘。乙县粟六万三千一百七十

---

① 按:李继闵先生依术演算如下:

$$\begin{array}{l}
甲\ 20\\[4pt]
乙\ 10+\dfrac{1\times 200}{25}=18\\[4pt]
丙\ 12+\dfrac{1\times 150}{25}=18\\[4pt]
丁\ 17+\dfrac{1\times 250}{25}=27\\[4pt]
戊\ 13+\dfrac{1\times 150}{25}=19
\end{array}$$

各县户数、一斛之费 →

$$\begin{array}{l}
甲\ \dfrac{20520}{20}=1026\\[4pt]
乙\ \dfrac{12312}{18}=684\\[4pt]
丙\ \dfrac{7182}{18}=399\\[4pt]
丁\ \dfrac{13338}{27}=494\\[4pt]
戊\ \dfrac{5130}{19}=270\\[4pt]
副并(法)2873
\end{array}$$

以输粟遍乘 10000 →

$$\begin{array}{l}
甲\ 10260000\\
乙\ 6840000\\
丙\ 3990000\\
丁\ 4940000\\
戊\ 2700000\\
并\ 28730000
\end{array}$$

以法 2873 遍除 →

$$\begin{array}{l}
甲\ \dfrac{10260000}{2873}=3571\dfrac{517}{2873}\\[4pt]
乙\ \dfrac{6840000}{2873}=2380\dfrac{2260}{2873}\\[4pt]
丙\ \dfrac{3990000}{2873}=1388\dfrac{2276}{2873}\\[4pt]
丁\ \dfrac{2700000}{2873}=939\dfrac{2253}{2873}\\[4pt]
戊\ \dfrac{4940000}{2873}=1719\dfrac{1313}{2873}\\[4pt]
并\ \dfrac{28730000}{2873}=10000
\end{array}$$

五斛,车二千五百二十七乘。丙县粟六万三千一百七十五斛,车二千五百二十七乘。丁县粟四万百五十斛,车一千六百二十二乘。

术曰:令县户数各如其本行道日数而一,以为衰。^①按:此均输,犹均运也。令户率出车,以行道日数为均,发粟为输。据甲 行道八日,因使八户共出一车;乙行道十日,因使十户共出一车。计其在道,则皆户一日出车,故可为均平之率也。淳风等按:县户有多少之差,行道有远近之异。欲其均等,故各令行道日数 约户为衰。行道多者少其户,行道少者多其户。故各令约户为衰。^②以八日约除甲县,得一百二十五,乙、丙各九十五,丁六十一。于今有术,副并为所有率。未并者各为所求率,以赋粟车数有数,而今有之,各得车数。一旬除乙,十三除丙,各得九十五;二旬除丁,得六十一也。甲衰一百二十五,乙、丙衰各九十五,丁衰六十一,副并为法。以赋粟车数 乘未并者,各自为实衰,分科率。实如法得一车。^③各置所当出车,以其行道日数乘

-----

① 这句话是说根据甲、乙、丙、丁县的户数,由行道日数按反比例得出四县的出车比率,然后,按正比例计算各县的出车数及各县所应交纳粟赋的总数。这里所用的方法是"衰分",其比例分配原则是车数和粟数与户数成正比,而与道里远近及运输所需天数成反比。

② 这段注文以甲、乙两县为例,具体阐释了车数和粟数与道里远近及运输所需天数成反比(即"返衰")的原理。这样,车数和粟数与户数成正比(即"正衰"),而与道里远近及运输所需天数成反比,故取 $\dfrac{户数}{行道日数}$ 为"列衰"。

③ 设车数为 A,户数为 B,运输所需天数为 T,则依术文,其甲、乙、丙、丁县的车数比率为 $A_甲 : A_乙 : A_丙 : A_T = \dfrac{B_甲}{T_甲} : \dfrac{B_乙}{T_乙} : \dfrac{B_丙}{T_丙} : \dfrac{B_T}{T_T}$ 其每乘车平均输粟:$250000 \div 10000 = 25$ 斛。设 W 为用车总数,则:$K_甲 =$

$$\dfrac{\dfrac{B_甲}{T_甲}}{\dfrac{B_甲}{T_甲} + \dfrac{B_乙}{T_乙} + \dfrac{B_丙}{T_丙} + \dfrac{B_T}{T_T}}$$ 所以,甲县出车数 $= K_甲 W$,乙县出车数 $= K_乙 W$,丙县出车数 $= K_丙 W$,丁县出车数 $=$

$K_T W$。按术文运算,其大致过程和步骤如下:

甲 $\dfrac{10000}{8} = 1250$	
乙 $\dfrac{9500}{10} = 950$	退位,约之
丙 $\dfrac{12350}{13} = 950$	
丁 $\dfrac{12200}{20} = 610$	

甲	125
乙	95
丙	95
丁	61
法(并)	376

以车数遍乘 →

甲	1250000
乙	950000
丙	950000
丁	610000
副并	3760000

以法遍除 →

甲 $\dfrac{1250000}{376} = 3324\dfrac{176}{376}$
乙 $\dfrac{950000}{376} = 2526\dfrac{224}{376}$
丙 $\dfrac{610000}{376} = 1622\dfrac{128}{376}$
丁 $\dfrac{3760000}{376} = 10000$

上下辈之则为车数 →

甲	3324
乙	2527
丙	2527
丁	1622
并	10000

以 25 斛乘之则为斛数 →

甲	83100
乙	63175
丙	63175
丁	40550
并	250000

之,如户数而一,得率:户用车二日十七分日之三十一,故谓之均。求此率以户,当各计车之衰分也。① 有分者,上下辈之。② 辈,配也。牛、人之数不可分裂,推少就多,均赋之宜。今按:甲分 既少,宜从于乙。满法除之,有余从丙。丁分又少,亦宜就丙。除之适尽。加乙、丙各一,上下辈益,少从多也。③

术曰:令县户数,各如行道日数,而一为衰。各齐其衰,甲一百二十五,乙、丙各九十五,丁六十一,副并为法三百七十六。以所均。车一万乘。乘未并者:甲、乙、丙、丁列衰。各自为实,如法而一。得一车以粟二十五石,乘为粟。有分者,上、下辈之。辈者,配也。车、牛不可分裂,推少就多,合问。④

(13) 今有均输,卒:甲县一千二百人,薄塞⑤;乙县一千五百五十人,行道一日;丙一千二百八十人,行道二日;丁县九百九十人,行道三日;戊县一千七百五十 人,行道五日凡五县赋输卒一月一千二百人。欲以远近、户率多少衰出之,问:县各几何?

答曰:甲县二百二十九人,乙县二百八十六人,丙县二百二十八人,丁县一百七十人。戊县二百八十六人。

---

① 根据前述甲、乙、丙、丁县的车数比率,则 $A_甲 : A_乙 : A_丙 : A_丁 = 125 : 95 : 95 : 61$ 四县共出车按正比例为:$\dfrac{\text{甲县出车数}}{\text{甲县出车率}} = \dfrac{\text{四县出车数之和}}{\text{四县出车率之和}}$ 所以甲县出车数 $= \dfrac{10000 \times 125}{376} = 3324\dfrac{22}{47}$,其行车日数 $= 3324\dfrac{22}{47} \times$

8,以户数 10000 计,则每户用车日数 $= \dfrac{3324\dfrac{22}{47} \times 8}{10000} = 2\dfrac{31}{47}$ 日。同理,乙县出车数 $= 2526\dfrac{28}{47}$,其每户用车日数 $= 2\dfrac{31}{47}$ 日;丙县的出车数 $= 2526\dfrac{28}{47}$,其每户用车日数 $= 2\dfrac{31}{47}$ 日,丁县的出车数 $= 1622\dfrac{16}{47}$,其每户用车日数 $= 2\dfrac{31}{47}$ 日。另一种算法:甲、乙、丙、丁四县之衰分别是 1250、950、950、610。其和 $= 3760$。又四县共出车 10000 乘,故四县平均每户用车日数 $= \dfrac{10000}{3760} = 2\dfrac{2480}{3760} = 2\dfrac{31}{47}$ 日。

② 这句话是说所求的车、牛及人数都应系正整数,如果遇到分数,就采用四舍五入法使之成为整数。

③ 这段注文是对"上下辈之"的进一步解释:由上所知,甲县出车数 $= 3324\dfrac{22}{47}$,乙县出车数 $= 2526\dfrac{28}{47}$,丙县的出车数 $= 2526\dfrac{28}{47}$,丁县的出车数 $= 1622\dfrac{16}{47}$。因甲县出车数所余分分子少于其分母之半,即 $22 < \dfrac{47}{2}$,应与乙县出车数所余分分子相加,则为 $22 + 28 = 50$,除以分母得 $\dfrac{50}{47} = 1\dfrac{3}{47}$,所以乙县的出车数调整为 $2526\dfrac{50}{47} = 2527\dfrac{3}{47}$。这样,乙县出车数所余分分子变成了 3,应与丙县出车数的余分分子相加,即 $3 + 28 = 31$,因 $\dfrac{31}{47} < 1$,又丁县出车数的余分分子也少于其分母之半,故也将其分子与丙县出车数的余分分子相加,得 $3 + 28 + 16 = 47$,恰好等于 1。于是,丙县的出车数就变成为 $2526 + \dfrac{47}{47} = 2527$。这样,四县的出车数分别等于:3324,2527,25217,1622。

④ 设各县行道日数为 a_i,户数为 b_i,则 $\dfrac{b_i}{a_i}$,$i = 1,2,3,4,5$,即为各县出车与出粟的列衰。因此,甲衰为:$\dfrac{b_1}{a_1} = \dfrac{10000}{8} = 1250$。乙衰为:$\dfrac{b_2}{a_2} = \dfrac{9500}{10} = 950$。丙衰为:$\dfrac{b_3}{a_3} = \dfrac{12350}{13} = 950$。丁衰为:$\dfrac{b_4}{a_4} = \dfrac{12200}{20} = 610$。以 $125 + 95 + 95 + 61 = 376$ 为法,则甲县之实为:$10000 \times 125 = 1250000$ 斛。乙县之实为:$10000 \times 95 = 950000$ 斛。丙县之实为:$10000 \times 95 = 950000$ 斛。丁县之实为:$10000 \times 61 = 610000$ 斛。所以,甲县出车数为:$1250000 \div 376 = 3324\dfrac{22}{47}$ 乘。乙县出车数为:$950000 \div 376 = 2526\dfrac{28}{47}$ 乘。丙县出车数为:$950000 \div 376 = 2526\dfrac{28}{47}$ 乘。丁县出车数为:$610000 \div 376 = 1622\dfrac{16}{47}$ 乘。取整数即为所求数。

⑤ 指迫近边塞的要地。

而粝少。米若依本率之分,粟当倍率,故今返衰之,使精者取多而粗者则少。① 副并为法。于今有术,副并为所有率,未并者各为所求率,粟七斗为所有数,而今有之,故各得取数也。以七斗乘未并者,各自为取粟实。实如法得一斗。② 若求米等者,以本率各乘定所取粟为实,以粟率五十为法,实如法得一斗。② 若径求为米等数者,置粝米三,用粟五;粺米二十七,用粟五十;糳米十二,用粟二十五。齐其粟,同其米,并齐为法。以七斗乘同为实。所得,即为米斗数。③

　　术曰:粝、粺、糳米率,反求为衰。以衰分法求之,求米等者以粝、粺、糳率数乘已取粟为实,率为法。实如法而一。此问粝、粺、糳米率数不同,求米相等,须反衰之三米率数为母,皆以一为分子,母互乘子,以齐其分为衰,即与五爵均钱,高爵出少,以次渐多,问同。④

　　(15) 今有五人分五钱,令上二人所得与下三人等,问:各得几何?

　　答曰:甲得一钱六分钱之二,乙得一钱六分钱之一,丙得一钱,丁得六分钱之五,戊得六分钱之四。

　　术曰:置钱,锥行衰。⑤ 按:此术"锥行"者,谓如立锥:初一、次二、次三、次四、次五,各均,为一列者也。并上二人为九,并下三人为六。六少于九,(差)三。故不得等,但以五、四、

---

① "本率"指粝米率 30,粺米率 27,糳米率 24,而"本率之分"则是指粝取粟率 $\frac{1}{30}$,粺取粟率 $\frac{1}{27}$,糳取粟率 $\frac{1}{24}$。"粟当倍率"的意思是说扩大相同倍数而化为整数。

② 等米率=本率×各用米率÷粟率,则由 $\frac{1}{10}+\frac{1}{9}+\frac{1}{8}=\frac{121}{360}$ 算得:舂粝米的人应取粟 $7\times\frac{1}{10}\div\frac{121}{360}=\frac{2520}{1210}=2\frac{10}{121}$ 斗。舂成粝米 $2\frac{10}{121}\times30\div50=\frac{7560}{6050}=1\frac{151}{605}$。舂粺米的人应取粟 $7\times\frac{1}{9}\div\frac{121}{360}=\frac{280}{121}=2\frac{38}{121}$ 斗。舂成粺米=$2\frac{38}{121}\times27\div50=\frac{7560}{6050}=1\frac{151}{605}$。舂糳米的人应取粟 $7\times\frac{1}{8}\div\frac{121}{360}=\frac{315}{121}=2\frac{73}{121}$。舂糳米=$2\frac{73}{121}\times24\div50=\frac{7560}{6050}=1\frac{151}{605}$。

③ 依术文,则有:$\frac{5}{3}=\frac{180}{108},\frac{50}{27}=\frac{200}{108},\frac{25}{12}=\frac{225}{108}$。以各分子的和 180+200+225=605 为法,以 7 斗乘分母 108 为实,则 $\frac{756}{605}=1\frac{151}{605}$ 斗。

④ 依术文,刘钝将推算步骤列式如下:$\left(\frac{1}{10},\frac{1}{9},\frac{1}{8}\right)\xrightarrow{360乘(即720\div2)}(36,40,45)$,36+40+45=121。$(36,40,45)\xrightarrow{7乘}(252,280,315)\xrightarrow{121除}\left(2\frac{10}{121},2\frac{38}{121},2\frac{73}{121}\right)$。又,根据李继闵先生推导,则

	米率	用粟率			米率(同)	用粟率(齐)	
粝	3	5	齐同粟,同其米	粝	3×9×4=108	5×9×4=180	今有术
粺	27	50		粺	27×4=108	50×4=200	
糳	12	25		糳	12×9=108	25×9=225	

为米=$\dfrac{今有粟\times米率}{用粟率}=\dfrac{7\times108}{180+200+225}=\dfrac{756}{605}=1\dfrac{151}{605}$ 斗。可见,爵位越高,出钱越少;或者舂米越少,取粟越多……这都属于反比例问题。

⑤ 推行锥:指堆砌成锥形的列衰。

三、二、一为率也。以三均加焉,副并为法。以所分钱乘未并者,各自为实。实如法得一钱。① 此问者,令上二人与下三人等,上、下部差一人,其差三。均加上部,则得二三;均加下部,则得三三。下部犹差一人,差得三,以通于本率,即上、下部等也。于今有术,副并为所有率,未并者各为所求率,五钱为所有数,而今有之,即得等耳。假令七人分七钱,欲令上二人与下五人等,则上、下部差三人。并上部为十三,下部为十五。下多上少,下不足减上。当以上、下部列差而后均减,乃合所问耳。此可放(仿)下术:令上二人分二钱半为上率,令下三人分二钱半为下率。上、下二率以少减多,余为实。置二人、三人,各半之,减五人,余为法。实如法得一钱,即衰相去也。下衰率六分之五者,丁所得钱数也。

术曰:置等第衰五、四、三、二、一,以甲、乙较丙、丁、戊之衰,余三各加列衰。甲八、乙七,共十五;丙六、丁五、戊四,亦十五。其数适等,副并为法,三十以所分五钱,乘未并者,各为列实。甲得四十,乙三十五,丙三十,丁二十五,戊二十。以法除之,合问。

此问等第均分,当以五、四、三、二、一为衰。今问令甲、乙所得与丙、丁、戊相等,其术求相等为奇,实衰分也。②

(16) 今有人当稟粟二斛。仓无粟,欲与米一、菽二,以当所稟粟。问:各几何?

答曰:米五斗一升七分升之三。菽一斛二升七分升之六。③

术曰:置米一、菽二,求为粟之数。并之,得三、九分之八,以为法。亦置米一、菽二,而以粟二斛乘之,各自为实。实如法得一斛。④ 淳风等谨按:置粟率五,乘米一,米率三除之,得一、三分之二,即米一之粟也;粟率十,以乘菽二,菽率九除之,得二、九分之二,即是菽二

---

① 设 $\{a_i\}$ $(i=1,2,3,4,5)$,欲使 $a_1+a_2=a_3+a_4+a_5$,则知 $a_5=a_1-(n-1)d=a_1-4d$,算得 $d=\frac{1}{6}$,代入上式求得 $a_1=1\frac{2}{6}$,$a_2=a_1-d=\frac{8}{6}-\frac{1}{6}=1\frac{1}{6}$,$a_3=a_1-2d=\frac{8}{6}-\frac{2}{6}=1$,$a_4=a_1-3d=\frac{8}{6}-\frac{3}{6}=\frac{5}{6}$,$a_5=a_1-4d=\frac{8}{6}-\frac{4}{6}=\frac{4}{6}$。然刘徽注的算法是:有比例 $a_1=5,a_2=4,a_3=3,a_4=2,a_5=1$,欲使 $a_1+a_2=a_3+a_4+a_5$,则每项各加 3,得到一个符合设题的新比例,即 $a_1=8,a_4=7,a_3=6,a_4=5,a_5=4$,已知原来总钱数 5,而在新的比例条件下,总钱数的和却为 30,是原来总钱数的 6 倍。用衰分术求解,则 $a_1=\frac{5\times 8}{30}=\frac{40}{30}=1\frac{2}{6}$,$a_2=\frac{5\times 7}{30}=1\frac{1}{6}$,$a_3=\frac{5\times 6}{30}=1$,$a_4=\frac{5\times 5}{30}=\frac{5}{6}$,$a_5=\frac{5\times 4}{30}=\frac{2}{3}$。

② 排列成锥形的列衰,先设 5 数为 5,4,3,2,1,结果上二数与下三数的和不等,于是,每数加上 3 后,始相等。即 5 数应为 8,7,6,5,4。以 8+7+6+5+4=30 为法,则甲分=$5\times 8\div 30=1\frac{2}{6}$钱,乙分=$5\times 7\div 30=1\frac{1}{6}$钱,丙分=$5\times 6\div 30=1$钱,丁分=$5\times 5\div 30=\frac{5}{6}$钱,戊分=$5\times 8\div 30=\frac{4}{6}$钱。

③ 将米 1 化为粟的 $1\frac{2}{3}$,另把菽化为粟的 $2\frac{2}{9}$。因此,以列衰 $2\frac{2}{9}+1\frac{2}{3}=3\frac{8}{9}$ 为法,则米数=$(20\times 1)\div 3\frac{8}{9}=5\frac{1}{7}$斗,菽数=$(20\times 2)\div 3\frac{8}{9}=10\frac{2}{7}$斗。

④ 置米 1、菽 2 为粟之数:米 $1\times\frac{50}{30}=\frac{5}{3}$粟,菽 $2\times\frac{50}{45}=\frac{20}{9}$粟,并之得:$\frac{5}{3}+\frac{20}{9}=3\frac{8}{9}$。

因此,一份米=20 斗×1÷$3\frac{8}{9}=\frac{180}{35}=5\frac{1}{7}$斗,二份菽=20 斗×2÷$3\frac{8}{9}=\frac{360}{35}=10\frac{2}{7}$斗。

之粟也。并全,得三。齐子,并之,得二十四;同母,得二十七;约之,得九分之八。故 云"并之,得三、九分之八"。米一、菽二当粟三、九分之八,此其粟率也。于今有术,米一、菽二皆为所求率,当粟三、九分之八,为所有率,粟二斛为所有数。凡言率者,当相与通之,则为米九、菽十八,当粟三十五也。亦有置米一、菽二,求其为粟之率,以为列衰。副并为法,以粟乘列衰为实。所得即米一、菽二所求粟也。以米、菽本率而今有之,即合所问。①

术草曰:米、菽之率相乘求等,以米一、菽二乘为列衰。米百三十五,菽二百七十。副置列衰,求为本粟,并之为法。米求粟十,乘六,除得二百二十五,菽求粟十,乘九除得三百,并之,得五百二十五。以所求粟二石乘列衰为实,实如法而一,不尽者约之,合问。②

此题以米、菽求等变,本粟为衰。古草以米、菽垒衰不,今重修此术。

(17) 九节竹次第差等,上四节容三升,下三节容四升。问中二节次第各几何?

答曰:上四节容三升,一节六十六分升之三十九,二节分升之四十六,三节分升之五十三,四节分升之六十,中二节容二升六十六分升之九,五节一升分升之一,六节一升分升之八,下三节容四升,七节一升分升之一十五,八节一升分升之二十二,九节一升分升之二十九。③

(18) 今有金箠,长五尺,斩本一尺,重四斤;斩末一尺,重二斤。问:次一尺各重几何?

答曰:末一尺重二斤,次一尺重二斤八两,次一尺重三斤,次一尺重三斤八两,次一尺重四斤。④

术曰:令末重减本重,余,即差率也。又置本重,以四间乘之,为下第一衰。副置

---

① 李淳风的算法如下:第一步,用衰分先分别求出米 1 及菽 2 的粟,即米 1 的粟 $= 20$ 斗 $\times \frac{5}{3} \div 3\frac{8}{9} = \frac{60}{7}$ 斗,菽 2 的粟 $= 20$ 斗 $\times \frac{20}{9} \div 3\frac{8}{9} = \frac{80}{7}$ 斗。第二步,用今有术求米、菽数,分别得米数 $= \frac{60}{7}$ 斗 $\times \frac{3}{5} = 5\frac{1}{7}$ 斗。菽数 $= \frac{80}{7}$ 斗 $\times \frac{9}{10} = 10\frac{2}{7}$ 斗。

② 已知米、菽之率为:粟:粝米$=50:30$;粟:菽$=50:45$ 则依术文"米、菽之率相乘求等";$3 \times 9 = 27$。"以米一、菽二乘为列衰": $\begin{vmatrix} 粟\ 5 \times 27 \\ 菽\ 9 \times 27 \end{vmatrix}$,"副置列衰,求为本粟,并之为法": $\begin{vmatrix} 粟\ 135 \times 10 \div 6 \\ 菽\ 270 \times 10 \div 9 \end{vmatrix} = (135 \times 10 \div 6) + (270 \times 10 \div 9) = 225 + 300 = 525$。"以所求粟二石乘列衰为实,实如法而一";$(20\ 斗 \times 135) \div 525 = 5\frac{1}{7}$ 斗。同理,菽 $= (20\ 斗 \times 270) \div 525 = 10\frac{2}{7}$ 斗。

③ 本题详解见"题兼二法者十二问"。

④ 设每尺重 a_i;$i = 1,2,3,4,5$,$a_1 - a_5$ 为差率。已知 $a_1 = 4, a_5 = 2, a_1 - a_5 = 2$,故列衰为 $a_1 : a_2 : a_3 : a_4 : a_5 = 16 : 14 : 12 : 10 : 8$ 以 $16 + 14 + 12 + 10 + 8 = 60$ 为法,所以第一尺为:$(4a_1 \times a_1) \div 4a_1 = 16 \times 4 \div 16 = 4$ 尺。第二尺为: $[4 \times a_1 - 3(a_1 - a_5)] \times a_1 \div 4a_1 = \frac{10 \times 4}{16} = 2\frac{1}{2}$ 尺。第三尺为:$[4a_1 - 2(a_1 - a_5)] \times a_1 \div 4a_1 = \frac{12 \times 4}{16} = 3$ 尺。第四尺为: $[4a_1 - (a_1 - a_5)] \times a_1 \div 4a_1 = \frac{14 \times 4}{16} = 3\frac{1}{2}$ 尺。第五尺为:$4a_5 \times a_1 \div 4a_1 = \frac{32}{16} = 2$ 尺。

以差率减之，每尺各自为衰。按：此术五尺有四间者，有四差也。今本末相减，余即四差之凡数也。以四约之，即得每尺之差。以差数减本重，余即次尺之重也。为术所置，如是而已。今此率以四为母，故令母乘本为衰，通其率也。亦可置末重，以四间乘之，为上第一衰。以差率加之，为次下衰也。副置下第一衰，以为法。以本重四斤遍乘列衰，各自为实。实如法得一斤。[①]以下第一衰为法，以本重乘其分母之数，而又取此率乘本重为实。一乘一除，势无损益，故惟本存焉。众衰相推为率，则其余可知也。亦可副置末衰为法，而以末重二斤乘列衰为实。此虽迂回，然是其旧。故就新而言之也。[②]

解题：九节竹隐，其差为问。金箠以明其差为问。

术曰：本重减末重，余即差率。今后命图。

又置本重四斤间乘之，为下第一衰。四自乘得十六。副置。五段置五个一十六。差率二减之，求差如衰分求之。各列置衰、副，并为法。下第一衰也。以所分乘未并者。四尺乘列衰。以法除之。

草曰：本重四斤减末重二斤，余即差率。二斤。又置本重四斤，间乘之。得一十六。为下第一衰。副置。五个十六。以差率二减之。次得十四，次得十二，次得十，次得八。各

---

① 此题为一道等差级数算题，亦称"五尺金箠术"，颇为数学史界所重视，如钱宝琮、李继闵、郭书春等前辈，均有很深入的研究。设等差级数的首项为"本重"，第二项为"本重$-\frac{1}{4}$差率"，第三项为"本重$-\frac{2}{4}$差数"，第四项为"本重$-\frac{3}{4}$差率"，第五项（末项）为"本重－差率"，其中"第一项减第五项"为差率＝4－2，则按照衰分术求解：

第一项：第二项：第三项：第四项：第五项＝4×第一项：〔（4×第一项）－（4－2）〕：〔（4×第一项）－2（4－2）〕：〔（4×第一项）－3（4－2）〕：4×第五项。因第一项＝4斤，第五项＝2斤，差率＝2，所以曲安京等给出了下面的求解步骤：

第五衰（末）	10－(4－2)＝8		五衰（末）	4		五衰（末）	4×4＝16
第四衰	12－(4－2)＝10	用2约之	四衰	5	以本重4遍乘	四衰	5×4＝20
第三衰	14－(4－2)＝12	→	三衰	6	→	三衰	6×4＝24
第二衰	16－(4－2)＝14		二衰	7		二衰	7×4＝28
第一衰（本）	4×4＝16		一衰（法）	8		一衰（本）	8×4＝32

以法遍乘 →

五衰（末）	$\frac{16}{8}=2$
四衰	$\frac{20}{8}=2\frac{1}{2}$
三衰	$\frac{24}{8}=3$
二衰	$\frac{28}{8}=3\frac{1}{2}$
一衰（本）	$\frac{32}{8}=4$

依题意，则末1尺重量为2斤，下1尺重量为2斤8两（或$2\frac{1}{2}$斤），下

1尺重量为3斤，下1尺重量为3斤8两，本1尺重量为4斤。显然，刘徽已经比较熟练地掌握了等差数列的通项公式，其公差＝$\frac{\text{末项}-\text{首项}}{n-1}$。

② 郭书春释：对本重来说，以第一衰为法，法与衰相等。当然，也可从末衰开始计算，以末衰为法，而以末重乘列衰，作为实。

列为衰。上率。副置下第一衰。十六。为法，乃以本重四斤遍乘列衰。上得六十四，次得五十六，次四十八，次四十，次三十二。各自为实，以法除之，合问。

比类：五人均银二十两，丙、甲得五两二钱，戊得二两八钱。

问：乙、丙、丁各得几何？

答曰：乙得四两六钱，丙得四两，丁得三两四钱。

别草：并甲、戊半之，求丙；并甲、丙半之，求乙；并丙、戊半之，求丁。① 合问。

---

① 依题意，设 $\{a_i\}$（$i=1,2,3,4,5$）。差率 $=a_1-a_5$，公差 $=\dfrac{a_1-a_5}{n-1}$，已知 $a_1=5.2$ 两，$a_5=2.8$ 两，则公差 $=\dfrac{5.2-2.8}{5-1}=\dfrac{2.4}{4}=\dfrac{3}{5}$ 两，所以：甲 $=a_1=5.2$ 两。乙 $=5.2$ 两 $-\dfrac{3}{5}$ 两 $=\dfrac{23}{5}$ 两 $=4.6$ 两。丙 $=a_1-2\times\dfrac{3}{5}=5.2-\dfrac{6}{5}=\dfrac{20}{5}=4$ 两。丁 $=a_1-3\times\dfrac{3}{5}=5.2-\dfrac{9}{5}=\dfrac{17}{5}=3.4$ 两。戊 $=a_1-4\times\dfrac{3}{5}=5.2-\dfrac{12}{5}=\dfrac{14}{5}=2.8$ 两。

刘徽的解法更加简便：甲 $=5.2$ 两，戊 $=2.8$ 两，则：丙 $=\dfrac{甲+戊}{2}=\dfrac{5.2+2.8}{2}=4$ 两。乙 $=\dfrac{甲+丙}{2}=\dfrac{5.2+4}{2}=4.6$ 两。丁 $=\dfrac{丙+戊}{2}=\dfrac{4+2.8}{2}=\dfrac{6.8}{2}=3.4$ 两。

叠积卷第七

杨辉题录载此卷 27 问，并商功章①。但《详解九章算法・纂类》却载："今考该二十八问，一十八法，并叠(垒)积。"兹依《纂类》。包括商功求积法、城垣法、堤沟法、堑渠法、垣术、求积术、方堡壔法、圆堡壔法、方亭法、圆亭法、方锥法、圆锥法、堑堵法、阳马法、鳖臑法、刍童法、刍甍法、羡除法等 18 种算法。

1. 商功求积法

商功求积法曰：穿地四尺，为壤五尺，为坚三尺。穿地求壤，五之。求坚，三之，皆四而一。壤地求穿四之，求坚三之，皆五而一。以坚求穿，四之。求壤，五之，皆三而一。②

(1) 穿地积一万尺，问：为坚壤各几何？

答曰：为坚七千五百尺，为壤一万二千五百尺。

术曰：穿地四，为壤五。壤为息土。为坚三。坚为筑土。为墟四。墟为穿坑，此皆其常率。以穿地求壤，五之；求坚，三之，皆四而一。今有术也。以壤求穿，四之；求坚，三之，皆五而一。以坚求穿，四之；求壤，五之，皆三而一。臣淳风等谨按：此术并今有之义也。重张穿地积一万尺，为所有数，坚率三，壤率五各为所求率，穿率四为所有率，而今有之，即得。

城、垣、堤、沟、堑、渠，皆同术。

术曰：并上下广而半之。损广补狭。以高若深乘之。又以袤乘之，即积尺。按：

---

① 因杨辉《详解九章算术・纂类》补之。"并"指合在一起。

② "坚"指夯实的土。"穿地四尺，为壤五尺，为坚三尺"意思是说夯实的土，其体积只有一般土地的四分之三；而一般土地的体积只是松软土地的五分之四，"壤"指经过耕种的松软土地。"三之"即指乘以 3。"三二一"是指被 3 除。

依题意，设穿为 x，壤为 y，坚为 z，则有方程 $\begin{cases} x\div y\div z=1000 \\ x=\frac{4}{5}z \\ y=\frac{3}{5}z \\ z=\frac{5}{3}y \\ z=\frac{5}{4}x, y=\frac{3}{4}x \\ x=\frac{4}{3}y, z=\frac{5}{3}y \end{cases}$，求得 $y=10000\times\frac{5}{4}=12500$ 尺^3。

此术"并上下广而半之"者,以盈补虚,得中平之广。^① "以高若深乘之",得一头之立幂。^② "又以袤乘之"者,得立实之积,故为积尺。

2. 城垣法

(2) 城,下广四丈,上广二丈,高五丈,袤一百二十六丈五尺。问:为尺几何?

答曰:一百八十九万七千五百尺。^③

(3) 垣,下广三尺,上广二尺,高一丈二尺,袤二十二丈五尺八寸。问:为积几何?

答曰:六千七百七十四尺。^④

3. 堤沟法

(4) 堤,下广二丈^⑤,上广八尺,高四尺,袤十二丈七尺。问:积几何?

答曰:七千一百一十二丈。^⑥

(5) 沟,上广一丈五尺,下广一丈,深五尺,袤七丈。问:积几何?

答曰:四千三百七十五尺。^⑦

4. 堑渠法

(6) 堑,上广一丈六尺三寸,下广一丈,深六尺三寸,袤一十三丈二尺一寸。问:积几何?

答曰:一万九百四十三尺八寸二分四厘五毫。^⑧

(7) 渠,上广一丈八尺,下广三尺六寸,深一丈八尺,袤五万一千八百二十四尺。问:积几何?

---

① 设堑的上、下广分别为 a_1,a_2,袤为 b,高或深为 h,则 $V_堑 = \frac{1}{2}(a_1 + a_2)bh$。

② "立幂"指直立得面积。

③ 原题,"城"前有"今有"二字。设城的上、下广分别为 a_1,a_2,袤为 b,高或深为 h,则 $V_城 = \frac{1}{2}(20+40) \times 1265 \times 50 = 1897500$ 尺³。

④ 原题,"垣"前有"今有"二字。设垣的上、下广分别为 a_1,a_2,袤为 b,高或深为 h,则 $V_垣 = \frac{1}{2}(2+3) \times 225\frac{4}{5} \times 12 = 6774$ 尺³。

⑤ 原文为"尺",误,应为"丈",依郭书春《〈九章算术〉译注》本校正。

⑥ 原题,"堤"前有"今有"二字。设城的上、下广分别为 a_1,a_2,袤为 b,高或深为 h,则 $V_堤 = \frac{1}{2}(8+20) \times 127 \times 4 = 7112$ 尺³。

⑦ 原题,"沟"前有"今有"二字。设沟的上、下广分别为 a_1,a_2,袤为 b,高或深为 h,则 $V_沟 = \frac{1}{2}(10+15) \times 70 \times 5 = 4375$ 尺³。

⑧ 原题,"堑"前有"今有"二字。设堑的上、下广分别为 a_1,a_2,袤为 b,高或深为 h,则 $V_堑 = \frac{1}{2}(10+16\frac{3}{10}) \times 132\frac{1}{3} \times 6\frac{3}{10} = 10943$ 尺³8245 寸³。

答曰：一千七万四千五百八十五尺六寸。①

5. 垣术

6. 求积术

垣术、求积术曰：四之垣积为实，深、袤相乘三之为法。实如法而一，倍得数减上广余为下广。

（8）穿地为垣，积五百七十六尺，袤十六尺，深一丈，上广六尺，问：下广？

答曰：三尺六寸。②

7. 方堡壔法

方堡壔法曰：方自乘，又高乘之。③

（9）今有方堡壔，堡者，堡城也；壔，音丁老切，又音蠹，谓以土拥木也。方一丈六尺，高一丈五尺。问：积几何？

答曰：三千八百四十尺。

术曰：方自乘，以高乘之，即积尺。④

解题：上下方相等，形如方柱，题类堆垛。⑤

草曰：方一十六尺，自乘，得二百五十六，以高一十五尺乘之，得三千八百四十尺⑥。

比类：方栈酒，东、西、南、北各一十六瓶，高一十五瓶。问：总计几何？

答曰：三千八百四十瓶。

其形如方堡壔，故用此法求之。⑦

---

① 原题，"垣"前有"今有穿"三字。设穿渠的上、下广分别为 a_1, a_2，袤为 b，高或深 h，则 $V_渠 = \frac{1}{2}(3\frac{3}{5} + 18) \times 51824 \times 18 = 10074585$ 尺³600 寸³。

② 设垣的上、下广分别为 a_1, a_2，袤为 b，高或深 h，则 $V_垣 = \frac{1}{2}(a_1 + a_2)bh$，即 $a_2 = \frac{1}{bh}(2V_垣 - a_1bh) = \frac{1}{160}(2 \times 576 - 6 \times 160) = 1.2$ 尺³。可见，杨辉原题答案有误。

③ 方堡壔的体积 $= a^2h$。

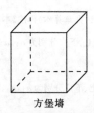

方堡壔

④ 设底边为 $A = 1$ 丈 6 尺，高 $H = 1$ 丈 5 尺，其体积 $V =$ 底边²×高。

⑤ 方堡壔是指"上下方相等，形如方柱"的正四棱柱。

⑥ 正四棱柱的体积 $V =$ 底边²×高$= (16$ 尺$)^2 \times 15$ 尺$= 256 \times 15 = 3840$ 尺³。

⑦ 正四棱柱的体积 $V =$ 底边²×高$= (16$ 瓶$)^2 \times 15$ 瓶$= 3840$ 瓶³。

(10) 仓,广三丈,袤四丈五尺,容粟一万石。问:高(几何)?

答曰:二丈。[①]

8. 圆堡墙法

圆堡墙法曰:周自乘,又高乘之,如十二而一。[②]

(11) 今有圆堡墙[③],周四丈八尺,高一丈一尺。问:积几何?

答曰:二千一百一十二尺。于徽术,当积二千一十七尺一百五十七分尺之一百三十一。淳风等按:依密率,积二千一十六尺。

术曰:周自相乘,以高乘之,十二而一。[④] 此章诸术亦以周三径一为率,皆非也。于徽术当以周自乘,以高乘之,又以二十五乘之,三百一十四而一。此之圆幂,亦如圆田之幂也。求幂亦如圆田,而以高乘幂也。淳风等按:依密率,以七乘之,八十八而一。[⑤]

解题:上下周相等,形如圆柱,周自乘十二而一,即圆田之意。此问以高乘,题类圆垛。

草曰:周四十八尺,自乘,得二千三百四,以高一十一尺乘之,得二万五千三百四十四,如十二而一,得二千一百一十二尺,合问。[⑥]

比类:廪周四十二尺,高一十二尺。每积八寸,贮盐一石。问:盐积各几何?

---

① 汉代1石等于27市斤,根据题意,设长方体的长为3丈,宽为4.5丈,容积为1万石,则 $h=\dfrac{27}{3\times4.5}=2$ 丈

② 设圆堡墙得周长为 L,高为 h,如下图所示。

圆堡墙

则圆堡墙的体积 $=\dfrac{1}{12}L^2h$。

③ 圆堡墙是指圆柱体的小城堡。

④ 依术文作图。

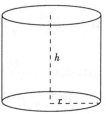

设底面周长 $L=48$ 尺,高 $H=11$ 尺,$L=2\pi R$,$R=\dfrac{l}{2\pi}$,$\pi=3$,体积 $V=\pi R^2h=\pi\dfrac{l^2}{4\pi^2}h=\dfrac{1}{12}L^2H$。

⑤ 此处,刘徽提出了用新率 $\pi=\dfrac{157}{50}$ 来计算,则体积 $V=\dfrac{1}{4\pi}L^2H=\dfrac{1}{4}\times\dfrac{50}{157}L^2H=\dfrac{25}{314}L^2H$。

体积 $V=\dfrac{25}{314}L^2H=\dfrac{25}{314}\times48^2\times11=\dfrac{633600}{314}=2017\dfrac{131}{157}$ 尺³。

⑥ 体积 $V=\dfrac{1}{4\pi}L^2H=\dfrac{1}{12}\times48^2\times11=\dfrac{25344}{12}=2112$ 尺³。

答曰：积一千七百六十四尺，盐计二千二百五石。①

（12）今有圆囷②，圆囷，廪也，亦云圆囤也。高一丈三尺三寸少半，容米二千斛。问：周几何？

答曰：五丈四尺。③ 于徽术，当周五丈五尺二寸二十分寸之九。淳风等依密率，为周五丈五尺一百分尺之二十七。

术曰：置米积尺。此积犹圆堡壔之积。以十二乘之，令高而一。所得，开方除之，即周。④ 于徽术，当置米积尺，以三百一十四乘之，为实。二十五乘囷高为法。所得，开方除之，即周也。⑤ 此亦据见幂以求周，失之于微少也。晋武库中有汉时王莽所作铜斛，其篆书字题斛旁云：律嘉量斛，方一尺而圆其外，庣旁九厘五毫，幂一百六十二寸，深一尺，积一千六百二十寸，容十斗。及斛底云：律嘉量斗，方尺而圆其外，庣旁九厘五毫，幂一尺六寸二分，深一寸，积一百六十二寸，容一斗。合、龠皆有文字。升居斛旁，合、龠在斛耳上。后有赞文，与今《律历志》同，亦魏晋所常用。今祖疏王莽铜斛文字、尺、寸、分数，然不尽得升、合、勺之文字。⑥ 按：此术本周自相乘，以高乘之，十二而一，得此积。今还元，置此积以十二乘之，令高而一，即复本周自乘之数。凡物自乘，开方除之，复其本周自乘之数。故开方除之，即得也。淳风等：依密率，以八十八乘之，为实。七乘囷高为法。实如法而一。开方除之，即周也。⑦

术曰：置米积数，以周法十二乘，又斛法乘之，如高而一，开平方除之，即周。斛法一尺六寸二分，此问以圆囤高积求周，是反用圆墙之法。

---

① 设廪周 $L=42$ 尺，高 $H=12$ 尺，$\pi=3$，则廪的体积 $V=\frac{1}{4\pi}L^2H=\frac{1}{12}\times 42^2\times 12=\frac{21168}{12}=1764$ 尺³，贮盐 $=1764$ 尺 $\div 0.8$ 尺 $=2205$ 石。

② 圆囷是指圆柱形粮仓。此题由正圆柱体体积 $V=\pi r^2h=\frac{C^2}{4\pi}h$（其中 r 为半径，h 为高，圆周长 $C=2\pi r$）推出圆周长 $C=\sqrt{\frac{12V}{h}}$，$\pi=3$。

③ 按：根据题中已知条件，设圆囷高 $h=133\frac{1}{3}$ 寸 $=\frac{400}{3}$ 寸，1 石米的体积 $=1.62$ 尺³，圆囷体积 $V=1.62$ 尺³ $\times 2000=3240\times 1000$ 寸³ $=3240000$ 寸³，则 $C=\sqrt{\frac{12V}{h}}=\sqrt{\frac{12\times 3240000\times 3}{400}}=\sqrt{\frac{1166400}{4}}=\sqrt{291600}=540$ 寸。

④ 置米积尺 $=$ 圆囤的体积 V，依术文，则圆周长 $C=\sqrt{\frac{12V}{h}}$。

⑤ "徽术"取 $\pi=3.14$，则圆周 $=\sqrt{\frac{314\times 圆囷体积}{25\times 囷高}}=\sqrt{\frac{314\times 3240000\times 3}{400\times 25}}=\sqrt{305208}\approx 552.456$ 寸。显然，$\sqrt{\frac{314\times 3240000\times 3}{400\times 25}}>\sqrt{\frac{12\times 3240000\times 3}{400}}$。

⑥ 新莽铜嘉量与圆周率的关系：嘉量斛圆面积为 162 寸²，半径为 7.1660678 寸，则知刘歆所用圆周率为 3.1547 弱；而刘徽算出圆周率为 3.14 后，即用新莽铜嘉量来检验，算得直径为 1.4332 尺，面积为 1.612 尺²。此圆幂与 162 平方寸相比较，失之于微少。

⑦ 用李淳风密率计算，则圆周长 $C=\sqrt{\frac{88\times V}{7\times h}}=\sqrt{\frac{88\times 3240000\times 3}{7\times 400}}=\sqrt{\frac{855360000}{2800}}\approx 552.70762$ 寸。

9. 方亭法

法曰：上方自乘，下方自乘，上下方相乘，并之，以高乘，如三而一。[①]

(13) 今有方亭，下方五丈，上方四丈，高五丈。问：积几何？

答曰：一十万一千六百六十六尺太半尺。

术曰：上下方相乘，又各自乘，并之，以高乘之，三而一。[②]

此章有堑堵、阳马，皆合而成立方。盖说算者乃立棋三品，以效高深之积。[③] 假令方亭，上方一尺，下方三尺，高一尺。其用棋也，中央立方一，四面堑堵四，四角阳马四。[④] 上下方相乘为三尺，以高乘之，约积三尺，是为得中央立方一，四面堑堵各一。[⑤] 下方自乘为九，以高乘之，得积九尺。是

---

① "方亭"是指正四锥台，如下图所示。

② 设方亭的上底边长为 a_1，其下底边长为 a_2，高为 h，则它的体积 $V = \dfrac{a_1 \times a_2 + a_1^2 + a_2^2}{3} \times h$。

③ "堑堵"是指直角三角形的直三棱柱，而"阳马"则是指底为正方形或长方形一侧棱与底垂直的四棱锥。"立棋三品"的意思是说人们当时解决多面体体积问题所惯用的三种模型：立（长）体、堑堵与阳马，其标准是它们的长、宽、高均为 1 尺，这样，通过三品棋的拼合或分解，以推导、验证多面体的体积公式。

④ 郭书春作下图以释术文：

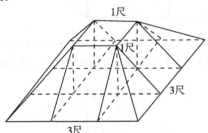

过方亭的上底四条边各作一个垂直平面，从而使之含有"三品棋"，其中 1 个正立方体位于中央，4 个堑堵位于四面，4 个阳马位于四角。因此，这个方亭由上述九棋拼合而成。设方亭的体积为 V，而正立方体的体积为 V_1，堑堵的体积为 V_2，阳马的体积为 V_3，则方亭的体积为 $V = V_1 + 4V_2 + 4V_3$。

⑤ 依术文，郭书春作下图：

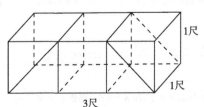

这个长方体的宽是方亭上底的边长＝1 尺，其长是方亭下底的边长＝3 尺，高是方亭的高＝1 尺，则此长方体由 1 个正方体和 4 个堑堵所构成。设长方体的体积为 V，正方体的体积为 V_1，堑堵的体积为 V_2，则 $V = V_1 + V_2$。

为中央立方一、四面堑堵各二、四角阳马各三也。① 上方自乘,以高乘之,得积一尺,又为中央立方一。② 凡三品棋皆一而为三,故三而一,得积尺。③ 用棋之数:立方三、堑堵、阳马各十二,凡二十七,棋十二与三。更差次之,而成方亭者三,验矣。

为术又可令方差自乘,以高乘之,三而一,即四阳马也;上下方相乘,以高乘之,即中央立方及四面堑堵也。并之,以为方亭积数也。④

解题:上方小、下方大,有高为台,如方斛无尖而顶平,类无衰之城也。

草曰:上方四十尺,自乘,得一千六百尺;下方五十尺,自乘,得二千五百尺。上、下方四十尺、五十尺相乘,得二千尺,并之,得六千一百。以高乘之,得三十万五千尺,三而一,得一十万一千六百六十六尺三分尺之二。⑤

比类:方垛上方四个,下方九个,高六个。问:计几何?

答曰:二百七十一个。

术曰:上、下方各自乘,上、下方相乘。本法上方减下方,余半之,圆积添此相并,以高乘,三而一。⑥

---

① 郭书春作下图以释术文:

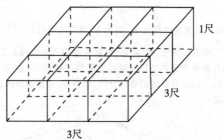

这个方柱体的长=3尺,宽=3尺,高=1尺,它本身含有正方体1个,位于中央;堑堵2个,位于四面;阳马3个,位于四角。设方柱体的体积为 V,正方体的体积为 V_1,堑堵的体积为 V_2,阳马的体积为 V_3,则 $V=V_1+V_2+V_3$。

② 作一正方体,如下图:

此正方体为 1 尺³,是方亭中的一个中央正方体。

③ 上面的 3 式相加即得方亭的体积,即 $3V=3V_1+12V_2+12V_3$。

④ $V=\dfrac{a_1\times a_2+a_1^2+a_2^2}{3}\times h$。　　　　　　　　　　　　　　　　　　(7-1)

⑤ 代入(7-1)式,则 $V=\dfrac{40^2+50^2+40\times50}{3}\times50=101666\dfrac{2}{3}$ 尺。

⑥ 设上方为 $a_1=4$ 个,下方为 $a_2=9$ 个,高 $h=6$ 个,则依术文 $V=\dfrac{a_1^2+a_2^2+a_1\times a_2+\dfrac{1}{2}\,|a_1-a_2|}{3}\times$

$h=\dfrac{16+81+36+2\cdot5}{3}\times6=\dfrac{813}{3}=271$ 个。

10. 圆亭法

圆亭法曰：上周自乘，下周自乘，上下周相乘，并之，以高乘之，如三十六而一。[①]

(14) 今有圆亭，下周三丈，上周二丈，高一丈。问：积几何？

答曰：五百二十七尺九分尺之七。于徽术，当积五百四尺四百七十一分尺之一百一十六也。按密率，为积五百三尺三十三分尺之二十六。

术曰：上下周相乘，又各自乘，并之，以高乘之，三十六而一。[②] 此术周三径一之义。合以三除上下周，各为上下径。以相乘，又各自乘，并，以高乘之，三而一，为方亭之积。[③] 假令三约上下周俱不尽，还通之，即各为上下径。令上下径相乘，又各自乘，并，以高乘之，为三方亭之积分。此合分母三相乘得九，为法，除之。又三而一，得方亭之积。[④] 从方亭求圆亭之积，亦犹方幂中求圆幂。乃令圆率三乘之，方率四而一，得圆亭之积。[⑤] 前求方亭之积，乃以三而一；今求圆亭之积，亦合三乘之。二母既同，故相准折，惟以方幂四乘分母九，得三十六，而连除之。于徽术，当上下周相乘，又各自乘，并，以高乘之，又二十五乘之，九百四十二而一。此圆亭四角圆杀，比于方亭，二百分之一百五十七。为术之意，先作方亭，三而一。则此据上下径为之者，当又以一百五十七乘之，六百而一也。今据周为之，若于圆堡壔，又以二十五乘之，三百一十四而一，则先得三圆亭矣。故以

---

① 圆亭是指正圆台体形建筑物，题示方亭体积与其内切圆亭体积的关系，郭书春作图如下。

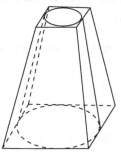

② 设上底周长为 L_1，下底周长为 L_2，高为 H，则圆亭的体积 $V=\dfrac{(L_1^2+L_2^2+L_1L_2)H}{36}$。

③ 设上底周长为 L_1，下底周长为 L_2，高为 H，如果用 3π 除上、下底周长，那么，上底的直径为 $D_1=\dfrac{L_1}{3}$，下底的直径为 $D_2=\dfrac{L_2}{3}$。所以外切方亭的体积 $V=\dfrac{(D_1^2+D_2^2+D_1D_2)}{3}H$。

④ 如果上、下周长 L_1、L_2 不能用 3 整除，那么，经过通分，可得外切方亭的体积。$V=\dfrac{1}{3}\left[\left(\dfrac{l_1}{3}\right)^2+\left(\dfrac{l_2}{3}\right)^2+\dfrac{l_1}{3}\times\dfrac{l_2}{3}\right]\times h$ 化简后为 $3^2\,(3V)=(l_1^2+l_2^2+l_1\times l_2)h$。用 9 为法除之，再以 3 除，最终得出外切方亭的体积为 $V=\dfrac{1}{3}\dfrac{(L_1^2+L_2^2+L_1L_2)H}{9}$。

⑤ 设圆亭体积为 V_1，其外切方亭的体积为 V_2，则 $V_1:V_2=3:4$，$V_2=\dfrac{1}{3}\dfrac{(L_1^2+L_2^2+L_1L_2)H}{9}$，则 $V_1=\dfrac{3}{4}V_2=\dfrac{3}{4}\left[\dfrac{1}{3}\dfrac{(L_1^2+L_2^2+L_1L_2)H}{9}\right]=\dfrac{(L_1^2+L_2^2+L_1L_2)H}{36}$。

三百一十四为九百四十二而一，并，除之。① 淳风等按：依密率，以七乘之，二百六十四而一。②

详解：徽术上下周相乘，又各自乘，并之，以高乘之。又二十五乘以九百四十二为法，除之。徽术当积五百四尺四百七十一分尺之一百一十六，密率上下周相乘。又各自乘，并之，以高乘之，又七乘之，以二百六十四为法，除之，得五百三尺三十三分尺之二十六。③

解题：上周小，下周大，有高为台，形如造饼炉，若倒之，如圆窖也。④

草曰：上、下周相乘，得六百尺；上周自乘，得四百尺；下周自乘，得九百尺。并之，得一千九百尺，以高乘之，得一万九千尺三十六，除之，得五百二十七尺。不尽二十八，与法俱四约之，合问。

比类：圆窖上周三丈，下周二丈，深一丈。问：积。

答曰：五百二十七尺九分尺之七。

----

① 假设取徽率为 $\pi=\dfrac{157}{50}=3.14$，则 $V_1:V_2=157:200$，即 $V_1=\dfrac{157}{200}V_2=\dfrac{157}{200}\dfrac{(D_1^2+D_2^2+D_1D_2)}{3}H$ 假设圆柱的周长分别为 L_1、L_2，高为 H，$\sqrt{L_1L_2}$ 为上、下周长乘积的开平方，则它的体积为 $V=\dfrac{1}{4\pi}(L_1^2+L_2^2+L_1L_2)H$ 这是同高同上下圆亭体积的 3 倍。取 $\pi=\dfrac{157}{50}$，则圆亭的体积为 $3V_{圆亭}=\dfrac{50}{4\times157}(L_1^2+L_2^2+L_1L_2)H=\dfrac{25}{314}(L_1^2+L_2^2+L_1L_2)H$，故 $V_{圆亭}=\dfrac{25}{942}(L_1^2+L_2^2+L_1L_2)H$。

② 如果取 $\pi=\dfrac{22}{7}$（此处的密率是指祖冲之的约率），代入圆亭的体积，得：$3V_{圆亭}=\dfrac{7}{4\times22}(L_1^2+L_2^2+L_1L_2)H$，故 $V_{圆亭}=\dfrac{7}{264}(L_1^2+L_2^2+L_1L_2)H$。

③ 已知圆亭的上底周长 $L_1=2$ 丈，下底周长 $L_2=3$ 丈，其高 $H=1$ 丈，上底半径 $r'=\dfrac{l_1}{2\pi}$，下底半径 $r=\dfrac{l2}{2\pi}$，则 $V_{圆亭}=\dfrac{(L_1^2+L_2^2+L_1L_2)H}{36}=\dfrac{2^2+3^2+2\times3}{36}\times1=\dfrac{19}{36}$丈^3　因 1 丈$^3=1000$ 尺^3，所以 $V=\dfrac{19}{36}$丈$^3\times1000$ 尺$^3=502\dfrac{7}{9}$尺^3。若取 $\pi=\dfrac{157}{50}$，则 $V=\dfrac{25}{942}(L_1^2+L_2^2+L_1L_2)H=\dfrac{25}{942}\times19=\dfrac{475}{942}$丈$^3\times1000$ 尺$^3=504\dfrac{116}{471}$尺^3。若取 $\pi=\dfrac{22}{7}$，则 $V=\dfrac{7}{264}(L_1^2+L_2^2+L_1L_2)H=\dfrac{7}{264}\times19=\dfrac{133}{264}$丈$^3\times1000$ 尺$^3=503\dfrac{26}{33}$尺^3。

④ 如下图所示。

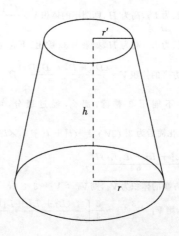

倒用前面题,用前法求之。①

11. 方锥法

方锥,下方自乘,以高乘之,如三而一。

(15)今有方锥②,下方二丈七尺,高二丈九尺。问:积几何?

答曰:七千四十七尺。

术曰:下方自乘,以高乘之,三而一。③ 按:此术假令方锥下方二尺,高一尺,即四阳马。如术为之,用十二阳马成三方锥。故三而一,得阳马也。④

解题:形如饭斛,比四隅垛。

草曰:下方自乘,得七百二十九尺,以高乘之,得二万一千一百四十一尺,如三而一,得七千四十七尺。⑤

比类:菜子一垛,下方一十四个。问:计几何?

答曰:一千一百一十五个。

---

① 根据上面的圆台体积公式,已知圆亭的上底周长 $L_1=3$ 丈,下底周长 $L_2=2$ 丈,其高 $H=1$ 丈,上底半径 $R_1=\dfrac{l_1}{2\pi}$,下底半径 $R_2=\dfrac{l_2}{2\pi}$ 则 $V=\dfrac{(L_1^2+L_2^2+L_1L_2)H}{36}=\dfrac{3^2+2^2+3\times2}{36}\times1=\dfrac{19}{36}$ 立方丈 $\times1000$ 立方尺 $=502\dfrac{7}{9}$ 立方尺。

② 指正四棱锥,如下图所示。

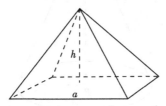

③ 设边长为 a,高为 h,底面积为 s,则方锥的体积 $V=\dfrac{1}{3}s\times h=\dfrac{1}{3}a^2\times h$。

④ 沈康身作图如下。

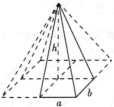

用棋验法,设方锥下底边长为 $a=2$ 尺,$b=2$ 尺,高为 $h=1$ 尺,则过高及其侧高分割为四阳马,阳马的长、宽、高均为 1 尺。可见,只有将 3 个这样的方锥才能拼合成一个长方体,而长方体的体积 $=$ 边长 $\times$ 边长 $\times$ 高 $=$ 底面积 $\times$ 高。所以,一个方锥的体积 $=\dfrac{1}{3}\times$ 长方体的体积 $=\dfrac{1}{3}(a\times b\times h)=\dfrac{1}{3}sh$。

⑤ 已知方锥的下底边长 $=2.7$ 丈 $=27$ 尺,高 $=2.9$ 丈 $=29$ 尺,则方锥的体积 $V=\dfrac{1}{3}(a\times b\times h)=\dfrac{1}{3}(27\times27\times29)=\dfrac{1}{3}\times21141=7047$ 尺^3。

术曰：下方加一，乘下方为平积，又加半为高，以乘下方为高积，如三而一。①

12. 圆锥法

圆锥法曰：下周自乘，以高乘之，如三十六而一。

(16) 今有圆锥，下周三丈五尺，高一丈五尺。问：积几何？

答曰：一千七百三十五尺一十二分尺之五。于徽术，当积一千六百五十八尺三百一十四分尺之十三。依密率，为积一千六百五十六尺八十八分尺之四十七。

术曰：下周自乘，以高乘之，三十六而一。② 按：此术圆锥下周以为方锥下方。方锥下方令自乘，以高乘之，令三而一，得大方锥之积。大锥方之积合十二圆矣。③ 今求一圆，复合十二除

———————

① 设菓子的底边 $a=14$ 个，$b=14+1=15$ 个，高 $h=14+\frac{1}{2}=14.5$ 个，是为二阶等差级数，即 $1^2+2^2+3^2+4^2+\cdots+n^2=\frac{1}{3}(n+1)n\left(n+\frac{1}{2}\right)$ 则菓子的体积 $V=\frac{1}{3}(a\times b\times h)=\frac{1}{3}(14\times15\times14.5)=\frac{1}{3}\times3045=1015$ 个。

② 圆锥指正圆锥，图示如下。

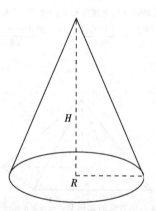

设圆锥的地面周长为 L，高为 H，底面半径为 R，因 $L=2\pi R$，$\pi=3$，所以 $R=\frac{L}{2\pi}$，则圆锥的体积 $V=\frac{1}{3}\times$ 底面积×高 $=\frac{1}{3}2\pi R^2H=\frac{1}{3}\times\pi\times\frac{L^2}{4\pi^2}\times H=\frac{L^2H}{12\pi}=\frac{L^2H}{36}$。

③ 沈康身作下图以释术文：以下周 $3D$ 为底边的等高方锥体积近似等于 12 个圆锥体积。（沈康身：《〈九章算术〉导读》，武汉：湖北教育出版社，1997：367.）

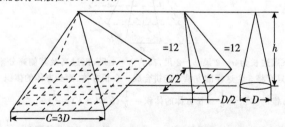

设圆锥的体积为 V_1，以圆锥下底的周长 C 为下底的一个边长，以圆锥的高为高，作一大方锥。由前面的例题可知，大方锥的体积 $V=\frac{1}{3}\times C^2\times H$，又大方锥体积 $V=12\times$ 圆锥体积 V_1。

之,故令三乘十二,得三十六,而连除。① 于徽术,当下周自乘,以高乘之,又以二十五乘之,九百四十二而一。② 圆锥比于方锥亦二百分之一百五十七。令径自乘者,亦当以一百五十七乘之,六百而一。其说如圆亭也。③ 淳风等按:依密率,以七乘之,二百六十四而一。④

解题:形圆上尖,类聚粟问。⑤

草曰:下周自乘,得一千二百二十五尺,以高乘之,得六万二千四百七十五尺,如三十六而一,得一千七百三十五尺一十二分尺之五。⑥

(17) 委粟平地,下周一十二丈,高二丈。问:积尺及为粟各几何?

答曰:积八千尺,为粟二千九百六十二石二十七分石之二十六。⑦

---

① 圆锥体积 $V_1 = \frac{1}{12}V = \frac{1}{12}\left(\frac{1}{3}C^2H\right) = \frac{1}{36}C^2H$。

② 如果取 $\pi = \frac{157}{50}$,则 $V_1 = \frac{1}{4\pi}V = \frac{1}{4}\times\frac{50}{157}V = \frac{25}{314}\left(\frac{1}{3}C^2H\right) = \frac{25}{942}C^2H$。

③ 如果用圆锥与它的外切方锥之比,即 $\frac{V_1}{V} = \frac{157}{200}$,或者 $V_1 : V = 157 : 200$,那么,圆锥体积

$V_1 = \frac{157}{200}V = \frac{157}{200}\left(\frac{1}{3}C^2H\right) = \frac{157}{600}C^2H$。

④ 如果取 $\pi = \frac{22}{7}$,则

$V_1 = \frac{1}{4\pi}V = \frac{7}{88}\left(\frac{1}{3}C^2H\right) = \frac{7}{264}C^2H$。

⑤ 如下图所示。

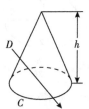

⑥ 已知圆锥的下周长 $C = 35$ 尺,高 $H = 51$ 尺,则圆锥的体积

$V = \frac{1}{36}C^2H = \frac{1}{36}\times 35^2\times 51 = \frac{62475}{36} = 1735\frac{5}{12}$ 尺^3。

⑦ 根据题意,图示如下(李逢平绘):

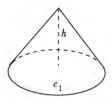

已知圆锥的周长 c_1 为 120 尺,高 20 尺,则 $V_{圆锥} = \frac{1}{36}c_1^2h = \frac{1}{36}\times 120^2\times 20 = \frac{288000}{36} = 8000$ 尺^3,

体积与容积换算:1 米^3 = 27 尺^3,而 8000 尺^3 = 80000 石,故 $\frac{80000}{27} = 2962\frac{26}{27}$ 石。

（18）委菽依垣①，下周三丈，高七尺。问：积尺及为菽各几何？

答曰：积三百五十尺②，为菽一百四十四斛二百四十三分斛之八。③

（19）委米依垣内角④，下周八尺，高五尺。问：积尺及为米各几何？

答曰：积三十五尺九分尺之五⑤，为米二十一斛七百二十九分斛之六百九十一。⑥

委粟术曰：下周自乘，以高乘之，三十六而一。此犹圆锥也。于徽术，亦当下周自乘，以高乘之，又以二十五乘之，九百四十二而一也。其依垣者，居圆锥之半也。十八而一。于徽术，当令此下周自乘，以高乘之，又以二十五乘之，四百七十一而一。依垣之周，半于全周。其自乘之幂居全周自乘之幂四分之一，故半全周之法以为法也。其依垣内角者。角，隅也，居圆锥四分之一也。九而一。于徽术，当令此下周自乘而倍之，以高乘之，又以二十五乘之，四百七十一而一。依隅之周，半于依垣。其自乘之幂居依垣自乘之幂四分之一，当半依垣之法以为法。法不可半，故倍其实。

又此术亦用周三径一之率。假令以三除周，得径。若不尽，通分内子，即为径之积分。令自乘，以高乘之，为三方锥之积分。母自相乘，得九，为法，又当三而一，约方锥之积。从方锥中求圆锥之积，亦犹方幂求圆幂。乃当三乘之，四而一，得圆锥之积。前求方锥积，乃合三而一，今求圆锥之积，复合三乘之。二母既同，故相准折。惟以四乘分母九，得三十六而连除，圆锥之积。其圆锥之积与平地聚粟同，故三十六而一。臣淳风等谨依密率，以七乘之，其平地者，二百六十四而一；依

---

① 指半圆锥体，"委"是堆放的意思，"垣"指矮墙。根据题意，图示如下（李逢平绘）。

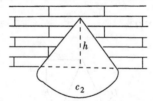

② 已知 c_2 为圆锥底周长 L 的一半，则 $V_{半圆锥体} = \dfrac{h}{36}(2c_2)^2 \div 2 = \dfrac{1}{18}c_2^2 h = \dfrac{1}{18} \times 30^2 \times 7 = \dfrac{6300}{18} = 350$ 尺³。

③ 1斛等于 2430 寸³，因 $\pi=3$，下周 $=\pi r = 300$ 寸，$r=100$ 寸，$h=70$ 寸，则菽积 $=\dfrac{1}{2} \times \dfrac{h}{3} \times \pi r^2 = 350000$ 寸³。所以，$\dfrac{350000}{2430} = 144\dfrac{8}{243}$ 斛。

④ 指四分之一圆锥体。根据题意，图示如下（李逢平绘）。

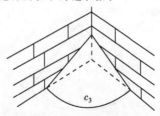

⑤ 已知 c_3 为圆锥底周长 L 的 $\dfrac{1}{4}$，则 $V_{四分之一圆锥体} = \dfrac{h}{36} \times (4L)^2 \div 4 = \dfrac{1}{9}c_3^2 h = \dfrac{1}{9} \times 8^2 \times 5 = 35\dfrac{5}{9}$ 尺³。

⑥ 因 1 斛米等于 1620 寸³，则 $\dfrac{320000}{14580} = 21\dfrac{691}{729}$ 斛。

垣者，一百三十二而一；依隅者，六十六而一也。①

程粟一斛积二尺七寸。二尺七寸者，谓方一尺，深二尺七寸，凡积二千七百寸。其米一斛积一尺六寸五分寸之一。谓积一千六百二十。其菽、苔、麻、麦一斛皆二尺四寸十分寸之三。谓积二千四百三十寸。此为以精粗为率，而不等其概也。粟率五，米率三，故米一斛于粟一斛五分之三；菽、苔、麻、麦亦如本率云。故谓此三量器为概，而皆不合于今斛。当今大司农斛，圆径一尺三寸五分五厘，正深一尺。于徽术，为积一千四百四十一寸，排成余分，又有十分寸之三。王莽铜斛于今尺为深九寸五分五厘，径一尺三寸六分八厘七毫。以徽术计之，于今斛为容九斗七升四合有奇。《周官·考工记》："氏为量，深一尺，内方一尺。而圆外，其实一鬴。"于徽术，此圆积一千五百七十寸。《左氏传》曰："齐旧四量：豆、区、釜、钟。四升曰豆，各登其四，以登于釜。釜十则钟。"钟六斛四斗；釜六斗四升，方一尺，深一尺，其积一千寸。若此方积容六斗四升，则通外圆积成旁，容十斗四合一龠五分龠之三也。以数相乘之，则斛之制：方一尺而圆其外，庞旁一厘七毫，幂一百五十六寸四分寸之一，深一尺，积一千五百六十二寸半，容十斗。王莽铜斛与《汉书·律历志》所论斛同。②

13. 堑堵法

堑堵法曰：广、袤相乘，又高乘之，如二而一。③

(20) 今有堑堵，下广二丈，袤十八丈六尺，高二丈五尺。问：积几何？

答曰：四万六千五百尺。

术曰：广、袤相乘，以高乘之，二而一。④ 邪解立方，得两堑堵。⑤ 虽复椭方，亦为堑堵。故二而一。此则合所规棋⑥。推其物体，盖为堑上叠也。其形如城，而无上广，与所规棋形异而同

---

① 此段依郭书春《〈九章算术〉译注》本补入。
② 此段依郭书春《〈九章算术〉译注》本补入。
③ 堑堵是指沿长方体对角线相对两棱剖开所得的楔形体（郭书春），或者说是底面为直角三角形的直棱柱。见下图所示。

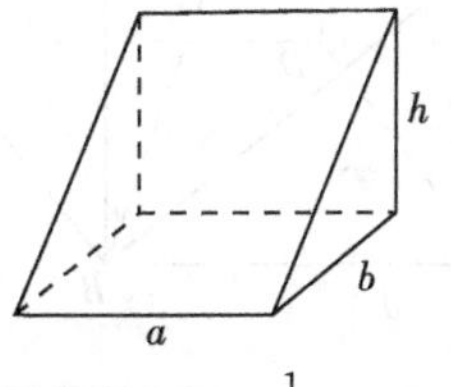

④ 设堑堵的长为 a，宽为 b，高为 h，则它的体积 $V = \frac{1}{2}abh$。
⑤ 陆宗达释：这句话的意思是，将一个正方体从对角斜剖成两个全等的三角柱石。
⑥ 棋是指几何体的模型。

实。① 未闻所以名之为堑堵之说也。

解题：一立方，斜解两段，形如屋脊。②

草曰：广二十尺，袤一百八十六尺，相乘，得三千七百二十尺，以高二丈五尺，乘之，得九万三千尺。二而一，得四万六千五百尺。③

比类：屋盖垛下广五个，长九个，高九个。问：计几何？

答曰：四百五个。

---

① 沈康身作下图：

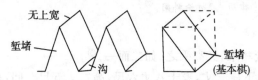

所以，陆宗达将"斜解立方"称作"颠倒相补"，即把两堑堵中的一个颠倒过来，补充在另一个堑堵上，这样便构成了一个完整的正立方体。李继闵则用下图释之：

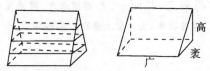

堑堵是由大、小堑（正截面为梯形的直棱柱），层层上叠而成，其形如无上广之城，故称"非正规堑堵"。这种堑堵虽然与正规堑堵（即斜解立方得两堑堵）的形状不同，但"形异而同实"，也就是说两者的体积是一样的。

② 王树禾作图如下：

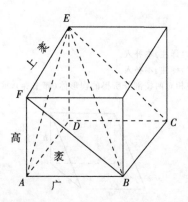

堑堵的体积＝广×袤×高÷2。

③ 设下广为 $a=20$ 尺，袤为 $b=186$ 尺，高为 $h=25$ 尺，则堑堵的体积 $V=\frac{1}{2}(20\times186\times25)=\frac{93000}{2}=$ 46500 尺 ^{3}。

术曰：下广乘之为平积，以长加一乘之为高，积如方积不用加一，如二而一，本法。[①]

14. 阳马法

阳马法曰：广、袤相乘，又高乘之，如三而一。[②]

(21) 今有阳马，广五尺，袤七尺，高八尺。问：积几何？

答曰：九十三尺少半尺。

术曰：广、袤相乘，以高乘之，三而一。[③] 按：此术阳马之形，方锥一隅也。今谓四柱屋隅为阳马。[④] 假令广、袤各一尺，高一尺，相乘之，得立方积一尺。邪解立方，得两堑堵；邪解堑堵，其

---

① 所谓"屋盖垛"就是指由单个物体堆成堑堵形状的垛，如下图所示（郭熙汉作）。

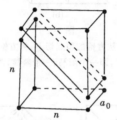

由比类中的术推知，屋盖垛的公式为 $a_0 \times 1 + a_0 \times 2 + a_0 \times 3 + a_0 \times 4 + \cdots + a_0 \times n = \dfrac{1}{2}[a_0 \times n \times (n+1)]$

已知广 $a_0 = 5$ 个，长 $n = 9$ 个，高 $h = 9$ 个，则堑堵的体积 $V_1 = \dfrac{1}{2}(a_0 \times n \times h)$

"屋盖垛"的体积 $V = 2 \times V_1 = a_0 \times n \times h = 5 \times 9 \times 9 = 405$ 个³。

② 阳马为一底面成矩形，且其一侧棱与底面垂直的直角四棱锥。图示如下。

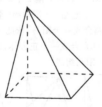

③ 设阳马的底面长为 a，宽为 b，高为 h，则阳马的体积 $V = \dfrac{1}{3}abh$。

④ 其形状见下图（沈康身绘）：

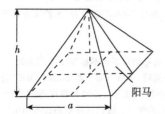

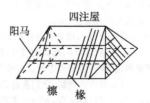

阳马本来是一个建筑专用名词，它是指引出以承短椽的屋周四角，即"四柱屋隅"，今称庑殿顶。

一为阳马，一为鳖臑。阳马居二，鳖臑居一，不易之率也。① 合两鳖臑成一阳马，合三阳马而成一立方，故三而一。验之以棋，其形露矣。悉割阳马，凡为六鳖臑。观其割分，则体势互通，盖易了也。② 其棋或修短、或广狭、立方不等者，亦割分以为六鳖臑。其形不悉相似。然见数同，积实均也。鳖臑殊形，阳马异体，则不可纯合。不纯合，则难为之矣。③ 何则？按：邪解方棋以为堑堵者，必当以半

① 郭书春用下图释之：

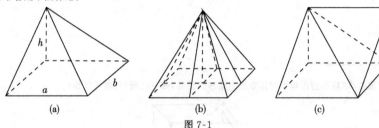

(a)　　　　　　　　　　(b)　　　　　　　　　　(c)

图 7-1

如图 7-1(b)所示。用两个垂直的平面从方锥的顶点切下，将方锥的底面等分为四个阳马；又如图 7-1(c)所示；沿堑堵任意一个顶点至其对边斜剖为二，即一个阳马、一个鳖臑，两者之间的体积比率关系是 2∶1，这就是最著名的刘徽原理。

② 郭书春作下图。

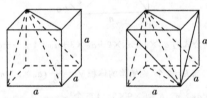

设正方体的广 a，袤 b，高 c 均等于 1 尺，即在 $a=b=h$ 的情况下，一个正方体被分割为 3 个全等的阳马，或 6 个全等的鳖臑。即先分割正方体为 2 个堑堵，接着再分割 2 个堑堵为 2 个阳马和 2 个鳖臑，最后进一步分割 2 个鳖臑为 4 个鳖臑，是谓"六鳖臑"，即 1 立方＝2 堑堵＝3 阳马＝6 鳖臑。

孙宏安释（图 7-2）：从阳马开始，2 个鳖臑合成一个阳马，依此，由图 7-2(d)知，1 个鳖臑和 1 个阳马合成一个堑堵，即图 7-2(c)，然后，2 个堑堵即图 7-2(b)，合成一个正方体，即图 7-2(a)。不过，2 个堑堵包括 2 个阳马和 2 个鳖臑。所以，一个标准的正方体共由 3 个阳马组成。

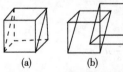

(a)　　　　(b)　　　　(c)　　　　(d)　　　　(e)

图 7-2　棋验图——正立方体、堑堵、阳马、鳖臑

③ 当 $a \neq b \neq c$ 时，上述棋验法就不适用了。如鳖臑的形状不同，不能重合，不能重合就无法证明"合三阳马而成一立方"。用推理形式表达，则：

假设立方体的体势互通（p），则它们的体积相等（q）；

今立方体的体势不互通（非 pp，那么，它们的体积无法确定相等还是不相等（q 真假不定）。

所以，梅荣照解释说：将三边不相等的长方体分割为一堑堵、一阳马和一鳖臑，就会出现"鳖臑殊形，阳马异体"的情形；而将三阳马分割为六鳖臑，它们各自的形状互不相同，这样，即使其数据相同，体积相等，结果也是"阳马异体，鳖臑殊形"，不能进行组合，并用它来确定这些棋的体积。这就是希尔伯特提出的"不能用剖分和拼凑的方法解决四面体难题"。

为分;邪解堑堵以为阳马者,亦必当以半为分,一从一横耳。① 设阳马为分内,鳖臑为分外。棋虽或随修短广狭,犹有此分常率知,殊形异体,亦同也者,以此而已。② 其使鳖臑广、袤、各高二尺,用堑堵、鳖臑之棋各二,皆用赤棋。③ 又使阳马之广、袤、高各二尺,用立方之棋一,堑堵、阳马之棋各二,皆用黑棋。④

---

① 据沈康身解释:斜剖正方体为堑堵与斜剖堑堵为阳马和鳖臑,两者都是一分为二,它们所不同的仅仅是一个纵向剖割,而另一个则是横向剖割。见下图所示。

图 7-3

② 由图 7-3 被斜剖堑堵看,所剖割得的阳马称"分内",而所剖割得的鳖臑称"分外",设阳马的体积为 V_1,鳖臑的体积为 V_2,即使三度各不相同,但两者的体积比依然是:$V_1 : V_2 = 2 : 1$。

③ 依沈康身的解释,作图如下。

设一鳖臑,其广、袤、高均为 2 尺,它被剖割后,里面包含着 2 个堑堵和 2 个鳖臑,用红色来表示。

④ 依沈康身的解释,作图如下。

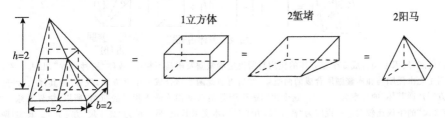

设一阳马,其广、袤、高均为 2 尺,它被剖割后,里面包含着 1 个立方体、2 个堑堵和 2 个阳马,均涂以黑色。

棋之赤、黑,接为堑堵,广、袤、高各二尺。① 于是中效其广,又中分其高。② 令赤、黑堑堵各自适当一方,高二尺,方二尺③,每二分鳖臑,则一阳马也。其余两棋各积本体,合成一方焉。④ 是为别种而方者率居三,通其体而方者率居一。⑤ 虽方随棋改,而固有常然之势也。按:余数具而可知者有一、二分之别,即一、二之为率定矣。其于理也岂虚矣。若为数而穷之,置余广、袤、高之数,各半

① 依沈康身的解释,作图如下。

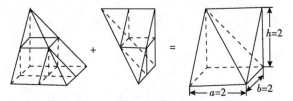

若将赤棋和黑棋拼接成一个广、袤、高均为 2 尺的大堑堵,则如下图所示。

② 原文为"中效其广、袤,又中分其高",今依李继闵的观点校正。李继闵认为其基本的分割和拼合步骤如下。

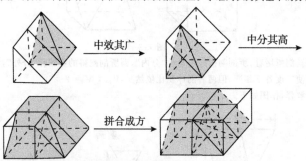

③ 原文为"高 2 尺,方 2 尺",今依李继闵先生的观点校正。

④ 根据上面图示,若用文字表述,则为:

首先,将棋的上、下两层分割开来;然后,再把上层之棋内、外两堑堵的位置调换,目的是为了同类棋相互拼合;其次,还需要把上层之棋旋转 180° 与下层相拼合,从而使赤黑两堑堵合成一方,而其余两端则合成另一方。这样,赤黑堑堵就被合成一个"高 1 尺,方 2 尺"的长方体(李继闵)。

⑤ 沈康身作下图。

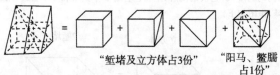

"堑堵及立方体占3份"　　"阳马、鳖臑占1份"

白尚恕释:因上面合成 3 个立方体的棋均与所设定的鳖臑及阳马不相似,故称"别种立方",共占 3 份;而另一方则是先由黑阳马和赤鳖臑所合成的两堑堵,然后再由此两堑堵合成一个立方体,故称"通其体"。可见,"别种立方"与"通其体"的比率为 3∶1。这个比率适用于分割三度相等或不相等的堑堵,所以,学界对原文"高 2 尺,方 2 尺"的争议比较大。一说应为"高 1 尺,方 2 尺",本文采其说;另一说为"高 1 尺,方 1 尺"。其实,两者的数学本质是一样的。因此,刘徽说:"虽方随棋改,而固有常然之势也。"

之，则四分之三又可知也。半之弥少，其余弥细，至细曰微，微则无形。由是言之，安取余哉？[①] 数而求穷之者，谓以情推，不用筹算。鳖臑之物，不同器用；阳马之形，或随修短广狭。然不有鳖臑，无以审阳马之数，不有阳马，无以知锥亭之数，功实之主也。

解题：比方锥之积，偏在一角，高、广、长相等是也。

草曰：广五尺，袤七尺，相乘三十五尺，以高八尺乘之，得二百八十尺，如三而一，得九十三尺三分尺之一。[②]

比类：题法全类方锥，更不再述。

---

① 骆祖英用数学式表达如下：

$$\frac{abc}{8}+2\times\left(\boxed{}+2\ \boxed{}+2\ \triangle\right)=2\times\frac{abc}{8}+2\times2\times\frac{abc}{8}\times\frac{1}{2^3}+2\times2^2\times\frac{abc}{8}\times$$

$$\frac{1}{2^6}+\cdots=2\times\frac{abc}{8}\left(1+\frac{1}{4}+\frac{1}{4^2}+\frac{1}{4^3}+\quad\right)$$

$$\frac{abc}{8}+2\times\frac{abc}{8}\times\frac{1}{2^3}+2^2\times\frac{abc}{8}\times\frac{1}{2^6}+\cdots=\frac{abc}{8}\left(1+\frac{1}{4}+\frac{1}{4^2}+\frac{1}{4^3}+\cdots\right)$$ 由此，$V_1:V_2=1:2$ 或者如沈康身先

生所述：$V_{整臑总数}:V_{阳马总数}=\left\{\frac{1}{8}\,abh+\left(2\times\frac{1}{8}abh\times\frac{1}{2^3}\right)+\left[2^2\times\frac{1}{8}abh\times\left(\frac{1}{2^3}\right)^2\right]+\cdots+\right.$
$\left.\left[2^{n-1}\times\frac{1}{8}\,abh\times\left(\frac{1}{2^3}\right)^{n-1}\right]\right\}:\left\{2\times\frac{1}{8}\,abh+\left(2\times2\times\frac{1}{8}abh\times\frac{1}{2^3}\right)+\left[2\times2^2\times\frac{1}{8}abh\times\left(\frac{1}{2^3}\right)^2\right]+\cdots+\right.$
$\left.\left[2\times2^{n-1}\times\frac{1}{8}abh\times\left(\frac{1}{2^3}\right)^{n-1}\right]\right\}$。

当分割次数无限增加，即 $n=\infty$ 时，则 $V_{整臑总数}:V_{阳马总数}=\lim\limits_{n\to\infty}\left\{\frac{1}{8}\,abh+\left(2\times\frac{1}{8}abh\times\frac{1}{2^3}\right)+\right.$
$\left.\left[2^2\times\frac{1}{8}abh\times\left(\frac{1}{2^3}\right)^2\right]+\cdots+\left[2^{n-1}\times\frac{1}{8}abh\times\left(\frac{1}{2^3}\right)^{n-1}\right]\right\}:\lim\limits_{n\to\infty}\left\{2\times\frac{1}{8}\,abh+\left(2\times2\times\frac{1}{8}abh\times\frac{1}{2^3}\right)+\right.$
$\left.\left[2\times2^2\times\frac{1}{8}abh\times\left(\frac{1}{2^3}\right)^2\right]+\cdots+\left[2\times2^{n-1}\times\frac{1}{8}abh\times\left(\frac{1}{2^3}\right)^{n-1}\right]\right\}=1:2$。

② 阳马的体积 $V=\frac{1}{3}abh=\frac{1}{3}(5\times7\times8)=93\frac{1}{3}$ 尺^3。

15. 鳖臑法

鳖臑法曰:广、袤相乘,又高乘之,如六而一。[①]

(22) 今有鳖臑,下广五尺,无袤;上袤四尺,无广;高七尺。问:积几何?

答曰:二十三尺少半尺。

术曰:广、袤相乘,以高乘之,六而一。[②] 按:此术臑者,臂骨也。或曰:半阳马,其形有似鳖肘,故以名云。中破阳马,得两鳖臑。鳖臑之见数即阳马之半数。数同而实据半,故云六而一,即得。[③]

解曰:形如鳖臑,余见比类。

草曰:广五尺,袤四尺,相乘,得二十尺,以高七尺,乘之,得一百四十尺,如六而一,得二十三尺,不尽,二约之,得三分尺之一。[④]

比类:三角垛下广一面一十二个,上尖。问:计几何?

答曰:三百六十四个。

---

① 由四个直角三角形所围成的四面棱锥体,现实生活中找不到鳖臑的原型。因此,鳖臑是多面体分割的抽象物。臑,置前指骨,鳖臑意即鳖的前肢骨。见下图。

② 该四面棱锥体的体积 $V=\dfrac{1}{6}$(上袤×下广×高)。

③ 作图。

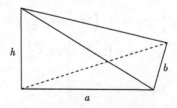

设四面棱锥体的一底边为 a,另一底边为 b,底面积为 $s=\dfrac{1}{2}ab$,高为 h,则

四面棱锥体的体积 $V=\dfrac{1}{3}sh=\dfrac{1}{3}\left(\dfrac{1}{2}ab\right)h=\dfrac{1}{6}abh$。

④ 设四面棱锥体的一底边为 $a=5$ 尺,另一底边为 $b=4$ 尺,底面积为 $s=\dfrac{1}{2}ab=10$ 尺,高为 $h=7$ 尺,则

$V=\dfrac{1}{3}sh=\dfrac{1}{3}(10\times7)=23\dfrac{1}{3}$ 尺[3]。

术曰：下广加一，乘之，平积下广加二，乘之，立高方积，如六而一，本法。[①]

16. 刍童法

刍童法曰：倍上长，并入下长，以上广乘之；又倍下长，并入上长，以下广乘之，并二位，以高乘之，如六而一。[②]

(23) 今有刍童，[③]下广二丈，袤三丈；上广三丈，袤四丈；高三丈。问：积几何？

答曰：二万六千五百尺。

解题：似台率长。

草曰：倍上袤四丈为八十尺，加入下袤三十尺为一百一十尺，以上广三十尺，乘之，得三千三百尺，倍下袤三丈为六十尺，加入上袤四十尺，得一百尺，以下广二十尺，乘之，得二千尺，并二位，得五千三百尺，以高三十尺乘之，得一十五万九千尺，如六而

---

① 为释本题，郭熙汉特作以下算理示意图：

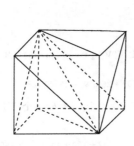 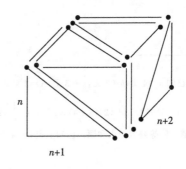

长方体与鳖臑　　　　　　　6个三角垛

实际上，这是一个二阶等差数列，即 $1+3+6+\cdots+\frac{1}{2}n(n+1)=\frac{1}{6}n(n+1)(n+2)$ 根据题设，已知 $n=12$ 个，则代入上式。三角垛的面积 $s=\frac{1}{6}n(n+1)(n+2)=\frac{1}{6}\times12(12+1)(12+2)=\frac{2184}{6}=364$ 个。

② 指平顶草垛，如下图所示，然《九章算术》的例题，均为倒置的形状，即上大下小。

③ 底面为长方形的拟柱体，图示如下。

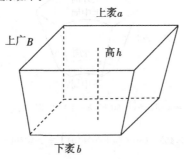

上袤 a

上广 B　　　高 h

下袤 b

一,得二万六千五百尺,合问。①

比类:菓子一垛,上长四个,广二个;下长八个,广六个;高五个。问:计几何?

答曰:一百三十个。

法曰:倍上长,并下长。以上广乘之,得三十二,别倍下长,并上长。以下广乘之,得一百二十二位,相并一百五十二。此乃刍童治积,本法以上长减下长,余四,亦并之。菓子乃是圆物,与方积不同,故增入此段,以高乘之七百八十,如六而一,亦乃刍童本法。②

（24）环池,上中周二丈,外周四丈,广一丈,下中周一丈四尺,外周二丈四尺,广五尺,深一丈。问:积尺几何?

答曰:一千八百八十三尺三寸少半寸。③

（25）盘池,上广六丈,袤八丈,下广四丈,袤六丈,深二丈。问:积尺几何?答曰:七万六百六十六尺、太半尺。④

（26）冥谷,上广二丈,袤七丈,下广八尺,袤四丈,深六丈五尺。问:积几何?答

---

① 依术文,已知 $a=4$ 丈,$b=3$ 丈,$B=3$ 丈,$A=2$ 丈,$h=3$ 丈,则 $V_{刍童}=\frac{1}{6}[(2a+b)\times B\times h+(2b+a)\times A\times h]=\frac{1}{6}[(2\times 4+3)\times 3\times 3+(2\times 3+4)\times 2\times 3]=\frac{1}{6}(99+60)=26.5$ 丈 $=26500$ 尺^3。

② 这是一道二阶等差级求和题。已知上袤 $a=4$ 个,上广 $B=2$ 个,下袤 $b=8$ 个,下广 $A=6$ 个,$h=5$ 个,依术文则

$$S=\frac{1}{6}h\left[(2a+b)\times B+(2\times b+a)\times A+|a-b|\right]=\frac{1}{6}\times 5(32+120+4)=\frac{5}{6}\times 156=130 \text{ 个}。$$

③ 设环池的上中、上外周分别为 l_1,L_1,下中、下外周则分别为 l_2,L_2,则 $b_1=\frac{1}{2}(l_1+L_1)$,$b_2=\frac{1}{2}(l_2+L_2)$,将其代入刍童公式,即 $V_{环池}=\frac{1}{6}\left[\left(2b_1+b_2\right)a_1+\left(2b_2+b_1\right)a_2\right]h=\frac{1}{6}\left[\left(l_1+L_1+\frac{1}{2}l_2+\frac{1}{2}L_2\right)a_1+\left(l_2+L_2+\frac{1}{2}l_1+\frac{1}{2}L_1\right)a_2\right]h=\frac{1}{6}\times 10\left[\left(20+40+\frac{1}{2}\times 14+\frac{1}{2}\times 24\right)\times 10+\left(14+24+\frac{1}{2}\times 20+\frac{1}{2}\times 40\right)\times 5\right]=\frac{5}{3}(790+340)=\frac{5650}{3}=1883\frac{1}{3}$ 尺^3。

④ 盘池,如下图(李继闵作)所示。

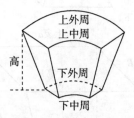

上外周
上中周
高
下外周
下中周

已知 $a_1=60$ 尺,$a_2=80$ 尺,$b_1=40$ 尺,$b_2=60$ 尺,$h=20$ 尺,则 $V_{盘池}=\frac{1}{3}\left[\frac{1}{2}(a_1a_2+a_2b_1)+(a_2b_2+a_1b_1)\right]\times h=\frac{1}{3}\left[\frac{1}{2}(60\times 60+80\times 40)+(80\times 60+60\times 40)\right]\times h=\frac{20}{3}(3400+7200)=\frac{212000}{3}=70666\frac{2}{3}$ 尺^3。

曰：五万二千尺。[1]

17. 刍甍法

刍甍法曰：倍下长，并入上长，以广乘之。又高乘之，如六而一。

(27) 今有刍甍[2]，下广三丈，袤四丈；上袤二丈，无广；高一丈。问：积几何？

答曰：五千尺。

术曰：倍下袤，上袤从之，以广乘之，又以高乘之，六而一。[3] 推明义理者：旧说云："凡积刍甍有上下广曰童甍，谓其屋盖之苫也。"是以甍之下广、袤与童之上广、袤等。正斩方亭两边，合之即刍甍之形也。[4] 假令下广二尺，袤三尺；上袤一尺，无广；高一尺。其用棋也，中央堑堵二，两端阳马各二。倍下袤，上袤从之，为七尺。以广乘之，得幂十四尺。阳马之幂各居二，堑堵之

---

[1] 设 $a_1 = 20$ 尺，$a_2 = 8$ 尺，$b_1 = 70$ 尺，$b_2 = 40$ 尺，$h = 65$ 尺，则

$$V_{冥谷} = \frac{1}{3}\left[\frac{1}{2}(a_1 a_2 + a_2 b_1) + (a_2 b_2 + a_1 b_1)\right] \times h$$

$$= \frac{1}{3}\left[\frac{1}{2}(20 \times 40 + 8 \times 70) + (8 \times 40 + 20 \times 70)\right] \times 65 = 52000 \text{ 尺}^3 。$$

[2] 刍甍：取形于草堆的顶盖，是上底为一线段，下底为一长方形的楔体或拟柱体。图示如下。

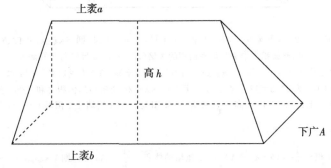

上袤a　高h　下广A　上袤b

[3] $V_{刍甍} = \frac{1}{6}[(2b+a) \times A \times h]$ 。

[4] 这段话的意思是说：刍甍与刍童是饲草堆的两种形状，其中刍童是上底和下底都是长方形的拟柱体，而刍甍则是上底为一线段，下底为一长方形的拟柱体，两者正好对合成下面的形状，或者刍甍可看作是将方亭垂直分割其两相对侧面拼合而成；图示如下（李继闵作图）。

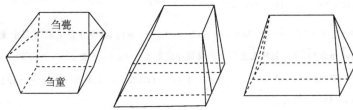

刍甍　刍童

幂各居三。以高乘之，积十四尺。其于本棋也，皆一而为六。故六而一，即得。① 亦可令上、下衮差乘广，以高乘之，三而一，即四阳马也；下广乘上衮而半之，高乘之，即二堑堵；并之，以为蒭积也。②

解题：见前法注。

草曰：倍下衮四十尺为八十，又加上衮二十尺为一百。以下广三十尺乘之，得三千尺，以高十尺乘之，得三万尺，如六而一，得五千尺。③

比类：菓子一堆，下长九个，上长四个，广六个，高六个。问：计多少？

答曰：一百五十四个。

法曰：倍下长并入上长，以广乘之，高与广同，副置一位，又高乘之，并之为实，如六而一。④

---

① 对于一个标准刍甍（取下广2尺，下长3尺，上长1尺，高1尺）来说，它通常由2个中央堑堵和4个两端阳马拼合而成；反过来，它可分解为中央堑堵2个及两端阳马各2个。如下图所示。

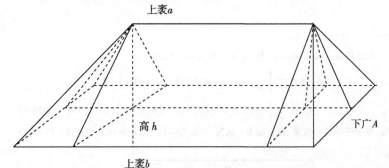

已知此刍甍下广 $A=2$ 尺，下衮 $b=3$ 尺，上衮 $a=1$ 尺，高 $h=1$ 尺，则 $S_{刍甍面积}=\frac{1}{2}[2(b-a)A+3aA]=(2b+a)\times A=14$ 尺^2 可见，此面积为中央堑堵底面积的3倍（即 $2\times3=6$ 尺^2）与阳马底面积的2倍（即 $4\times2=8$ 尺^2）之和，其面积之比为 $3:2$。又 $V_{刍甍的体积}=\frac{1}{2}[2(b-a)A+3aA]\times h=14\times1=14$ 尺^3 因 1 立方 $=2$ 堑堵 $=3$ 阳马，所以，14 尺^3 为 $2\times6=12$ 个堑堵与 14 尺$^3=3\times8=24$ 个阳马的体积之和，它恰好是构成刍甍体积的6倍，即（$2\times$下衮+上衮）$\times$下广$\times$高$=12$ 堑堵+24 阳马$=6$（2 堑堵+4 阳马）$=6$ 刍甍。所以，$V_{刍甍}=\frac{1}{6}$（$2\times$下衮+上衮）$\times$下广$\times$高。

② 4 阳马的体积$=\frac{1}{3}\times(b-a)\times A\times h$　2 堑堵的体积$=\frac{1}{2}\times Aa\times h$，则 $V_{刍甍体积}=\frac{1}{3}\times(b-a)\times A\times h+\frac{1}{2}\times Aa\times h=\frac{2}{6}Abh-\frac{2}{6}Aah+\frac{3}{6}Aah=\frac{1}{6}Ah(2b+a)$。

③ 已知刍甍的上衮 $a=20$ 尺，下衮 $b=40$ 尺，下广 $A=30$ 尺，高 $h=10$ 尺，则 $V_{刍甍}=\frac{1}{6}Ah(2b+a)=\frac{1}{6}\times30\times10(2\times40+20)=50\times100=5000$ 尺^3。

④ 根据沈括"隙积术" $S=\frac{n}{6}[B(2a+b)+A(2b+a)+(b-a)]$，其中 a 是上衮，b 是下衮，A 是下广，B 是上广，n 是层数，s 是总和，又因菓堆无上广 B。设菓堆的上衮 $a=4$ 个，下衮 $b=9$ 个，下广 $A=6$ 个，高 $h=6$ 个，则 $V_{菓堆}=\frac{1}{6}[B(2a+b)+A(2b+a)+(b-a)]\times h=[B(2a+b)+A(2b+a)+(b-a)]=[2\times4+9+6\times(2\times9+4)+(9-4)]=154$ 个。

18. 羡除法

羡除法曰:并三广,以深乘之,又长乘之,如六而一。

(28) 今有羡除[1],下广六尺,上广一丈,深三尺;末广八尺,无深;袤七尺。问:积几何?

答曰:八十四尺。

术曰:并三广,以深乘之,又以袤乘之,六而一。[2] 按:此术羡除,实隧道也。其所穿地,上平下邪,似两鳖臑夹一堑堵,即羡除之形。[3] 假令用此棋:上广三尺,深一尺,下广一尺;末广一尺,无深;袤一尺。下广、末广皆堑堵之广。上广者,两鳖臑与一堑堵相连之广也。以深、袤乘,得

---

① 　羡除古时指墓道,本题泛指斜而长的隧道,用数学语言表示则是指由三个呈等腰梯形的侧面和两个呈直角三角形的侧面所组成的五面体。其图形如下(曾海龙绘)。

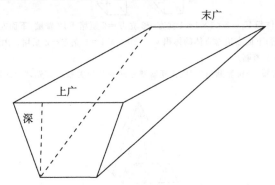

② 　设羡除的上广为 a_1,下广为 a_2,末广为 a_3,长(袤)为 b,深为 h,则

$$羡除的体积 V = \frac{1}{6}(a_1 + a_2 + a_3) \times b \times h$$

③ 　羡除实为呈楔形的隧道,上平而下邪,即隧道底壁与底面垂直。若羡除的三广相等,则羡除就变成堑堵。图形如下(沈康身作图)。

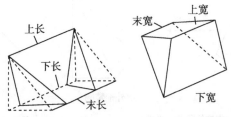

如果羡除的三广不相等,那么,刘徽认为,过其背面两侧棱作截面,就会出现"两鳖臑夹一堑堵"的情形。实际上,刘洁民从几何学的角度讨论了三广不相等的羡除,被分割为多种类型,其中鳖臑分正规与非正规两种类型。

积五尺。鳖臑居二,堑堵居三,其于本棋皆一而六,故六而一。① 合四阳马以为方锥。邪画方锥之底,亦令为中方。就中方而上合,全为中方锥之半。于是阳马之棋悉中解矣。中锥离而为四鳖臑焉。故外锥之半亦为四鳖臑。虽背正异形,与常所谓鳖臑参不相似,实则同也。所云夹堑堵者,中锥之鳖臑也②。凡堑堵上袤短者,阳马也。下袤短者,与鳖臑连也。下两袤相等者,亦与鳖臑连

---

① 用"棋验法"论证下广＝末广的情形,其演算过程是:第一步,先将羡除分割成"两鳖臑夹一堑堵"(下图,郭书春作)。

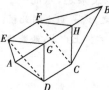

第二步,设上广 $a_1=3$ 尺,下广 $a_2=1$ 尺,末广 $a_3=1$ 尺,袤(长)$b=1$,深 $h=1$ 尺。依此,构造 3 个立方体(下图,郭书春作)。

其中,上面立方体的体积 $V_1=3\times1\times1=1$ 立方＋2 立方＝2 堑堵＋12 鳖臑;下面左边立方体的体积 $V_2=1\times1\times1=1$ 立方＝2 堑堵;下面右边立方体的体积 $V_3=1\times1\times1=1$ 立方＝2 堑堵。因此,$V_1+V_2+V_3=6$ 堑堵＋12 鳖臑＝6(1 堑堵＋2 鳖臑)。

② 这里讨论中锥鳖臑、外锥鳖臑与阳马、正规鳖臑之间的几何关系。首先,"合四阳马以为方锥",如下图(李继闵作)所示。

由上图知,"中方"是指该方锥底面所画的内接正方形。其次,若一个阳马被分割为内(或称"中")外两个鳖臑,则过顶点及中方各边作截面,"方锥"自然就被分为 4 个中锥鳖臑和 4 个外锥鳖臑。从形状看,"中锥鳖臑"(过直角顶点,有一条侧棱垂直于底面)与"外锥鳖臑"(不垂直于底面)虽然一背一正,各不相同,但它们的体积却是相等的,见下图所示。

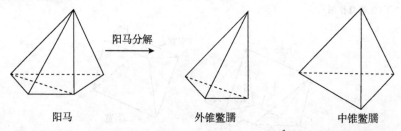

阳马　　　　阳马分解→　　外锥鳖臑　　　　中锥鳖臑

最后,由"中锥鳖臑"体积为方锥体积的一半推知,$V_{外锥鳖臑}=V_{中锥鳖臑}=\frac{1}{2}V_{阳马}$ 又 $V_{外锥鳖臑}=V_{中锥鳖臑}=V_{鳖臑}$

所以,李继闵认为:在此,刘徽实质上将"鳖臑的概念推广为底面为勾股形的三棱锥,并论证它们有同样的体积公式。"

也。并三广,以高、袤乘,六而一,皆其积也。今此羡除之广即堑堵之袤也。① 按:此本是三广不等,即与鳖臑连者。别而言之:中央堑堵广六尺,高三尺,袤七尺。末广之两旁,各一小鳖臑,皆与堑堵等。令小鳖臑居里,大鳖臑居表,则大鳖臑皆出椭皆方锥:下广三尺,袤六尺,高七尺。分取其半,则为袤三尺。以高、广乘之,三而一,即半锥之积也。邪解半锥得此两大鳖臑。求其积,亦当六而

① 对于三广不相等的羡除,假令堑堵的袤与羡除的广位于同一条直线,则共有 12 种形状的羡除。但刘徽在这里主要讨论了三种类型(下袤短者;上袤短者;上、下两袤相等者)。根据吴文俊主编《中国数学史大系》第 3 卷解释:

第一类型为堑堵之"上袤短者",如下图(白尚恕作)所示。

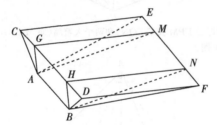

第二类型为堑堵之"下袤短者",如下图(白尚恕作)所示。

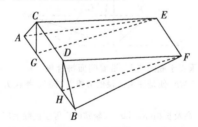

第三类型为堑堵之"上、下两袤相等者",如下图(白尚恕作)所示。

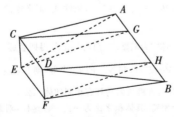

"并三广"包括堑堵之广的 3 倍、阳马之广的 2 倍及鳖臑之广的 1 倍。依注文,则

羡除的体积 $V_{羡除} = \frac{1}{6} \times$ 并三广$\times$高$\times$袤$= \frac{1}{6} \times 3 \times$堑堵广$\times$高$\times$袤$+ \frac{1}{6} \times 2 \times$阳马广$\times$高$\times$袤$+ \frac{1}{6} \times$鳖臑广$\times$高$\times$袤$=$堑堵体积$+$阳马体积$+$鳖臑体积。

一,合于常率矣。① 按:阳马之棋两邪,棋底方。当其方也,不问旁角而割之,相半可知也。推此上连无成不方,故方锥与阳马同实。角而割之者,相半之势。此大小鳖臑可知更相表里,但体有背正也。②

解题:见前法注。

草曰:并三广得二十四尺,以深三尺乘之,得七十二尺。又以袤七尺,乘之,得五百四尺,如六而一,得八十四尺。③

比类:不匠之形,穿积为用。

---

① 此段主要是求证大鳖臑的体积。

首先,大小鳖臑之分如下图所示(白尚恕作)。

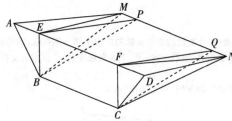

羡除两旁各有两个小鳖臑(即 B-EPM 及 C-FQN)和两个大鳖臑(即 M-EAB 和 N-FDC)。

其次,做一方锥,刘洁民作下图。

证明如下:

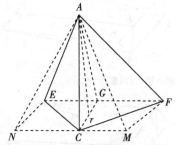

两个大鳖臑互为镜像,各有一垂直于底的侧面,沿着侧面拼合成三棱锥 ACEF。作其底 CEF 的外接矩形 EFMN,连 AM、AN,则五面体 AEFMN 便是注文所说的方锥。"椭"系指椭方 EFMN,"出椭"则系指连 AM 及连 AN 所构成的方锥 AEFMN。

已知大鳖臑的高及长与堑堵的高及长相等,因此,大鳖臑的广等于羡除上广与堑堵广之差的一半,即(10尺－6尺)÷2=2尺。而两个大鳖臑所生成的椭方锥:其下广 2尺,长 6尺,高 7尺。

设方锥广、袤、高分别为 $a=2$ 尺,$2b=6$ 尺,$h=7$ 尺,依注文,则半锥的体积 $V_{半锥}=\frac{1}{3}abh=\frac{1}{3}\times 2\times 3\times 7=14$ 尺^3

过半锥顶点及底面对角线"邪解半锥"为两鳖臑,则两半锥共得四鳖臑,其中里面左、右两鳖臑与分割羡除所得位于上广两侧的"大鳖臑"(即即 $M-EAB$ 和 $N-FDC$)全等,则 $V_{大鳖臑}=\frac{1}{2}V_{半锥}=\frac{1}{2}\times\frac{1}{3}abh=\frac{1}{6}abh$

② 这段话阐明了"邪解方锥原理":方锥与阳马具有相同的体积公式。如果将方锥或阳马沿底面对角线及其锥顶一分为二,那么,所得到的两个鳖臑,其体积之比为一比一。这样,刘徽就证明了一般非正规鳖臑即底面为勾股形的三棱锥与正规鳖臑具有相同的体积公式。

③ 已知三面是等腰梯形、两侧为直三角形的五面体形羡除,其上广 $a=6$ 尺,下广 $b=10$ 尺,末广 $c=8$ 尺,道深(或高)$h=3$ 尺,道长 $l=7$ 尺,则 $V_{羡除}=\frac{1}{6}(a+b+c)hl=\frac{1}{6}(8+10+6)\times 3\times 7=84$ 尺^3。

盈不足卷第八

盈不足十一问,并本章①,包括盈不足、两盈不足和盈朒适足三种算法。

1. 盈不足法

盈不足,以御隐杂互见。②

按③:盈者,谓之朓;不足者,谓之朒。所出率④,谓之假令。盈朒维乘两设者⑤,欲为同齐⑥之意。据"共买物,人出八,盈三;人出七,不足四"⑦,齐其假令,同其盈朒,盈朒俱十二。⑧ 通计⑨齐则不盈不朒之正数,故可并之为实。⑩ 并盈、不足为法。⑪ 齐之三十二者,是四假令,有盈十二⑫;齐之二十一者,是三假令,亦朒十二⑬。并七假令合为一实,故并三、四为法。⑭

---

① 因杨辉《详解九章算法·纂类》补之。

② 御:同驭,意即驾御和处理。隐杂互见:看不见的和超出简单比率关系的数量关系。

③ 依李继闵先生《九章算术校证》卷七的注文,本段应放在第四问之下;或以戴震之见,将此段文字分别插在术文之中,都是很正确的意见。然为了保持杨辉残篇的原貌,笔者仍以《宜稼堂丛书》本为准,不做体例上的变动。

④ 两次假设试算,如设所出率为 $x_1 y_2$(盈)、$x_2 y_1$(不足)。

⑤ 意即 x_1、y_1、x_2、y_2 四个数排列成下式 $\begin{pmatrix} x_1 & x_2 \\ y_1 & y_2 \end{pmatrix}$。若对角斜乘,则为 $x_1 y_2, x_2 y_1$。因此,所谓"维乘"就是将所出率、盈及不足排成四角筹码交错相乘。

⑥ 《微波榭刊本》作"齐同",杨辉写作"同齐",误。齐同术为盈不足术的演算过程之一。

⑦ 设人出 $x_1 = 8$,盈 $y_1 = 3$;人出 $x_2 = 7$,不足 $y_2 = 4$。

⑧ 用式子表示,则为 $\begin{pmatrix} x_1 y_2 & y_1 x_2 \\ y_2 & y_1 \end{pmatrix}$。$x_1 y_2$(盈)、$x_2 y_1$(不足)。

⑨ 指两行对应相加。

⑩ 用式子表示,则为

$$\frac{x_1 y_2 + x_2 y_1}{y_2 + y_1}。$$
$$(\text{不盈不朒})$$

⑪ 前面的"并以为实",是将 $x_1 y_2 + x_2 y_1$ 作为被除数。此处的"并盈、不足为法",是指将 $y_2 + y_1$ 作为除数。

⑫ "四假令"意即"假令的四倍","齐"是指盈朒维乘两设,"同"则是指盈朒相乘。根据题意,则:$8 = 32(x_1 y_2)$,$3 \times 4 = 12(x_2 y_1)$。

⑬ "三假令"意即"假令的三倍"。根据题意,则:$3 \times 7 = 21(x_2 y_1)$,$3 \times 4 = 12(x_1 y_2)$。

⑭ 见注释⑨和⑩。

注①云：若两设有分②者，齐其子，同其母③。此问两设俱见零分④，故齐其子，同其母。又云：令下维乘上讫⑤，以同约之⑥。不可约，故以乘同之。⑦ 所出率以少减多者⑧，余谓之设差⑨，以为少设⑩。则并盈朒是为定实。⑪ 故以少设，约法则为人数⑫，约实则为物价⑬。盈朒⑭当与少设相通⑮，不可遍约⑯，亦当分母乘⑰设差，为约法、实⑱。

术曰：置所出率⑲，盈、不足各居其下。令维乘所出率，并以为实。并盈、不足为

---

① 指刘徽之前的数学家，而戴震注本把文中的"注云"及"又云"均删去，不妥。

② "分"是指分数。

③ 设两分数为$\frac{x_1}{y_1}$，$\frac{x_2}{y_2}$，根据刘徽"率"的齐同原理，则为$\frac{x_1y_2}{y_1y_2}$，$\frac{x_2y_1}{y_1y_2}$。

④ "此问"是指列题中的第三、四两问。据《算经十书》本，"此问两设俱见零分，故齐其子，同其母"一段，应置于"第三问共买琎"注后。但是，按照杨辉编纂此书的体例和目的，他将注文并在一起，仅仅是为了编纂体例和逻辑的需要。形式逻辑中简单直言三段论式第一格：中项 M 是大前提的主项，是小前提的谓项，则结构是

$$\begin{array}{l} M-P \\ S-P \\ \hline S-P \end{array}$$

根据此格的规则及形式，则"若两设有分者，齐其子，同其母。此问两设俱见零分，故齐其子，同其母"可以表述为下面的三段论式两设有分者(M)，齐其子，同其母(P)此问(S)两设见零分(M)，故此问(S)齐其子，同其母(P)。

⑤ 实际上就是指"盈朒维乘两设"。

⑥ 用其分母约"实"。

⑦ 与上文相对，此处的"以乘同之"应为"以同乘之"。意思是说，在"不可约"的情况下，就用"并盈不足为法"去乘其分母，换言之，即是用其分母去乘"法"。

⑧ 因"所出率"称为"两设"，或云"假令"，所以令"两设"分别为 x_1、x_2，其中 $x_1>x_2$，则"以少减多"即 x_1-x_2。

⑨ 两设相减之差，称为"设差"。

⑩ 由于"两设"中，一数较多而另一数较少，因此，"设差"亦称"少差"。

⑪ 用"定实"与"泛实"相区别。

⑫ 设人数为 P，则根据题意 $P=\frac{y_2+y_1}{x_1-x_2}$。

⑬ 设物价为 Q，则根据题意 $Q=\frac{x_1y_2+x_2y_1}{x_1-x_2}$。

⑭ 此处指"并盈朒是为定实"，用式子表示则为 y_2+y_1。

⑮ "相通"的意思是说，"少设"的分母为 y_1y_2，若"并盈朒是为定实"乘以 y_1y_2，则称为"相通"。否则，即不相通。

⑯ 因为"少设"只能约实，而不能约法，故曰"不可遍约"。

⑰ 人数 $P=\frac{y_1y_2\times(y_2+y_1)}{x_1y_2+x_2y_1}$。

⑱ 假令两设都是分数，即 $\frac{x_1}{y_1}$，$\frac{x_2}{y_2}$，另设盈为 z_1，朒为 z_2，则人数为 $\frac{(z_1y_1y_2+z_2y_1y_2)}{|z_1-z_2|}$，物价为 $\frac{(x_1y_2z_2+x_2y_1z_1)}{|z_1-z_2|}$。

⑲ 若设出钱 x_1，买物 1，盈钱 y_2；每人出钱 x_2，买物 1，不足 y_2，则算式排列如下

$$\left|\begin{array}{lll} (\text{人出钱}) & x_2 & x_1 \\ (\text{买物}) & 1 & 1 \\ (\text{盈}) & y_2 & (\text{不足})y_1 \end{array}\right|$$

由上面的算式知，式中的每一行均构成了一组"率"，故术文称"所出数"为"所出率"。

法。实如法而一。①

有分者通之。②盈、不足相与同其买物者，置所出率，以少减多，余，以约法、实。实为物价，法为人数。③

其一术④曰：并盈不足为实。以所出率以少减多，余为法。实如法得一人。⑤ 以所出率乘之，减盈、增不足即物价。⑥

法⑦曰：置所出率，盈、不足各居其下。所出率，盈；所出率，朒。以盈、不足。盈，多也；不足，朒。令维乘。四维而乘。所出率。各人出率。并以为实。并已乘所出率。并盈、不足为法。相并即是人数。实如法而一。所出率为实，盈朒为法。⑧ 有分者通之。⑨ 有分者通，无分者不用。上文言单径之题⑩也。盈、不足相与同其买物者。⑪ 盈、不足又有买物之率，同列其位也。置位。

所出率	人数	盈率
所出率	人数	不足

置所出率，以少减多。副置相减。余，以约法、实。预为约法求原。实为物价，法为人数。⑫

────────────

① 设所出率即"两设"为 x_1, x_2，盈为 y_1，不足为 y_2，交错相乘得 x_1y_2 与 x_2y_1，两者相加（即"并"）得 $x_1y_2+x_2y_1$，作为被除数（即"实"）。盈与不足相加，得 y_1+y_2，作为除数。结构即 $\dfrac{x_1y_2+x_2y_1}{y_2+y_1}$（实如法而一）。

② 将带分数化为假分数。

③ 其公式为：$Q=\dfrac{y_2+y_1}{x_1-x_2}, P=\dfrac{x_1y_2+x_2y_1}{x_1-x_2}$。

④ 这里给出了推求物价和人数的另一种思路和方法，具体地讲，即两个计算物价的公式。

⑤ 依题意，则人数 $Q=\dfrac{y_2+y_1}{x_1-x_2}$。

⑥ "所出率乘之"的"之"是指人数，"所出率"即两设 x_1、x_2。依题意，则 $Q_1=x_1\dfrac{y_2+y_1}{x_1-x_2}-y_1$（减盈），$Q_2=x_2\dfrac{y_2+y_1}{x_1-x_2}+y_2$（增不足）。

⑦ 是对原"术"的具体化。

⑧ 设两个假定的钱数为所出率甲与所出率乙，则具体的解体步骤是：
$$\begin{pmatrix}所出率甲 & 所出率乙\\ 盈 & 朒\end{pmatrix}\xrightarrow{维乘}\begin{pmatrix}所出率甲\times朒 & 所出率乙\times盈\\ 盈 & 朒\end{pmatrix}\xrightarrow{相并}\begin{pmatrix}所出率甲\times朒+所出率乙\times盈\\ 盈\quad+\quad朒\end{pmatrix}$$
$$\xrightarrow{实如法而一}\left(\dfrac{所出率甲\times朒+所出率乙\times盈}{盈+朒}\right).$$

⑨ 已知数若是分数，须先通分。

⑩ 指仅用正整数进行运算的题。

⑪ $\left(\dfrac{所出率甲\times朒+所出率乙\times盈}{盈+朒}\right)$ 为平均每人应出的钱数。

⑫ $(所出率甲\quad 所出率乙)\xrightarrow{以少减多}(所出率甲-所出率乙)\rightarrow$
$$\left\{\begin{array}{l}约法\rightarrow\dfrac{盈+朒}{所出率甲-所出率乙}为人数\\ 约实\rightarrow\dfrac{所出率甲\times朒-所出率乙\times盈}{所出率甲-所出率乙}为物价\end{array}\right\}.$$

其一法曰:并盈、不足为实^①,以所出率以少减多^②。余为法,实如法而一,得人。^③位无互乘,以此术竟求人数。以所出率乘之。乘人数。减盈、增不足即物价^④也。

解题^⑤:以盈朒乘出率者,是假盈朒为母,出率为子。互乘,齐其数也。^⑥或问:先有出率而后有盈朒,今不以所出率乘盈朒,而以盈朒乘出率者何? 议曰:上下相乘,其理则一,欲存盈朒并为人数,故以盈朒而乘出率,此之谓也。又问:并盈朒为人数何? 议曰:盈数为母,已乘出率;朒数为母,已乘出率,二子既并,而盈朒者,故亦并之为人,此作法之意,不亦隐乎。

(1) 今有共买物,人出八,盈三;人出七,不足四。问人数、物价各几何?

答曰:人七人,物价五十三。^⑦ 此术意谓:盈、不足为众人之差,以所出率以少减多,余为一人之差。^⑧ 以一人之差约众人之差,故得人数也。

解题:隐互为题,法按后草。

草^⑨曰:以盈、不足。盈三文,不足四。令维乘所出率。维乘即是互乘,以盈三乘出七为二十一,不足四乘出八为三十二。并以为实。并得五十三。并盈、不足为法。三四得七。实如法而一。实五十三为物价,法七为人数。

比类^⑩:旧例支银,人给八两,回纳三两;人给七两,申添四两。问:本银、原人各几何?

答曰:原银五十三两,旧给七人。^⑪

草曰:回三两,添四两,互乘七两、八两,求之。

(2) 今有共买鸡,人出九,盈十一;人出六,不足十六。问:人数、鸡价各几何?

---

① 盈＋不足。

② |所出率甲－所出率乙|。

③ 人数＝$\dfrac{\text{盈}＋\text{朒(不足)}}{\text{所出率甲}－\text{所出率乙}}$

④ 物价＝$\begin{cases}\dfrac{\text{盈}＋\text{朒}}{\text{所出率甲}－\text{所出率乙}}×\text{所出率}－\text{盈}\\[3mm]\dfrac{\text{盈}＋\text{朒}}{\text{所出率甲}－\text{所出率乙}}×\text{所出率乙}＋\text{朒}\end{cases}$

⑤ 内容包括对名词术语的说明、解释题意、分析作题的方法及分析题的算法类型。

⑥ 设出率为 x_1、x_2,盈为 y_1,朒为 y_2,则 $\dfrac{x_1}{y_1}$、$\dfrac{x_2}{y_2}$。

$\begin{vmatrix} x_1 & x_2 \\ y_1 & y_2 \end{vmatrix} \xrightarrow{\text{互乘}} \begin{vmatrix} x_1y_2 & x_2y_1 \end{vmatrix}$（齐其子）

⑦ 设 $x_1=8$,$y_1=3$;$x_2=7$,$y_2=4$,人数为 Q,物价为 P,则 $Q=\dfrac{3+4}{8-7}=7$　$P=\dfrac{8×4+7×3}{8-7}=53$。

⑧ 设差(x_1-x_2)系每人两次所出钱之差,盈与朒之并(y_1+y_2)是众人两次出钱的总金额之差。故人数应为"一人之差"与"众人之差"的积,即 $y_1+y_2=Q(x_1-x_2)$,得人数 $Q=\dfrac{y_1+y_2}{x_1-x_2}$。

⑨ 指用文字语言记述其运算过程。

⑩ 比类是指以宋代的应用题、新的数学方法跟《九章算术》里的某些方法进行类比,而此处的"比类"则是指原题的换一种说法,含有算法、算术同理之义。

⑪ 具体计算过程见注释②。

答曰：九人，鸡价七十。①

（3）今有共买琎（一云准），人出半，盈四；人出少半，不足三。问：人数、琎价各几何？

答曰：四十二人，琎价十七。②

解题：法云，有分者通之③，即此问。

草曰：有分者通④之。出二分之一，盈四，二通为八。出三分之一，少三，三通为九。⑤ 以盈、不足维乘所出率。盈八，乘三分之一，得八；亏九，乘二分之一，得九。⑥ 并之以为实。得十七，为物价。⑦ 并盈、不足为法。出率分母三互乘，盈八；分母二互乘，亏九，并得四十二，为人数。以法除之，合问。

其一草曰：并盈。四以二通八，以出率三分乘，为二十四。⑧ 不足为实。不足三以三通为九，出率二分乘得十八，并之得四十二。⑨ 以所出率。二分之一、三分之一互乘，其二分之一得三，其三分之一得二。少减多，余一为法，实如法而一。四十二人。以所出率乘之，减盈、增不足，即物价也。出二分之一乘四十二人，以二分除得二十一，减盈四得十七。⑩ 又出率三分

---

① 设 $x_1 = 9, y_1 = 11; x_2 = 6, y_2 = 16$。人数为 Q，鸡价为 P，则 $Q = \dfrac{11+16}{9-6} = 9$　$P = \dfrac{9 \times 16 + 6 \times 11}{9-6} = \dfrac{210}{3} = 70$。

② 设 $x_1 = \dfrac{1}{2}, y_1 = 4; x_2 = \dfrac{1}{3}, y_2 = 3$，人数为 Q，琎价为 P，则 $Q = \dfrac{4+3}{\frac{1}{2}-\frac{1}{3}} = \dfrac{7}{\frac{3}{6}-\frac{2}{6}} = \dfrac{7}{\frac{1}{6}} = 6 \times 7 = 42$，

$P = \dfrac{\frac{1}{2} \times 3 + \frac{1}{3} \times 4}{\frac{1}{2}-\frac{1}{3}} = \dfrac{\frac{3}{2}+\frac{4}{3}}{\frac{3}{6}-\frac{2}{6}} = \dfrac{\frac{17}{6}}{\frac{1}{6}} = \dfrac{17}{6} \times 6 = 17$。

③ 即指通分数。

④ "通"是除的意思。

⑤ $4 \div \dfrac{1}{2} = 4 \times 2 = 8, 3 \div \dfrac{1}{3} = 3 \times 3 = 9$。

⑥ 设 $x_1 = \dfrac{1}{2}, y_1 = 4; x_2 = \dfrac{1}{3}, y_2 = 3$，则 $3 \times \dfrac{1}{2} + 4 \times \dfrac{1}{3} = \dfrac{3}{2} + \dfrac{4}{3} = \dfrac{9}{6}$（亏九，乘二分之一，得九）$+ \dfrac{8}{6}$（盈八，乘三分之一，得八）。

⑦ 物价 $P = \dfrac{\frac{9}{6}+\frac{8}{6}}{\frac{1}{2}-\frac{1}{3}} = \dfrac{\frac{17}{6}}{\frac{1}{6}} = 17$。

⑧ 依草算，则 $4 \div \dfrac{1}{2} \times 3 = 24$。

⑨ 依草算，则 $3 \div \dfrac{1}{3} \times 2 = 18, 24 + 18 = 42$（并之得四十二）。

⑩ 物价 $P = x_1 \left(\dfrac{y_1 + y_2}{x_1 - x_2} \right) - y = \dfrac{1}{2} \times \left(\dfrac{4+3}{\frac{1}{2}-\frac{1}{3}} \right) - 4$（减盈）$= \dfrac{7}{2} \times 6 - 4 = 17$。

之一,乘四十二人,以三分除得十四,增不足三,亦十七^①,即物价也。

　　比类:买物,三人共出一百,亏三百文;二人共出一百,盈四百文。问:人数、物价各几何?

　　答曰:四十二人,价一贯七百^②。

　　此题以总人共钱买物,是隐其分也,使后学知两题则一。

　　(4) 今有共买牛,七家共出一百九十,不足三百三十;九家共出二百七十,盈三十。问:家数、牛价各几何?

　　答曰:一百二十六家,牛价三千七百五十。^③ 按:此术并盈、不足者,为众家之差,故以为实。置所出率,各以家数除之,各得一家所出率以少减多者,得一家之差以除,即家数;以出率乘之,减盈、增不足,故得牛价^④也。

　　解题:注云,盈、不足相与同其买物者^⑤,即是此问。

　　草曰:置所出率、盈、不足,各居其下。

　　　　　　　　　出一百九十　　　七家　　　亏三百三十
　　　　　　　　　出二百七十　　　九家　　　盈三十^⑥

---

① 物价 $P = x_2\left(\dfrac{y_1+y_2}{x_1-x_2}\right) + y_2 = \dfrac{1}{3}\left(\dfrac{4+3}{\frac{1}{2}-\frac{1}{3}}\right) + 3(增不足) = \dfrac{1}{3} \times \dfrac{7}{\frac{1}{6}} + 3 = 14 + 3 = 17$。

② 设 $x_1 = 100 \times \dfrac{1}{2}$, $y_1 = 400$; $x_2 = 100 \times \dfrac{1}{3}$, $y_2 = 400$,则人数 $Q = \dfrac{y_1+y_2}{x_1-x_2} = \dfrac{400+300}{100 \times \frac{1}{2} - 100 \times \frac{1}{3}} =$

$\dfrac{700}{50-\frac{100}{3}} = \dfrac{210}{50} = 42$ 物价 $P = \dfrac{x_1 y_2 + x_2 y_1}{x_1 - x_2} = \dfrac{50 \times 300 + \frac{100}{3} \times 400}{50 - \frac{100}{3}} = \dfrac{45000 + 40000}{50} = 1700$。

③ 设 $x_1 = 270 \times \dfrac{1}{9}$, $y_1 = 30$(盈); $x_2 = 190 \times \dfrac{1}{7}$, $y_2 = 330$(不足),则户数 $Q = \dfrac{y_1+y_2}{x_1-x_2} =$

$\dfrac{30+330}{270 \times \frac{1}{9} - 190 \times \frac{1}{7}} = \dfrac{360}{30 - \frac{190}{7}} = 126$。

牛价 $P = \dfrac{x_1 y_2 + x_2 y_1}{x_1 - x_2} = \dfrac{\left(270 \times \frac{1}{9} \times 330\right) + \left(190 \times \frac{1}{7} \times 30\right)}{30 - \frac{190}{7}} = \dfrac{9900 + \frac{5700}{7}}{\frac{20}{7}} = \dfrac{69300 + 5700}{20} = 3750$。

④ 这里给出了计算牛价的另外两种方法,即减盈和增不足。依题意,牛价 $P = x_1\left(\dfrac{y_1+y_2}{x_1-x_2}\right) - y_1 = 270 \times$

$\dfrac{1}{9} \times \left(\dfrac{30+330}{30 - \frac{190}{7}}\right) - 30 = 30 \times 126 - 30 = 3750$。

牛价 $P = x_2\left(\dfrac{y_1+y_2}{x_1-x_2}\right) + y_2 = 190 \times \dfrac{1}{7} \times \left(\dfrac{30+330}{30 - \frac{190}{7}}\right) + 330 = \dfrac{190}{7} \times 126 + 330 = 3420 + 330 = 3750$。

⑤ 意即由盈、不足所求人数和物价是。

⑥ 用算式排列,则 $\begin{vmatrix} 190 \times \frac{1}{7} & 330(不足) \\ 270 \times \frac{1}{9} & 30(盈) \end{vmatrix}$。

盈、不足相与同其买物者,置所出率以少减多①,余,以约法、实②。此问有一,假户数求齐,不可直减。③ 今以户数为母,出率为子,互乘用副置,相减为约法,母乘为户积,出一贯七百一十六,十三家亏三百三十;出一贯八百九十六,十三家盈三十,副置出率,以少减多,余一百八十为约法。盈、不足令维乘所出率,并之为实,并盈、不足乘户率为法。出五十一贯三百文,出六百二十三贯七百,并之为实,并盈、不足三百六十,以户积六十三乘,得共二万二千六百八十家。以法。一百八十。除之,合问。

比类:给绢五人共三疋,剩一疋;其六人共四疋,少一疋。问:人、绢各几何?

答曰:三十人,十九疋。④

草曰:分三疋⑤,五人剩一疋;分四疋⑥,六人少一疋,如前法求。

2. 两盈不足法

两盈不足法曰:置所出率,盈、不足各居其下。令维乘所出率,以少减多,余为实。两盈、不足以少减多,余为法。实如法而一。

(5) 今有共买金,人出四百,盈三千四百;人出三百,盈一百。问:人数、金价各几何?

答曰:三十三人,金价九千八百。⑦

解题:此问上下皆盈,故曰两盈。⑧

两盈、不足法曰:置所出率,盈、不足各居其下。

出四百　　一人　　盈三贯四百

出三百　　一人　　盈一百文

---

① $270 \times \frac{1}{9} - 190 \times \frac{1}{7} = \frac{20}{7}$(为余数),"以少减多"是指用较小的数作为减数去减较大的数。

② (实)$\frac{75000}{7} \div$(余)$\frac{20}{7} = \frac{75000}{7} \times \frac{7}{20} = 3750$(为牛价),(法)$360 \div$(余)$\frac{20}{7} = 126$(为户数)。

③ 对于$\left(270 \times \frac{1}{9}\right) - 190 \times \frac{1}{7}$的算法,"不可直减"即不能用$\frac{270}{9} - \frac{190}{7}$,正确的算法应当是$30 - \frac{190}{7}$。

④ 设$x_1 = 3 \times \frac{1}{5}$,盈$y_1 = 1$;$x_2 = 4 \times \frac{1}{6}$,不足$y_2 = 1$,人数为$Q$,绢疋为$P$,则依题意$Q = \frac{y_1 + y_2}{|x_1 - x_2|} = \frac{1+1}{\left|\frac{3}{5} - \frac{4}{6}\right|} = \frac{2}{\frac{2}{30}} = 30$,$P = \frac{x_1 y_2 + x_2 y_1}{|x_1 - x_2|} = \frac{3 \times \frac{1}{5} + 4 \times \frac{1}{6}}{3 \times \frac{1}{5} - 4 \times \frac{1}{6}} = \frac{\frac{38}{30}}{\frac{2}{30}} = 19$。

⑤ "分三疋",即$\frac{3}{5}$。

⑥ "分四疋",即$\frac{4}{6}$。

⑦ 设$x_1 = 400$,$y_1 = 3400$;$x_2 = 300$,$y_2 = 100$,人数为Q,物价为P,则依题意$P = x_1 \frac{y_1 - y_2}{x_1 - x_2} - y_1 = 400 \times \frac{3400 - 100}{400 - 300} - 3400 = 13200 - 3400 = 9800$,$Q = \frac{y_1 - y_2}{x_1 - x_2} = \frac{3400 - 100}{400 - 300} = 33$。

⑧ 两盈问题是盈不足术的重要类型之一。

令维乘所出率，以少减多，余为法、实。先以人数互乘出率，以少减多，余为法。次以盈、不足维乘，以少减多，余为实也。出四贯文，盈三贯四百；出一千二十贯，盈一百文。两盈、两不足以少减多，余为人实。价实九百八十贯，人实三千三百。法。一百。实如法而一。前题盈、不足为问，以盈、不足为母，出率为子，互乘犹合分也。今问以两盈、两不足为分母，以所出率为分子，互乘各以少减多，犹减分也。[①]

（6）今有共买羊，人出五，不足四十五；人出七，不足三。问：人数、羊价各几何？

答曰：二十一人，羊价一百五十。[②]

3. 盈朒适足法

（7）今有共买犬，人出五，不足九十；人出五十，适足。问：人数、犬价各几何？

答曰：二人，犬价一百。[③] 此术意谓：以所出率以少减多，余者[④]是一人，不足之差，不足数为众人之差，以一人差约之，故得人之数也。

盈、朒、适足法曰：置所出率，盈、朒、适足，各居其下。有盈无朒，有朒无盈，此乃总法，故言盈、朒。副置出率以少减多，余为约法。盈、朒适足，令维乘所出率为实。犹母互乘子也，适足维乘去之。以求物价。有盈无朒，有朒无盈，亦总法也。盈、朒以为人实。实如约而一。[⑤]

其一法曰：以盈或不足之数为实。置所出率，以少减多，余为法。实如法而得一人，以适足出率乘人，为物价也。

草曰（此问无盈）：置所出率，不足、适足各居其下。出五文，不足九十；出五十，适足。副置所出率以少减多，余。五十四。为约法。令不足、适足维乘出率为实。出空，不足九十；四千五百，适足。以不足。九十。为人实。出率之实为物价，积不足实为人积。皆如约

---

① 具体的运算过程是 $\begin{pmatrix} 400 & 300 \\ 3400 & 100 \end{pmatrix} \xrightarrow{\text{维乘}} \begin{pmatrix} 40000 & 1020000 \\ 3400 & 100 \end{pmatrix} \xrightarrow{\text{以少减多，实如法而一}} \dfrac{980000（实）}{3300（法）}$，若以 100 约实，得 9800（金价）；若以 100 约法，得 33（人数）。

② 此题为两不足，依题意，设 $x_1=5$，（不足）$y_1=45$；$x_2=7$，（不足）$y_2=3$，人数为 Q，羊价为 P，则 $P=x_1 \dfrac{y_1-y_2}{|x_1-x_2|}+y_1=5 \times \dfrac{45-3}{|5-7|}+45=105+5=150$，$Q=\dfrac{y_1-y_2}{|x_1-x_2|}=\dfrac{45-3}{|5-7|}=21$。

③ 此为"一不足一适足"问题。设 $x_1=5$（不足）$y_1=90$；$x_2=50$，（适足）$y_2=0$，人数为 Q，犬价为 P，则 $P=x_1 \dfrac{y_1-y_2}{|x_1-x_2|}+y_1=5 \times \dfrac{45-3}{|5-7|}+90=100$，$Q=\dfrac{y_1-y_2}{|x_1-x_2|}=\dfrac{90}{|5-50|}=2$。

④ 戴震辑录本写作"者余"，其整句话应断为"以所出率以少减多者，余是一人不足之差"。

⑤ 设所出率为 x_1、x_2，盈为 y_2，适足为 $y_2=0$，物价为 P，则 $\begin{pmatrix} x_1 & y_1 \\ x_2 & y_2 \end{pmatrix} \xrightarrow{\text{维乘}}$ $\begin{pmatrix} x_1y_2 & x_2y_1 \\ x_1 & x_2 \end{pmatrix} \xrightarrow{\text{适足维乘去之，副置出率以少减多}}$ $\begin{pmatrix} & x_2y_1 \\ & - & x_2 \end{pmatrix}$。因此，物价 $P=\dfrac{x_2y_1}{|x_1-x_2|}$。另，设所出率为 x_1、x_2，盈为 $y_1=0$，适足为 y_2，物价为 P，则 $\begin{pmatrix} x_1 & y_1 \\ x_2 & y_2 \end{pmatrix} \xrightarrow{\text{维乘}}$ $\begin{pmatrix} x_1y_2 & x_2y_1 \\ x_1 & x_2 \end{pmatrix} \xrightarrow{\text{适足维乘去之，副置出率以少减多}}$ $\begin{pmatrix} x_1y_2 & \\ x_1 & - & x_2 \end{pmatrix}$。因此，物价 $P=\dfrac{x_1y_2}{|x_1-x_2|}$。

法。四十五。而一①,合问。

其一:以不足。九十。为实,所出率。出五文,出五十。以少减多,余。四十五。为法。实如法而一。得二人。以适足。五十。乘人数。二。得物价。一百。②合问。

(8) 今有共买豕,人出一百,盈一百;人出九十,适足。问:人数、豕价各几何?

答曰:一十人,豕价九百。③

(9) 今有蒲生一日,长三尺;莞生一日,长一尺。蒲生日自半;莞生日自倍。④ 问:几何日而长等?

答曰:二日十三分日之六,各长四尺八寸一十三分寸之六。

术曰:假令二日,不足一尺五寸;令之三日,有余一尺七寸半。按:假令二日,不足一尺五寸者,蒲生二日,长四尺五寸;莞生二日,长三尺;是为未相及一尺五寸,故曰不足。令之三日,有余一尺七寸半者,蒲增前七寸半,莞增前四尺,是为过一尺七寸半,故曰有余。以盈、不足乘除之。又以后一日所长,各乘日分子,如日分母而一,日各得日分子之长也,故各增二日定长,即得其数。⑤

术曰:假令二日不足一尺五寸。二日内蒲长四尺五寸,莞长三尺,蒲莞相较是不足一尺五寸。

---

① 设 $x_1 = 5$, $x_2 = 50$; $y_1 = 90$, $y_2 = 0$, 犬价为 P, 则 $P = \begin{pmatrix} 5 & 50 \\ (\text{不足})90 & (\text{适足})0 \end{pmatrix} \xrightarrow{\text{维乘}}$

$\begin{pmatrix} 0 & 50\times90 \\ 5 & 50 \end{pmatrix} \xrightarrow{\text{适足维乘去之,副置出率以少减多}} \begin{pmatrix} & 4500 \\ 5 & - & 50 \end{pmatrix} \xrightarrow{\text{以 45 约实}} (100)$。

② 依题意,则 $\dfrac{(\text{实})90}{|(\text{法})5-50|} = \dfrac{90}{45} = 2$, 犬价 $P = 2\times(\text{适足})50 = 100$。

③ 设 $x_1 = 100$, $x_2 = 90$; $y_1 = 100$, $y_2 = 0$, 豕价为 P, 人数为 Q, 则 $P = \dfrac{x_2 y_1}{x_1 - x_2} = \dfrac{90\times100}{100-90} = 900$, $Q = \dfrac{y_1}{x_1-x_2} = \dfrac{100}{100-90} = 10$。

④ 这是一个等比数列问题,文中"莞"即水葱。其中"蒲生一日,长三尺"设为该数列的首项,"日自半"(即当日生长的长度为前一天的一半)为该数列的公比;又,"莞生一日,长一尺"是该数列的首项,而"日自倍"(即当日生长的长度为前一天的 2 倍)为该数列的公比。设 x 日莞蒲等长,由等比求和公式,蒲长 $= \dfrac{3\left(1 - \dfrac{1}{2^x}\right)}{1 - \dfrac{1}{2}} =$

$6\left|1 - \dfrac{1}{2^x}\right| = 2^x - 1$ 莞长 $= \dfrac{1(1-2^x)}{1-2}$ 由题意知 x 满足方程 $6\left|1 - \dfrac{1}{2^x}\right| = \dfrac{1(1-2^x)}{1-2}$, 化简得指数方程 $6 - 6\times 2^x - 2^x + 2^{2x} = +2^{2x} - 7\times 2^x + 6 = 0$, 解得 $x = \log_2 6 = 1 + \log_2 3$。

⑤ 依照术文的解题思路,设蒲增长的速度为 V_1, 莞增长的速度为 V_2, 时间为 t, 则

$$V_1 = \begin{cases} 3, t\in[0,1) \\ 3\times\dfrac{1}{2}, t\in[0,1) \\ 3\times\dfrac{1}{2^2}, t\in[1,2) \\ 3\times\dfrac{1}{2^3}, t\in[2,3) \\ 3\times\dfrac{1}{2^{n-1}}, t\in[n-1,n) \end{cases}, \quad V_2 = \begin{cases} 1, t\in[0,1) \\ 2, t\in[1,2) \\ 2^2, t\in[2,3) \\ 2^3, t\in[3,4) \\ 2^{n-1}, t\in[n-1,n) \end{cases} \quad 。$$

令之三日有余一尺七寸半。三日内蒲长二尺五寸半,莞长七尺,蒲莞相较乃余一尺七寸半,求等长故以蒲莞相较。①

草曰:置盈、不足

二日　　　不足一尺五寸

三日　　　有余一尺七寸半

维乘得。三尺五寸,不足一尺五寸,四尺五寸,有余一尺七寸半。并乘日为实,并盈、不足为法。三尺二寸半。实如法而一,合问。②

求蒲长日以第三日长。七寸半。以日分子。六。乘之,如日分母而一。得三寸不尽,六加前二日。合问。③

求莞长日以第三日长。四尺。以日分子。六。乘之,如日分母而一。得一尺八寸不尽,六加前二日。合问。④

(10) 今有良马与驽马发长安至齐。齐去长安三千里。良马初日行一百九十三里,日增一十三里;驽马初日行九十七里,日减半里。良马先至齐,复还迎驽马。问:几何日相逢及各行几何?⑤

答曰:一十五日一百九十一分日之一百三十五而相逢。良马行四千五百三十四里一百九十一分里之四十六;驽马行一千四百六十五里一百九十一分里之一百四

---

① 另,设三日内蒲长为 p_1,三日内莞长为 p_2,则 $p_1 = \begin{cases} 3t \\ 3 + \frac{3}{2}(t-1) \\ 3 + \frac{3}{2} + \frac{3}{4}(t-2) \end{cases}$, $p_2 = \begin{cases} t \\ 1 + 2(t-1) \\ 1 + 2 + 2^2(t-2) \end{cases}$ 。

具体言之,假设经过2日,蒲长为 $p_1 = 3 + \frac{3}{2} = 4.5$ 尺,莞长为 $p_2 = 1 + 2(2-1) = 3$ 尺,莞相对于蒲不足 4.5尺－3尺＝1.5尺;假设经过3日,蒲长为 $p_1 = 3 + \frac{3}{2} + \frac{3}{4} = 5.25$ 尺,莞长为 $p_2 = 1 + 2(2-1) + 2^2(3-2) = 7$ 尺,莞相对于蒲多余 7尺－5.25尺＝1.75。这样,整个问题就转变成了一个盈不足问题。

② 依题意,设 $x_1 = 2$ 日,$y_1 = 15$ 寸,$x_2 = 3$ 日,$y_2 = 17\frac{1}{2}$ 尺。相会日数为 p。则列算式:

$$\begin{vmatrix} 2 & 3 \\ 15 & 17\frac{1}{2} \end{vmatrix} \xrightarrow{\text{维乘}} \begin{vmatrix} 2 \times 17\frac{1}{2} & 3 \times 15 \\ 15 & 17\frac{1}{2} \end{vmatrix} \xrightarrow[\text{并盈不足为法}]{\text{并乘日为实}} \frac{35+45}{32\frac{1}{2}} \xrightarrow{\text{实如法而一}} 2\frac{6}{13} \text{日}。$$

③ 由于蒲、莞的生长,每日均以等比级数变化,因此,欲计算其一日之内的生长,须按照均匀变化来处理。这样,当我们用盈不足术求解时,即可以将所求天数确立在2日多不到3日。在这种条件下,于其不到一天的局部可采用盈不足术作"线性拟合",给出局部近似值。其计算过程是蒲长＝ $30 + 15 + 7\frac{1}{2} \times \frac{6}{13} = 45 + \frac{15}{2} \times \frac{6}{13} = 48\frac{6}{13}$ 寸。

④ 将原文中的数量单位由"尺"换算为"寸",则莞长＝ $10 + 20 + 40 \times \frac{6}{13} = 30 + 18\frac{6}{13} = 48\frac{6}{13}$ 寸。

⑤ 本题为一等差数列,其中良马日速呈递增等差数列,而驽马日速则呈递减等差数列。

十五。

术曰：假令十五日，不足三百三十七里半；令之十六日，多一百四十里。[①] 以盈、不足维乘假令之数，并而为实。并盈、不足为法。实如法而一，得日数。不尽者，以等数除之而命分。[②]

求良马行者：十四乘益疾里数[③]，以并良马初日之行。又加良马初日之行里数而半之，乘十五日，得良马十五日之凡行。又以十五乘益疾里数，加良马初日之行里数。以乘日分子，如日分母而一。所得及其不尽而命分，加于前良马凡行里数即得。[④]

求驽马行者：以十四乘半里，以减驽马初日之行里数，余以并初日之行，又半之，乘十五日，得驽马十五日之凡行。又以十五日乘半里，以减驽马初日之行，余以乘日分子，如日分母而一。所得，加前里，即驽马定行里数。其奇半里者，为半法。以半法

---

① 假设良马、驽马分别以平均加速度、平均减速度行走，另设两马相逢日数为 p，则有下面的连续函数式：

$$\left[193+\frac{13}{2}(x-1)\right]p+\left[97-\frac{\frac{1}{2}}{2}(p-1)\right]p=6000。$$

化简成一元二次方程式为 $p^2+45\frac{2}{5}p-960=0$。

如果将两马行程 y 看成是相逢日数 x 的函数，则上式可写作 $y=6\frac{1}{4}p^2+283\frac{7}{4}p-6000$。

依题意，令 $p=15$，则 $y=6\frac{1}{4}\times15^2+283\frac{7}{4}\times15-6000=\left(-337\frac{1}{2}\right)$。

令 $p=16$，则 $y=6\frac{1}{4}\times16^2+283\frac{7}{4}\times16-6000=140$。

② 按照术文，则良马 15 日行程为 $15\times193+15\times14\times13\div2=4260$ 里，驽马 15 日的行程为 $15\times97+15\times14\times(-0.5)\div2=1402.5$ 里。

不足：$6000-4260-1402.5=337.5$ 里。良马 16 日行程为 $16\times193+16\times15\times13\div2=4648$ 里。驽马 16 日的行程为 $16\times97+16\times15\times(-0.5)\div2=1492$ 里 盈：$4648+1492-6000=140$ 里。

设两马相逢日数为 p。$x_1=15$ 日，$y_1=337.5$ 里，$x_2=16$ 日，$y_2=140$ 里，代入盈不足公式，则 $p=\dfrac{x_1y_2+x_2y_1}{y_1+y_2}=\dfrac{15\times140+16\times337.5}{337.5+140}=15\frac{135}{191}$ 日。

③ 益疾里：即良马日增里数，在此指递增等差数列的公差，即 13 里。

④ 设 a_1 为初日所行，d 为日疾里数即公差，则这段文字相当于给出了等差级数的前 n 项和公式 $S_n=\left[\dfrac{(n-1)d}{2}+a_1\right]n$。

假设 15 日两马相逢，则良马行 $S_{15}=\left(\dfrac{14\times13}{2}+193\right)\times15=4260$ 里。

良马第 16 日的速率为 $193+15\times13=388\dfrac{里}{日}$。

增残分，即得。其不尽者而命分。① 按："令十五日，不足三百三十七里半者"，据良马十五日凡行四千二百六十里，除先去齐三千里，定还迎驽马一千二百六十里；驽马十五日凡行一千四百二里半，并良、驽二马所行，得二千六百六十二里半。课于三千里，少三百三十七里半，故曰不足。令之十六日，多一百四十里者，按良马十六日凡行四千六百四十八里，先除去齐三千里，定还迎驽马一千六百四十八里。驽马十六日凡行一千四百九十二里，并良、驽二马所行，得三千一百四十里。课于三千里，余有一百四十里，故谓之多也。以盈、不足维乘假令之数，并而为实，并盈、不足为法，"实如法而一，得日数"者，即设差不盈不朒之正数。② 以二马初日所行里乘十五日，为十五日平行数。求初末益疾减迟之数者，并一与十四，以十四乘而半之，为中平之积。又令益疾减迟里数乘之，各为减益之中平里。故各减益平行数，得一十五日定行里。若求后一日，以十六日之定行里数乘日分子，如日分母而一，各得日分子之定行里数。③ 故各并十五日定行里，即得。其驽马"奇半里"者，法为全里之分，故破半里为半法，以增残分，即合所问也。

———————

① 假设 15 日两马相逢，则驽马行 $S_{15}=\left(\dfrac{14\times\frac{1}{2}}{2}+97\right)\times15=1402\frac{1}{2}$ 里。驽马第 16 日的速率为 $97+15\times(-0.5)=89.5\dfrac{里}{日}$。两马的速率和是 $388+89.5=477.5\dfrac{里}{日}$。此时两马的距离为 337.5 里，所以两马在 16 日相逢的时间为 $t=\dfrac{337.5}{477.5}=\dfrac{135}{191}$ 日。良马第 16 日仅走 $(193+13\times15)\dfrac{135}{191}=274\dfrac{46}{191}$ 里。良马的实际行程为 $4260+274\dfrac{46}{191}=4534\dfrac{46}{191}$ 里。文中所说"以十四乘半里"中的"半里"，实系驽马每日递减的里数，名曰"减迟"，亦即递减等差数列的公差。驽马 15 日的行程为 $S_{15}=\left(97-\dfrac{\frac{1}{2}\times14}{2}\right)15=1402\frac{1}{2}$ 里，其第 16 日仅走 $\left(97-\dfrac{1}{2}\times15\right)\dfrac{135}{191}=63\dfrac{49\frac{1}{2}}{191}$ 里。驽马的实际行程为 $1402\frac{1}{2}+63\dfrac{49\frac{1}{2}}{191}=1465\dfrac{145}{191}$ 里。其中，奇零数 $\frac{1}{2}$，可视为 $\dfrac{\frac{191}{2}}{191}=\dfrac{95\frac{1}{2}}{191}$，这就是"半法"的意思，而 $\dfrac{49\frac{1}{2}}{191}$ 则为"残分"。"半法"和"残分"相加，即得 $\dfrac{145}{191}$。

② 用盈不足术计算，得到的"实"为：$15\times140+16\times337\frac{1}{2}=7500$"法"为：$337\frac{1}{2}+140=477\frac{1}{2}$所谓"不盈不朒之正数"是指 $7500\div477\frac{1}{2}=15\dfrac{135}{191}$，也就是两马相逢的日数。

③ 把良马 15 日每天所行里数相加：$193+(193+13)+(193+13\times2)+(193+13\times3)+\cdots+(193+13\times14)=193\times15+(1+2+3+4+\cdots+14)\times13=2895+(1+14)\dfrac{14}{2}\times13=4260$ 其中，$193\times15=2895$ 为"平行数"，13 为"益疾"，$(1+14)\dfrac{14}{2}$ 为"中平之积"，$(1+14)\dfrac{14}{2}\times13=1365$ 为"中平里"，4260 为"定行里"。把驽马 15 日每天所行里数相加：$97+\left(97-\dfrac{1}{2}\right)+\left(97-\dfrac{1}{2}\times2\right)+\left(97-\dfrac{1}{2}\times3\right)+\cdots+\left(97-\dfrac{1}{2}\times14\right)=97\times15+(1+2+3+\cdots+14)\times\dfrac{1}{2}=1455-(1+14)\times\dfrac{14}{2}\times\dfrac{1}{2}=1455-52\frac{1}{2}=1402\frac{1}{2}$其中，$97\times15=1455$ 为"平行数"，$\dfrac{1}{2}$ 为"减迟"，$(1+14)\times\dfrac{14}{2}$ 为"中平之积"，$(1+14)\times\dfrac{14}{2}\times\dfrac{1}{2}=52\frac{1}{2}$ 为"中平里"，$1402\frac{1}{2}$ 为"定行里"。

解题：良马先至齐,回长安,往复乃是六千里。术故并二马之程,取用详见图草。

术曰：假令十五日,不足三百三十七里。良马初行一百九十三里,第十五日行三百七十五里,本日行一百九十三里,加上十四日倍增十三里数,并始终程里折半,以十五日乘得四千二百六十里。驽马初行九十七里,第十五日行九十里。日原行九十七里,十四日累减半里数,并始终程里,以十五日乘之,折半,得一千四百二里半。并二马共行得五千六百六十二里半,课于六千里,不足三百三十七里半。

令之十六日,多一百四十里。良马初行一百九十三里,第十六日行三百八十八里,并之以十六日,相乘折半,得四千六百四十八里。驽马初行九十七里,第十六日行八十九里半,并之,以十六日相乘,折半,得一千四百九十二里,并两马共行六千一百四十里。课于六千,多一百四十。

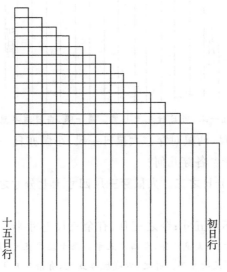

直一眼,当日行一百九十三里。方一眼,当日增一十三里。

草曰：置盈、不足,日分里数。十五日,少三百三十七里半;十六日,多一百四十里。维乘。十五日,得二千一百日;十六日,得五千四百日。并日为实。日得七千五百。并盈、不足为法。得四百七十七里半。除之。得十五日,余约之,得一百九十一分之一百三十五。求良马行者,初日并第十五日行。得五百六十八里。十五日乘而半之。得四千二百六十里。别置第十六日所行里数。三百八十八里。乘日分子。一百三十五里。以分母。一百九十一。除之。得二百七十四里一百九十一分之四十六。并前十五日积里,合问。求驽马行者,初日并第十五日行。得一百八十七里。十五日乘而半之。得一千四百二里二分里之一。别置第十六日所行里数。八十九里二分之一。乘日分子。一百三十五。有分者通之。二通八十九里,内子一得一百七十九,以日子一百三十五乘得二万四千一百六十五。分母除之。倍母,得三百八十二,不折上数,故倍除母,得六十三里三百八十二分之九十九。并前十五日积里。得一千四百六十五里,其二分里之一,当依三百八十二为母,作一百九十一,并九十九与母,皆半之,得一百九十一分里之一百四十五。

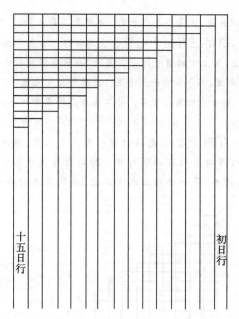

直一眼，当日行九十七里。匾一眼，当日减半里。

（11）今有垣厚五尺，两鼠对穿。大鼠日一尺，小鼠亦日一尺。大鼠日自倍，小鼠日自半。问几何日相逢？各穿几何？

答曰：二日一十七分日之二。大鼠穿三尺四寸十七分寸之十二，小鼠穿一尺五寸十七分寸之五。

术曰：假令二日，不足五寸；令之三日，有余三尺七寸半。大鼠日倍，二日合穿三尺；小鼠日自半，合穿一尺五寸；并大鼠所穿，合四尺五寸。课于垣厚五尺，是为不足五寸。令之三日，大鼠穿得七尺，小鼠穿得一尺七寸半。并之，以减垣厚五尺，有余三尺七寸半。以盈、不足术求之，即得。[①] 以后一日所穿乘日分子，如日分母而一，即各得日分子之中所穿。故各增二日定穿，即合所问也。

术曰：二日，不足五寸。二日内，大鼠行三尺，小鼠行一尺五寸，共四尺五寸。课于五尺，少五寸。令之三日，有余三尺七寸半。三日内，大鼠行七尺，小鼠行一尺七寸半，共八尺七寸半。课于

---

① 设大鼠第 n 天挖 a_n 尺，小鼠第 n 天挖 b_n 尺，则 $a_1=1$，$a_{n+1}=2a_n$（$n=1,2,3\cdots$）；$b_1=1$，$b_{n+1}=\dfrac{1}{2}b_n$（$n=1,2,3,\cdots$）。第 1 天两鼠合挖的厚度为：$a_1+b_1=2$ 尺。第 2 天两鼠合挖的厚度为：$a_2+b_2=2+\dfrac{1}{2}=2.5$ 尺。这样，两天两鼠共挖了 4..5 尺，还剩 5 尺 -4.5 尺 $=\dfrac{1}{2}$ 尺。而第 3 天两鼠应挖：$2\times2+\dfrac{1}{2}\times\dfrac{1}{2}=\dfrac{17}{4}$ 尺，因此，$\dfrac{1}{2}$ 尺所需要的时间为：$\dfrac{1}{2}$ 尺 $\div\dfrac{17}{4}$ 尺 $=\dfrac{2}{17}$ 天。两鼠在洞中相逢的时间为：$2+\dfrac{2}{17}$ 天 $=2\dfrac{2}{17}$ 天。大鼠共挖了墙厚 $1+2+3\times\dfrac{2}{17}$ 尺 $=3\dfrac{8}{17}$ 尺 $=3\dfrac{8}{17}$ 尺 $\times10$ 寸 $=34\dfrac{12}{17}$ 寸。小鼠共挖了墙厚 $5-3\dfrac{8}{17}$ 尺 $=1\dfrac{9}{17}$ 尺 $=1\dfrac{9}{17}$ 尺 $\times$ 10 寸 $=15\dfrac{5}{17}$ 寸。

五尺,多三尺七寸半。

草曰:置盈、不足。二日,不足五寸;三日,多三尺七寸半。维乘得。七尺五寸,一尺五寸。并之为实。**得九尺。**并盈、不足为法。得四尺二寸半。实如法而一,得相逢日数。求大鼠行:以日分子。二。乘第三日所行。**四尺为八十寸。**以分母。十七。除。**得四寸。**余。一十二。并二日所行。三尺。合问。

求小鼠行:置第三日行。二寸半。以日分子。二。乘之。得五。以分母。一十七。除,不满法,乃并二日所行。一尺五寸。合问。①

---

① 用盈不足术解,设 $x_1 = 2$ 天,y_1(不足)=5 寸,$x_2 = 3$ 天,y_2(盈)=37.5 寸,两鼠在洞中相逢的时间为 p,则 $p = \begin{vmatrix} x_1 & x_2 \\ y_1 & y_2 \end{vmatrix} = \begin{vmatrix} 2 & 3 \\ 5 & 37.5 \end{vmatrix} = \dfrac{2 \times 37.5 + 3 \times 5}{5 + 37.5} = 2\dfrac{2}{17}$ 天。

大鼠挖的总尺数为:$1 + 1 \times 2 + 1 \times 2 \times 2 \times \dfrac{2}{17} = 3\dfrac{8}{17}$ 尺 $\times 10$ 寸 $= 34\dfrac{12}{17}$ 寸。

小鼠挖的总尺数为:$1 + 1 \times \dfrac{1}{2} + 1 \times \dfrac{1}{2} \times \dfrac{1}{2} \times \dfrac{2}{17} = \dfrac{26}{17}$ 尺 $\times 10$ 寸 $= 15\dfrac{5}{17}$ 寸。

方程卷第九

杨辉题录载该卷共19问：方程章18问，盈朒1问。[①] 但《详解九章算法·纂类》却载有20问：方程18问，盈朒1问，均输1问。兹依题录。包括方程、损益、分母子、正负四种算法。

1. 方程法

方程法曰：所求率互乘邻行，以少减多，再求减损钱为实，物为法，实如法而一。

程，课程也。群物总杂，各列有数。总言其实，令每行为率，二物者再程，三物者三程。皆如物数程之，并列为行，故谓之方程。[②] 行之左右无所同存[③]，且为所据而言耳。此都术也，以空言难晓，故特系之禾以决之。又列中行如右行也。

置位草曰：依所问排列逐物与价，而邻行相对如之(式如前经)。

谓方者，数之形也；程者，量度之总名，亦权衡丈尺斛斗之平法也，尤课分明多寡之意。[④]

(1) 今有上禾三秉[⑤]，中禾二秉，下禾一秉，实三十九斗；上禾二秉，中禾三秉，下禾一秉，实三十四斗；上禾一秉，中禾二秉，下禾三秉，实二十六斗。问：上、中、下禾实一秉各几何？

答曰：上禾一秉，九斗四分斗之一；中禾一秉，四斗四分斗之一；下禾一秉，二斗四分斗之三。

术曰：置上禾三秉[⑥]，中禾二秉，下禾一秉，实三十九斗，于右方。中、左禾列如右方。以右行上禾遍乘中行而以直除。[⑦] 为术之意，令少行减多行，返覆相减，则头位必先尽。上无一位，则此行亦阙一物矣。然而举率以相减，不害余数之课也。若消去头位，则下去一物之实，如是叠令左右行相减。审其正负，则可得而知。先令右行上禾乘中行，为齐同之意。为齐同

因杨辉《详解九章算法·纂类》补之。

② 当若干事物掺和在一起时，如果我们已经知道了这些事物的总数值而不知每一个事物的具体数值，那么，就可以列出若干个含有不同未知量的方程式，最后再列出每个事物的总实数，而每行算式相关各数之间是一组比率关系，其中若有二个或三个未知数，则须要二个或三个式子来表示，即所列行数不限，结果要以物数为准，有多少物就开列多少位。

③ 在同一个方程里不应当出现两行数字相同或势相同的比率。

④ "方"即指方形，"程"即数量、标准、比率的意思。所谓方程，实际上就是将某一问题所涉及的几组数据分类排列，以成方形。简言之，就是列筹成方的课程，它最初源于对粮食产量进行考核。

⑤ 秉，杨辉纂要作"束"。

⑥ 秉是捆的意思。

⑦ "直除"是指连续相减，亦即相减消元法。

者,谓中行直减左行也。① 从简易,虽不为齐同,以齐同之意观之,其意然矣。又乘其次,亦以直除。复去左行首。然以中行中禾不尽者,遍乘左行而以直除。亦令两行去行之中禾也。左方下禾不尽者,上为法,下为实。实即下禾之实。上、中禾皆去,故余数是下禾实。非但一秉,欲约众秉之实,当以禾秉数为法,列此中、下禾之秉实,乘两行以直除,则下禾之位皆决矣。各以其余一位之秉,除其下实,即斗数矣。用算繁而不省,所以别为约法也。然犹不如自用其旧广异法也。求中禾,以法乘中行下实,而除下禾之实。此谓中、下两禾实,下禾一秉,实数先见。将中秉求中禾,其列实以减下实,而左方下禾,虽去一秉,以法为母,于率不通,故先以法乘其实,而同之。俱令法为母,而除下禾实,以下禾先见之实,令乘下禾秉数,即得下禾一位之列实减于下实,则其数是中禾之实也。余如中禾秉数而一,即中禾之实。余中禾一位之实也,故以一位秉数约之,乃得一秉之实也。求上禾亦以法乘右行下实,而除下禾、中禾之实。此右行三禾,共实合三位之实,故以二位秉数约之,乃得上禾一位之实。此右行三禾,共实合中、下禾之实,其数并见,以中、下禾先见之实,令乘右行中、下禾秉数,以减之,故亦如前各求列实。以减下实也。余如上禾秉数而一,即上禾之实。实皆如法,各得一斗。三实同用,不满法者,以法命之,母实皆当除之。②

① 戴震本作"为齐同者谓中行上禾亦乘右行也",当以戴本为准。
② 设上、中、下禾每秉的实分别为 x、y、z 斗,则列表如下。

	左行	中行	右行	
上禾秉数	1	2	3	头位
中禾秉数	2	3	2	中位
下禾秉数	3	1	1	下位
实	26	34	39	

用现代三元一次联立方程组表示,则 $\begin{cases} 3x+2y+z=39(a) \\ 2x+3y+z=34(b) \\ x+2y+3z=26(c) \end{cases}$

其具体的计算过程,依题意为遍乘、直除法:第一步,用 $\wedge(a)$ 中 x 的系数 3"遍乘" $\wedge(b)$ 得 $\wedge(b_1)$:$\begin{cases} 3x+2y+z=39(a) \\ 6x+9y+3z=102(b_1) \\ x+2y+3z=26(c) \end{cases}$。第二步,$\wedge(b_1)-\wedge(a)$ 得 $\wedge(b_2)$ $\begin{cases} 3x+2y+z=39(a) \\ 3x+7y+2z=63(b_2) \\ x+2y+3z=26(c) \end{cases}$。第三步,$\wedge(b_2)-\wedge(a)$ 得 $\wedge(b_3)$:$\begin{cases} 3x+2y+z=39(a) \\ 5y+z=24(b_3) \\ x+2y+3z=26(c) \end{cases}$。第四步,$3\times\wedge(c)$ 得 $\wedge(c_1)$ $\begin{cases} 3x+2y+z=39(a) \\ 5y+z=24(b_3) \\ 3x+6y+9z=78(c_1) \end{cases}$。第五步,$\wedge(c_1)-\wedge(a)$ 得 $\wedge(c_2)$ $\begin{cases} 3x+2y+z=39(a) \\ 5y+z=24(b_3) \\ 4y+8z=39(c_2) \end{cases}$。第六步,用 $\wedge(b_3)$ 式 x 的系数 $5\times\wedge(c_2)$ 式得 $\wedge(c_3)$:$\begin{cases} 3x+2y+z=39(a) \\ 5y+z=24(b_3) \\ 20y+40z=195(c_3) \end{cases}$。第七步,$\wedge(c_3)$ 式 $-4\times\wedge(b_3)$ 式 $\begin{cases} 3x+2y+z=39(a) \\ 5y+z=24(b_3) \\ 36z=99(c_4) \end{cases}$。解得 $z=2\frac{3}{4}$ 斗。同理,解得 $y=4\frac{1}{4}$ 斗,$x=9\frac{1}{4}$ 斗。

解题：众物总价，隐互其实。上问以三禾之数，欲分其实，当求其上、中、下禾，禾各见一位，如商除之。

术曰：本倍折减损之问，初无活法，今述此意。排列逐项问数。某物某物，共直几钱为一行；某物某物，共直几钱为一行。命首位物，多者为主。彼七此五，以七为多。以邻行数增乘求等。数等可以减损。余物与价。即总数也。亦例乘之。一物既增，余物与价亦各升为一体。以原多物。行内数目。对减。谓物减物钱减钱求轻一位。其余次第增减。增少数与多数为停，如求对除以求位。简价可为实，物可为法而止。法实皆一位也。以法除之。商除。

上三	中二	下一	三十九斗
上二	中三	下一	三十四斗
上一	中二	下三	二十六斗

以首位物多者为主。右三。以物少者。左中二行。增乘，求等余物与价，亦例乘之。右三乘左中行。

上三	中二	下一	三十九斗
上六	中九	下三	一百二斗
上三	中六	下九	七十八斗

以原乘多行。右行四位。对减。中左二行上。禾尽而止。

上三	中二	下一	三十九斗
	中五	下一	二十四斗
	中四	下八	三十九斗

其余次第增减，令存中禾者，以多数。中五。遍乘少行。左行。以原乘多行。中行。对减之中禾尽而止。四度减尽。

上三	中二	下一	三十九斗
	中五	下一	二十四斗
		三十六斗	九十九斗

价可为实，物可为法。下禾为法，斗数为实。除之，每秉得二斗，余九约之，得四分之三。中行内减下禾，一秉二斗四分斗之三。余二十一斗四分斗之一为中禾五秉之实，除之，一秉得四斗四分斗之一。右行内减中禾二秉，下禾一秉，实十一斗四分斗之一，余二十七斗四分斗之三，为上禾三秉之实，除之，得九斗四分斗之一，合前问。

(2) 五牛、二羊，直金十两；二牛、五羊直金八两，问：牛羊价各几何？

答曰：一牛直金一两二十一分两之十三，一羊直金二十一分两之二十。

术曰：如方程。假令为同齐，头位为牛，当相乘。右行定①，更置牛十，羊四，直金二十两；左行牛十，羊二十五，直金四十两。牛数等同，金多二十两者，羊差二十一使之然也。以少行减多行，

---
① 宋景昌校本作"当相乘左右行定"，戴震校本则作"左右行相乘定"。

则牛数尽,惟羊与直金之数见,可得而知也。以小推大,虽四、五行不异也。[①]

（3）今有上禾二秉,中禾三秉,下禾四秉,实皆不满斗。上取中,中取下,下取上,各一秉而实满斗。问:上、中、下禾实一秉各几何?

答曰:上禾一秉实二十五分斗之九,中禾一秉实二十五分斗之七,下禾一秉实二十五分斗之四。

术曰:如方程,各置所取。置上禾二秉为右行之上,中禾三秉为中行之中,下禾四秉为左

[①] 根据题意,设牛直金为 x,羊直金为 y,则有下列方程组:第 1 步:$\begin{cases} 5x+2y=10 \\ 2x+5y=8 \end{cases}$。
用行列式表示,则为

$$\begin{vmatrix} 2 & 5 \\ 5 & 2 \\ 8 & 10 \end{vmatrix} \qquad (9\text{-}1)$$

第 2 步:以右行首项系数 5 自上而下依次乘左行各系数,然后再以左行首项系数 2 自上而下依次乘右行各系数,结果有方程:$\begin{cases} 10x+4y=20 \\ 10x+25y=40 \end{cases}$。用行列式表示,则为

$$\begin{vmatrix} 10 & 10 \\ 25 & 4 \\ 40 & 20 \end{vmatrix} \qquad (9\text{-}2)$$

第 3 步:以少行减多行,即以右行减左行,得下列方程:$\begin{cases} 10x+4y=20 \\ 21y=20 \end{cases}$。用行列式表示,则为

$$\begin{vmatrix} 0 & 10 \\ 21 & 4 \\ 20 & 20 \end{vmatrix} \qquad (9\text{-}3)$$

解得 $y=\dfrac{20}{21}$,将 $y=\dfrac{20}{21}$ 代入式(9-3),求得 $x=\dfrac{340}{210}=1\dfrac{13}{21}$。

行之下。所取一秉及实一斗,各从其位,诸行相借取之物,皆依此例。① 以正负术人之。

正负术曰:今两算得失相反,要令正负以名之。正算赤,负算黑;不则以邪正为异。② 方程自有赤、黑相取,法、实数相求之术。而其并减之势不得广通,故使赤、黑消夺之,于算或减或益。同行异位殊为二品,各有并、减之差见于下焉。③ 著此二条,特系之禾以成此二条之意。故赤、黑相杂足以定上下之程,减、益虽殊足以通左右之数,差、实虽分足以应同异之率。④ 然则其正无入以负

① 依题意,其筹式为:

	左行	中行	右行	
上禾秉数	1	0	2	头位
中禾秉数	0	3	1	中位
下禾秉数	4	1	0	下位
实	1	1	1	

设上禾一秉为 x 斗,中禾一秉为 y 斗,下禾一秉为 z 斗,列方程: $\begin{vmatrix} 1 & 0 & 2 \\ 0 & 3 & 1 \\ 4 & 1 & 0 \\ 1 & 1 & 1 \end{vmatrix}$ 。用现代的三元一次联立方程式

表达,则为 $\begin{cases} 2x+y=1 & (1) \\ 3y+z=1 & (2) \\ x+4z=1 & (3) \end{cases}$ 。用式(1)x 的系数 2 遍乘式(3),然后再减式(1),得到式(4): $\begin{cases} 2x+y=1 & (1) \\ 3y+z=1 & (2) \\ -y+8z=1 & (4) \end{cases}$ 。

用古算方程式表示,则为 $\begin{vmatrix} 0 & 0 & 2 \\ -1 & 3 & 1 \\ 8 & 1 & 0 \\ 1 & 1 & 1 \end{vmatrix}$ 。用式(2)y 的系数 3 遍乘式(4),然后与式(2)相加,得到式(5):

$\begin{cases} 2x+y=1 & (1) \\ 3y+z=1 & (2) \\ 25z=4 & (5) \end{cases}$ 。用古算方程式表示,则为 $\begin{vmatrix} 0 & 0 & 2 \\ 0 & 3 & 1 \\ 25 & 1 & 0 \\ 4 & 1 & 1 \end{vmatrix}$ 。将式(5)代入式(2),得到式(6);然后再将式(6)代

入式(1),得到式(7): $\begin{cases} z=\dfrac{4}{25} \text{斗} & (5) \\ y=\dfrac{7}{25} \text{斗} & (6) \\ x=\dfrac{9}{25} \text{斗} & (7) \end{cases}$ 。用古算方程式表示,则为 $\begin{vmatrix} 0 & 0 & 25 \\ 0 & 25 & 0 \\ 25 & 0 & 0 \\ 4 & 7 & 9 \end{vmatrix}$ 。

② "正"指正数,"负"指负数。"得"指增加,"失"指减少。对于得失相反的两算,假如以得为正,那么,失就为负,反之亦然。当时,人们用红、黑两种颜色的算筹区别正负式,否则,就用摆法上的正、邪(斜)筹来区别正负数。这样,就等于说在运算时增加一个红筹便等于减少一个黑筹,反过来,减少一个红筹便等于增加一个黑筹。

③ 是指筹算中"方程"的两行通过相加或相减的方式以达到消元的运算过程。而置于"方程"同一行里的上、下不同列位之数,它们有正负两种情形。

④ "程"指由上下各位数字所组成的"行",每程一次即得到方程之一行。"减益"指两行的相减或相加。"差实"是指除去各"列实"之外所剩余的下实,它有正负之分。

之,负无入以正之,其率不妄也。① **同名相除。**② 此谓以赤除赤,以黑除黑,行求相减者,为去头位也。然则头位同名者,当用此条,头位异名者,当用下条。**异名相益。**③ 益行减行,当各以其类矣。其异名者,非其类也。非其类者,犹无对也,非所得减也。故用黑对则除黑,无对则除赤,相益之。赤异并于本数。此为相益之,皆所以为消夺。消夺之与减益成一实也。术本取要,必除行首。至于他位,不嫌多少,故或令相减,或令相并,理无同异而一也。**正无入负之,负无入正之。**④ 无入,为无对也。无所得减,则使消夺者居位也。其当以列实或减下实,而行中正负杂者亦当此条。此条者,同名减实,异名益实,正无入负之,负无入正之也。**其异名相除,同名相益,正无入正之,负无入负之。**⑤ 此条异名相除为例,故亦与上条互取。凡正负所以记其同异,使二品互相取而已矣。言负者未必负于少,言正者未必正于多。⑥ 故每一行之中虽复赤黑异算无伤。然则可得使头位常相与异名。此条之实兼通矣,遂以二条反复一率。⑦ 观其每与上下互相取位,则随算而言耳,犹一术也。又,本设诸行,欲因减数以相去耳。故多少无限,令上下相命而已。⑧ 若以正负相减,如数有旧增法者,每行可均之,不但数物左右之也。

此问以上、中、下禾数,各不满斗,乃借上、中、下禾辇数。而方及斗为说文,其实,上禾二,中禾一,满斗;中禾三,下禾一,满斗;下禾四,上禾一,满斗。本与第一问同。

草曰:列所求数

上二	中一		实一斗
	中三	下一	实一斗
上一		下四	实一斗

存上禾者,当以右上二乘左行加中行数,以右行减之。

上二	中一		一斗
	中三	下一	一斗
	中二	下九	二斗

存中禾者,中三乘左行,今以中行二度,对减之。

上二	中一		一斗
	中三	下一	一斗
		下二十五	四斗

---

① "入"指减法。"正无入"是说用正数去减零便无所得减。因此,"负之"就是指将正数变号为负数而夺取空位,反之亦然。设 $b>a\geqslant0$,且 $b=a+(b-a)$,则 $a-b=a-[a+(b-a)]=-(b-a)$。上式中的 $(b-a)$ 无可对消,遂改正为负,这就是"正无入以负之"的意思。同理,$-a-(-b)=-a-[-a-(b-a)]=+(b-a)$,这就是"负无入以正之"的意思。

② 如果两方程的首项系数为同号,则适用减法。用数学式表示,则 $(+a)-(+b)=+(a-b)$。

③ 如果两方程的首项系数为异号,亦可用减法,不过,因为异号两数相减实际上等于相加,即负负为正,所以称为"异名相益"。用数学式表示,则 $(+a)-(-b)=+(a+b)$。

④ "正无入负之",用数学式表示,则为 $0-(+b)=-b$。"负无入正之"用数学式表示,则为 $0-(-b)=+b$。

⑤ "其异名相除",用数学式表示,则为 $(+a)+(-b)=+(a-b)$。"同名相益",用数学式表示,则为:$(+a)+(+b)=+(a+b)$。"正无入正之",用数学式表示,则为:$(+a)+0=+a$。"负无入负之",用数学式表示,则为:$(-a)+0=-a$。

⑥ 在建立方程时,哪个未知数的系数取正,而哪个未知数的系数取作负,可以互换,因为取作正的其绝对值未必大,取作负的其绝对值未必小。可见,正负不一定表示实际意义中的多少。也就是说,负未必就表示亏损,正未必就表示盈余。

⑦ 因正负数加法及减法具有灵活性,两者可以进行互换,所以我们可以将上述两条看作是同一条法则。

⑧ "上"指法,"下"指实,"上下相命"则指以法为实。

下禾既见三位，俱可取如前草，求之合同。

(4) 五雀、六燕共重一斤，雀重燕轻，交易一枚，其重适等。问：各几何？

答曰：雀重一两十九分两之十三，燕重一两十九分两之五。①

刘徽、李淳风注本：今有五雀六燕，集称之衡，雀俱重，燕俱轻。一雀一燕交而处，衡适平。并雀、燕重一斤。问：雀、燕一枚各重几何？②

答曰：雀重一两一十九分两之一十三，燕重一两一十九分两之五。

术曰：如方程。交易质之，各重八两。此四雀一燕与一雀五燕衡适平，并重一斤，故各八两。列两行程数。左行头位其数有一者，令右行遍除，亦可令于左行而取其法、实于左。左行数多，以右行取其数。左头位减尽，中、下位算当燕与实。右行不动，左上空。中法，下实，即每枚当重宜可知也。按：此四雀一燕与一雀五燕其重等，是三雀、四燕重相当，雀率重四，燕率重三也。诸再程之率皆可异术求也，即其数也。③

(5) 武马一匹，中马二匹，下马三匹，皆载四十石，至坂俱不能上。武马借中马一匹，中马借下马一匹，下马借武马一匹，乃各上坂。问：武、中、下马一匹力引几何？

答曰：武马二十二石七分石之六，中马十七石七分石之一，下马五石七分石之五。

术曰：如方程。各置所借。以正负术入之。④

(6) 今有白禾二步、青禾三步、黄禾四步、黑禾五步，禾实各不满斗。白取青、黄，青取黄、黑，黄取黑、白，黑取白、青，各一步而实满斗。问：白、青、黄、黑禾实一步各几何？

答曰：白禾一步实一百一十一分斗之三十三，青禾一步实一百一十一分斗之二十

---

① 按：1 斤等于 16 两。

② 衡是指天平。此题的意思是说：有五只雀集中在天平横木的一端，同时有六只燕子则集中在天平横木的另一端，由于五只雀重于六只燕子，所以天平失去了平衡，现在将一只雀与一只燕子对调一下，天平横木就平衡了。求此时一只雀与一只燕子各重多少。

③ 杨辉原本无此术文，今依郭书春《九章算术译注》本补入。根据题意，设 1 枚雀、1 枚燕的重量分别为 x，y，则有下列方程式(1) $\begin{cases} 4x+y=8 & ① \\ x+5y=8 & ② \end{cases}$。用行列式表示，即 $\begin{vmatrix} 1 & 4 \\ 5 & 1 \\ 8 & 8 \end{vmatrix}$。解方程组，分两法。首先，按照消元法，将式②的系数遍乘 4，并去减式①的系数，即得方程(2) $\begin{cases} 4x+y=8 & ③ \\ 4x+20y=32 & ④ \end{cases}$。用式④减式③，得到方程(3) $\begin{cases} 19y=24 & ⑤ \\ x+5y=8 & ⑥ \end{cases}$。用行列式表示，即 $\begin{vmatrix} 5 & 19 \\ 8 & 24 \end{vmatrix}$。将式⑤ $y=\frac{24}{19}=1\frac{5}{19}$两代入式⑥，求得 $x=\frac{32}{19}=1\frac{13}{19}$两。其次，用刘徽新术（即异术）求解，直接用式①与式②相减，则有下面的比例关系 $x:y=4:3$，即 $x=\frac{4}{3}y$，将其代入式①，则 $4\times\frac{4}{3}y+y=8$ 两，$y=\frac{24}{19}=1\frac{5}{19}$两，$x=\frac{4}{3}\times\frac{24}{19}=\frac{32}{19}=1\frac{13}{19}$两。

④ 杨辉原书没有此术文，今依郭书春《九章算术译注》本补入。武马：指上等马。坂：指斜坡。根据题意，设 1 匹武马、1 匹中马及 1 匹下马的力引分别为 x,y,z，则有下列方程组 $\begin{cases} x+y=40 & ① \\ 2y+z=40 & ② \\ x+3z=40 & ③ \end{cases}$。用式③减式①，得 $\begin{cases} 2y+z=40 & ② \\ 3z+y=0 & ④ \end{cases}$。解得 $y=3z$，将 $y=3z$ 代入式②，求得 $z=\frac{40}{7}=5\frac{5}{7}$石。将 $z=\frac{40}{7}$代入式③，求得 $x=\frac{160}{7}=22\frac{6}{7}$石。将 $x=\frac{160}{7}$代入式①，求得 $y=\frac{120}{7}=17\frac{1}{7}$石。

八，黄禾一步实一百一十一分斗之一十七，黑禾一步实一百一十一分斗之一十。

术曰：如方程，各置所取，以正负术入之。①

草曰：列所问数，同前体求。

白二	青一	黄一		一斗
	青三	黄一	黑一	一斗
白一		黄四	黑一	一斗
白一	青一		黑五	一斗

此问以借禾为说，实用禾也。②

（7）今有五羊、四犬、三鸡、二兔，直钱一千四百九十六；四羊、二犬、六鸡、三兔直钱一千一百七十五；三羊、一犬、七鸡、五兔，直钱九百五十八；二羊、三犬、五鸡、一兔，直钱八百六十一。问：羊、犬、鸡、兔价各几何？

答曰：羊价一百七十七，犬价一百二十一，鸡价二十三，兔价二十九。

---

① 设白、青、黄、黑谷地每步^2 各收谷为 x、y、z、u 斗，依题意，则有下列四元一次方程组：$\begin{cases} 2x+y+z=1 \\ 3y+z+u=1 \\ 4z+x+u=1 \\ 5u+x+y=1 \end{cases}$。

用行列式法求得：$D=111$，则 $D_x=33$，$D_y=28$，$D_z=17$，$D_u=10$，于是，$x=\dfrac{D_x}{D}=\dfrac{33}{111}$ 斗，$y=\dfrac{D_y}{D}=\dfrac{28}{111}$ 斗，

$z=\dfrac{D_z}{D}=\dfrac{17}{111}$ 斗，$u=\dfrac{D_u}{D}=\dfrac{10}{111}$ 斗。

② 依术文列方程：

左行　左₂　中行　右行

$\begin{vmatrix} 2 & 1 & 1 & 0 \\ 0 & 3 & 1 & 1 \\ 1 & 0 & 4 & 1 \\ 1 & 1 & 0 & 5 \\ 1 & 1 & 1 & 1 \end{vmatrix}$ $\xrightarrow[\text{同时用左行减左}_2\text{行}]{\text{用2遍乘左}_2\text{行}}$ $\begin{vmatrix} 0 & 1 & 1 & 0 \\ -6 & 3 & 1 & 1 \\ 1 & 0 & 4 & 1 \\ -1 & 1 & 0 & 4 \\ -1 & 1 & 1 & 1 \end{vmatrix}$ $\xrightarrow[\text{相减，同号相益（下同）}]{\substack{\text{用3遍乘左}_2\text{行，同时}\\\text{左行减左}_2\text{行，异号}}}$ $\begin{vmatrix} 0 & 0 & 1 & 0 \\ 0 & 2 & 1 & 1 \\ 11 & -4 & 4 & 1 \\ 2 & 1 & 0 & 5 \\ 1 & 0 & 1 & 1 \end{vmatrix}$

$\xrightarrow[\text{用左}_2\text{行减右行}]{\text{用2遍乘右行，同时}}$ $\begin{vmatrix} 0 & 0 & 1 & 0 \\ 0 & 6 & 1 & 1 \\ 11 & 6 & 4 & 1 \\ 2 & -9 & 0 & 5 \\ 1 & -2 & 1 & 1 \end{vmatrix}$ $\xrightarrow[\substack{\text{用左行减左}_2\text{行，}\\\text{同号相减，异号相益}}]{\text{用6乘左行，同时}}$ $\begin{vmatrix} 0 & 0 & 1 & 0 \\ 0 & 0 & 1 & 1 \\ 66 & 6 & 4 & 1 \\ 12 & -9 & 0 & 5 \\ 6 & -2 & 1 & 1 \end{vmatrix}$ $\xrightarrow[\text{同时用左}_2\text{行减左行}]{\text{用11遍乘左}_2\text{行，}}$

$\begin{vmatrix} 0 & 0 & 1 & 0 \\ 0 & 0 & 1 & 1 \\ 0 & 6 & 4 & 1 \\ 111 & -9 & 0 & 5 \\ 28 & -2 & 1 & 1 \end{vmatrix}$

求得：$y=\dfrac{28}{111}$ 斗。同理，即得到 $x=\dfrac{33}{111}$ 斗，$z=\dfrac{17}{111}$ 斗，$u=\dfrac{10}{111}$ 斗。

术曰:如方程,以正负术入之。①

草曰:列所问数,同前体求。②

羊	犬	鸡	兔	价直
二	三	五	一	八百六十一
三	一	七	五	九百五十八
四	二	六	三	一千一百七十五
五	四	三	二	一千四百九十六

（8）今有麻九斗、麦七斗、菽三斗、荅二斗、黍五斗,直钱一百四十;麻七斗、麦六斗、菽四斗、荅五斗、黍三斗,直钱一百二十八;麻三斗、麦五斗、菽七斗、荅六斗、黍四斗,直钱一百一十六;麻二斗、麦五斗、菽三斗、荅九斗、黍四斗,直钱一百一十二;麻一斗、麦三斗、菽二斗、荅八斗、黍五斗,直钱九十五。问:一斗直几何?

答曰:麻一斗七钱,麦一斗四钱,菽一斗三钱,荅一斗五钱,黍一斗六钱。

术曰:如方程,以正负术入之。

此麻、麦与均输、少广之章重衰、积分皆为大事。其拙于精理,徒按本术者,或用算而布毡,方好烦而喜误,曾不知其非,反欲以多为贵。故其算也,莫不暗于设通而专于一端。至于此类,苟务

---

① 设每只羊的价值为 x,每只狗的价值为 y,每只鸡的价值为 z,每只兔的价值为 u,则有下面的四元一次

联立方程组:$\begin{cases} 5x+4y+3z+2u=1496 \\ 4x+2y+6z+3u=1175 \\ 3x+y+7z+5u=958 \\ 2x+3y+5z+u=861 \end{cases}$。用行列式法求得:$D=93$,$D_x=16461$,$D_y=11253$,$D_z=2139$,$D_u=$

2697。因此,$x=177$ 文,$y=121$ 文,$z=23$ 文,$u=29$ 文。

② 列方程:

左行₁ 左行₂ 右行₂ 右行₁

$\begin{vmatrix} 5 & 4 & 3 & 2 \\ 4 & 2 & 1 & 3 \\ 3 & 6 & 7 & 5 \\ 2 & 3 & 5 & 1 \\ 1496 & 1175 & 958 & 861 \end{vmatrix}$ 左₁减左₂,左₂减右₁,右₁减右₂ → $\begin{vmatrix} 1 & 1 & 1 & 2 \\ 2 & 1 & -2 & 3 \\ -3 & -1 & 2 & 5 \\ -1 & -2 & 4 & 1 \\ 321 & 217 & 97 & 861 \end{vmatrix}$ 左₁减左₂,左₂减右₁,右₁再乘₂ →

$\begin{vmatrix} 0 & 0 & 2 & 2 \\ 1 & 3 & -4 & 3 \\ -1 & -3 & 4 & 5 \\ 1 & -6 & 8 & 1 \\ 104 & 120 & 194 & 861 \end{vmatrix}$ 右₂减右₁,左₁乘₃ → $\begin{vmatrix} 0 & 0 & 0 & 2 \\ 3 & 3 & -7 & 3 \\ -6 & -3 & -1 & 5 \\ 3 & -6 & 7 & 1 \\ 312 & 120 & 667 & 861 \end{vmatrix}$ 左₁减左₂,左₂、右₂各乘21 →

$\begin{vmatrix} 0 & 0 & 0 & 2 \\ 0 & 21 & -21 & 3 \\ -3 & -21 & -3 & 5 \\ 9 & -42 & 21 & 1 \\ -192 & 840 & -2001 & 861 \end{vmatrix}$ 左₂减右₂ → $\begin{vmatrix} 0 & 0 & 0 & 2 \\ 0 & 0 & -7 & 3 \\ -3 & -24 & -1 & 5 \\ 9 & -21 & 7 & 1 \\ 192 & -1162 & -667 & 861 \end{vmatrix}$ 左₁乘8,同时减左₂ → $\begin{vmatrix} 0 & 0 & 0 & 2 \\ 0 & 0 & -7 & 3 \\ 0 & -24 & -1 & 5 \\ 93 & -21 & 7 & 1 \\ 2698 & 1162 & -667 & 861 \end{vmatrix}$

求得:$u=\dfrac{2698}{93}=29$ 钱,同理,求得 $x=177$ 钱,$y=121$ 钱,$z=23$ 钱。

其成,然或失之,不可谓要约。更有异术者,庖丁解牛,游刃理间,故能历久其刃如新。夫数,犹刃也,易简用之则动中庖丁之理。故能和神爱刃,速而寡尤。凡九章为大事,按法皆不尽一百算也。虽布算不多,然足以算多。世人多以方程为难,或尽布算之象在缀正负而已,未暇以论其设动无方,斯胶柱调瑟之类。聊复恢演,为作新术,著之于此,将亦启导疑意。网罗道精,岂传之空言?记其施用之例,著策之数,每举一寓焉。

　　方程新术曰:以正负术入之。令左、右相减,先去下实,又转去物位,则其求一行二物正负相借者,易其相当之率。① 又令二物与佗行互相去取,转其二物相借之数,即皆相当之率也。各据二物相当之率,对易其数,即各当之率也。更置减行及其下实,各以其物本率今有之,求其所同。并以为法。其当相并而行中正负杂者,同名相从,异名相消,余以为法。以下实为实。实如法,即合所问也。一物各以本率今有之,即皆合所问也。率不通者,齐之。②

　　其一术曰:置群物通率为列衰。更置减行群物之数,各以其数乘之,并以为法。其当相并而行中正负杂者,同名相从,异名相消,余为法。以减行下实乘列衰,各自为实。实如法而一,即得。③

---

① 列方程

	第5行(左行)	第4行	第3行	第2行	第1行(右行)
麻	1	2	3	7	9
麦	3	5	5	6	7
菽	2	3	7	4	3
苔	8	9	6	5	2
黍	5	4	4	3	5
下实	95	112	116	128	140

设麻、麦、菽、苔、黍的价格分别为 x、y、z、u、v,则用现代方程式表示为

$$\begin{cases} 9x+7y+3z+2u+5v=140 & (1) \\ 7x+6y+4z+5u+3v=128 & (2) \\ 3x+5y+7z+6u+4v=116 & (3) \\ 2x+5y+3z+9u+4v=112 & (4) \\ 1x+3y+2z+8u+5v=95 & (5) \end{cases}$$

② "正负术"是指相减消元法。"下实"是指常数项,而此"方程新术"(具体解法见下)的"新"就新在这里,即先消去常数项,然后再将每行的项数一直减到只剩两个未知项,但必须是一正一负,所谓"一行二物正负相借者"是也。例如,算得 $4x-7y=0$,移项后为 $4x=7y$,是谓"易其相当之率"。

再用 $4x=7y$ 与其他方程相加减,求得另外两未知数方程:$3y=4z$,$5z=3u$,$6u=5y$,即 $x:y=4:7$,$y:z=3:4$,$z:u=5:3$,$u:v=6:5$。由物价与物数成反比,则 $x:7=y:4$,$z:3=u:5$,$u:5=v:6$,$y:4=z:3$。或可用连比表示:$x:y:z:u:v=7:4:3:5:6$。设上面方式式(3)减式(4)得"减行":$x+4z-3z=4$。又设各当之率为:$x:z=7:3$ 则有 $z=\dfrac{3x}{7}$,$u=\dfrac{5x}{7}$。将其代人"减行",得:$x+4\times\dfrac{3}{7}x-3\times\dfrac{5}{7}x=\dfrac{4}{7}x=4$,其中"$\dfrac{4}{7}$"为法,"4"为实,解得 $x=4\div\dfrac{4}{7}=7$。由 $x:y:z:u:v=7:4:3:5:6$ 知,$y=4$,$z=3$,$u=5$,$v=6$。当各物"相当之率"或"各当之率"不能写成连比,则用通分的方式,将其化成连比。

③ 由衰分术的公式知:所求数 $=\dfrac{\text{所分}\times\text{列衰}}{\text{副并}}$,即 $\begin{cases} x:y:z:u:v=a:b:c:d:e \\ fa+gb+hc+id+je=k \end{cases}$。解得:$x=\dfrac{ak}{fa+gb+hc+id+je}$,$y=\dfrac{bk}{fa+gb+hc+id+je}$,$z=\dfrac{ck}{fa+gb+hc+id+je}$,$u=\dfrac{dk}{fa+gb+hc+id+je}$,$v=\dfrac{ek}{fa+gb+hc+id+je}$。

设"群物通率"为:$x:y:z:u:v=7:4:3:5:6$。置减行:$x+4z-3u=4$。"群物之数"为:$1,4,-3$。"各以其率乘之":$1\times3,4\times3,-3\times5$。"并(即相加)以为法":$1\times7+4\times3+(-3\times5)=4$。当需要求某一未知数的解时,就用"减行"常数项乘此未知数的比率,分别作为被除数,即 $x=\dfrac{4\times7}{4}=7$,$z=\dfrac{4\times3}{4}=3$,$u=\dfrac{4\times5}{4}=5$。

以旧术为之,①凡应置五行。今欲要约。先置第三行,以减第四行。及减第三行。

① 列方程:

第5行(左行) 第4行 第3行 第2行 第1行(右行)

	第5行(左行)	第4行	第3行	第2行	第1行(右行)
麻	1	2	3	7	9
麦	3	5	5	6	7
菽	2	3	7	4	3
苔	8	9	6	5	2
黍	5	4	4	3	5
下实	95	112	116	128	140

先以第4行减第3行 →

1	2	1	7	9
3	5	0	6	7
2	3	4	4	3
8	9	-3	5	2
5	4	0	3	5
95	112	4	128	140

反减第4行(第3行乘2),去其头位 →

1	0	1	7	9
3	5	0	6	7
2	-5	4	4	3
8	15	-3	5	2
5	4	0	3	5
95	104	4	128	140

次置第2行,以第3行(乘7)减第2行,去其头位 →

1	0	1	0	9
3	5	0	6	7
2	-5	4	-24	3
8	15	-3	26	2
5	4	0	3	5
95	104	4	100	140

次置右行(乘9)及左行,去其头位,同时用左右两行各减第3行 →

0	0	1	0	0
3	5	0	6	7
-2	-5	4	-24	-33
11	15	-3	26	29
5	4	0	3	5
91	104	4	100	104

次以第2行减右行(乘6)即第1行 →

0	0	1	0	0
3	5	0	6	1
-2	-5	4	-24	-9
11	15	-3	26	3
5	4	0	3	2
91	104	4	100	4

次以右行(乘3)去减左行及第2行头位,即用左行、第2行各减第1行消去其第2项 →

0	0	1	0	0
0	5	0	0	1
25	-5	4	30	-9
2	15	-3	8	3
-1	4	0	-9	2
79	104	4	76	4

又去第4行,右行乘5,与第4行相减,并除2 →

0	0	1	0	0
0	0	0	0	1
25	20	4	30	-9
2	0	-3	8	3
1	-6	0	-9	2
79	42	4	76	4

次以第4行减左行 →

0	0	1	0	0
0	0	0	0	1
5	20	4	30	-9
2	0	-3	8	3
2	-3	0	-9	2
37	42	4	76	4

次以左行(乘4及6)去第4行及第2行头位 →

0	0	1	0	0
0	0	0	0	1
5	0	4	0	-9
2	-8	-3	-4	3
2	-11	0	-21	2
37	-106	4	-146	4

次以第2行(乘2)去第4行头位 →

0	0	1	0	0
0	0	0	0	1
5	0	4	0	-9
2	0	-3	-4	3
2	31	0	-21	2
37	186	4	-146	4

余,约之以法、实。如法而一得6,即黍价 →

0	0	1	0	0
0	0	0	0	1
5	0	4	0	-9
2	0	-3	-4	3
2	1	0	-21	2
37	6	4	-146	4

以法即第4行乘21减第2行,得苔价 →

次置第二行,以第二行减第三行,去其头位。次置右行,去其头位。次以第四行减左行头位。次以左行去第四行及第二行头位。次以第五行减第二行头位,余,可半。次以第二行去第四行头位。余,约之为法,实如法而一得空,即有黍价。以法减第二得荅价,左行得麦价,第三行得麻价,右行得菽价。如此凡用七十七算。

以新术为此。[①] 先以第四行减第三行;次以第三行去右行及第二行、第四行下位,又以减右

$$\begin{vmatrix} 0 & 0 & 1 & 0 & 0 \\ 0 & 0 & 0 & 0 & 1 \\ 5 & 0 & 4 & 0 & -9 \\ 2 & 0 & -3 & 1 & 3 \\ 2 & 1 & 0 & 0 & 2 \\ 37 & 6 & 4 & 5 & 4 \end{vmatrix}$$

用左行减第 4 行（乘 2）及第 2 行（乘 2）→

$$\begin{vmatrix} 0 & 0 & 1 & 0 & 0 \\ 0 & 0 & 0 & 0 & 1 \\ 1 & 0 & 4 & 0 & -9 \\ 0 & 0 & -3 & 1 & 3 \\ 0 & 1 & 0 & 0 & 2 \\ 3 & 6 & 4 & 5 & 4 \end{vmatrix}$$

用第 1 行减第 4 行（乘 2），再减第 2 行（乘 3），最后减第 5 行（乘 9）→

$$\begin{vmatrix} 0 & 0 & 1 & 0 & 0 \\ 0 & 0 & 0 & 0 & 1 \\ 1 & 0 & 4 & 0 & 0 \\ 0 & 0 & -3 & 1 & 0 \\ 0 & 1 & 0 & 0 & 0 \\ 3 & 6 & 4 & 5 & 4 \end{vmatrix}$$

用第 3 行减第 5 行（乘 4），再减第 2 行（乘 3）→

$$\begin{vmatrix} 0 & 0 & 1 & 0 & 0 \\ 0 & 0 & 0 & 0 & 1 \\ 1 & 0 & 0 & 0 & 0 \\ 0 & 0 & 0 & 1 & 0 \\ 0 & 1 & 0 & 0 & 0 \\ 5 & 6 & 7 & 5 & 4 \end{vmatrix} \text{。}$$

① 列方程:

	第1行(左)	第4行	第3行	第2行	第1行(右)
麻	1	2	3	7	9
麦	3	5	5	6	7
菽	2	3	7	4	3
荅	8	9	6	5	2
黍	5	4	4	3	5
下实	95	112	116	128	140

先以第 4 行减第 3 行 →

$$\begin{vmatrix} 1 & 2 & 1 & 7 & 9 \\ 3 & 5 & 0 & 6 & 7 \\ 2 & 3 & 4 & 4 & 3 \\ 8 & 9 & -3 & 5 & 2 \\ 5 & 4 & 0 & 3 & 5 \\ 95 & 112 & 4 & 128 & 140 \end{vmatrix}$$

次以第 3 行(乘 35)去第 1 行,同时,以第 3 行(乘 32)去第 2 行,再以第第 3 行(乘 28)去第 4 行,再以第 3 行(乘 28)去第 4 行,最后以第 3 行(乘 23)去第 5 行

$$\begin{vmatrix} -22 & -26 & 1 & -25 & -26 \\ 3 & 5 & 0 & 6 & 7 \\ -90 & -109 & 4 & -124 & -137 \\ 77 & 93 & -3 & 101 & 107 \\ 5 & 4 & 0 & 3 & 5 \\ 3 & 0 & 0 & 0 & 0 \end{vmatrix}$$

次以左行减第 3 行下位,不足减乃止 →

$$\begin{vmatrix} -22 & -26 & 23 & -25 & -26 \\ 3 & 5 & -3 & 6 & 7 \\ -90 & -109 & 94 & -124 & -137 \\ 77 & 93 & -80 & 101 & 107 \\ 5 & 4 & -5 & 3 & 5 \\ 3 & 0 & 1 & 0 & 0 \end{vmatrix}$$

次以第 3 行(乘 3)去第 5 行下位,讫,废去第 3 行 →

$$\begin{vmatrix} -91 & -26 & -25 & -26 \\ 12 & 5 & 6 & 7 \\ -372 & -109 & -124 & -137 \\ 317 & 93 & 101 & 107 \\ 20 & 4 & 3 & 5 \\ 0 & 0 & 0 & 0 \end{vmatrix}$$

次以第 4 行(乘 5)去第 5 行下位,又以第 1 行减第 5 行 →

39	−26	−25	0
−13	5	6	2
173	−109	−124	−28
−148	93	101	14
0	4	3	1
0	0	0	0

次以第1行(乘3)去第2行,然后再以第1行(乘4)去第4行下位 →

39	−26	−25	0
−13	−3	0	2
173	3	−40	−28
−148	37	59	14
0	0	0	1
0	0	0	0

次以第2行减第4行,然后再以第2行减第5行 →

14	−1	−25	0
−13	−3	0	2
133	43	−40	−28
−89	−22	59	14
0	0	0	1
0	0	0	0

次以第4行(乘3)减第5行菽位,不足减乃止 →

17	−1	−25	0
−4	−3	0	2
4	43	−40	−28
−23	−22	59	14
0	0	0	1
0	0	0	0

次以第5行减第2行头位,余可再半 →

17	−1	−2	0
−4	−3	−1	2
4	43	−9	−28
−23	−22	9	14
0	4	0	1
0	0	0	0

次以第4行(乘17)去第5行,然后再以第4行(乘2)去第2行头位 →

0	−1	0	0
−55	−3	5	2
735	43	−95	−28
−397	−22	53	14
0	4	0	1
0	0	0	0

次以第2行(乘11)去第5行头位,余约之。上得5,下得3,是菽5荅3 →

0	−1	0	0
0	−3	5	2
−5	43	−95	−28
3	−22	53	14
0	4	0	1
0	0	0	0

次以第5行(乘19)去第2行菽位,然后再以第5行(乘8)减第4行,最后再以第5行(乘5)去第1行菽位,不足减乃止 →

0	−1	0	0
0	−3	5	2
−5	3	0	−3
3	2	−4	−1
0	4	0	1
0	0	0	0

次以第1行(乘2)减第2行头位,不足减乃止 →

0	−1	0	0
0	−3	1	2
−5	3	6	−3
3	2	−2	−1
0	0	−2	1
0	0	0	0

次以第2行(乘2)去第1行头位 →

0	−1	0	0
0	−3	1	0
−5	3	6	−15
3	2	−2	3
0	0	−2	5
0	0	0	0

次以第5行(乘3)去第1行头位,余,上得6,下得5,是为荅6当黍5 →

0	−1	0	0
0	−3	1	0
−5	3	6	0
3	2	−2	−6
0	0	−2	5
0	0	0	0

次以第5行(乘2)去第1行荅位,余,约之,上为2,下为1 →

0	−1	0	0
0	−3	1	0
−5	3	6	−2
3	2	−2	0
0	0	0	1
0	0	0	0

次以第1行(乘2)去第2行下位 →

0	−1	0	0
0	−3	1	0
−5	3	2	−2
3	2	−2	0
0	0	0	1
0	0	0	0

以第2行去第4行下位,再以第2行去第5行下位,不足减乃止 →

0	−1	0	0
1	−2	1	0
−3	5	2	−2
1	0	−2	0
0	0	0	1
0	0	0	0

次以第5行去第2行下位,余,上得3,下得4,是为麦3当菽4 →

0	−1	0	0
1	−2	3	0
−3	5	−4	−2
1	0	−2	0
0	0	0	1
0	0	0	0

次以第4行(乘4)去第2行下位,余,上得4,下得7,是为麻4当麦7,是为相当之率举矣 →

0	−1	−4	0
1	1	7	0
−3	1	0	−2
1	0	0	0
0	0	0	1
0	0	0	0

行下位，不足减乃止；次以左行减第三行下位，次以第三行去左行下位。讫，废去第三行。次第四行去左行下位，右行当左行下位；次以右行去第二行及第四行下位；次以第二行减第四行及左行头位；次以第四行减右行菽位，不足减乃止；次以左行减第二行头位，余，可再半；次以第四行去右行及第三行头位，次以第二行去右行头位，余，约之，上得五，下得三，是菽率五当荅；次以左行去第三行菽位，又以减第四行及右行菽位，不足减乃止；次以右行减第二行头位，不足减乃止；次以第三行去左行头位，次以左行去右行头位；余，上得六，下得五，是为荅六当黍五；次以右行去左行荅位，余，约之，上为二，下为三；次以左行去第二行下位，以第二行去第四行下位，又以减左行下位；次，右行去第二行下位，余，上得三，下得四，是为麦三当菽四；次以第二行减第四行下位；次以第四行去第二行下位；余，上得四，下得七，是为麻四当麦七。是为相当之率举矣。

　　据麻四当麦七，即麻价率七而麦价率四；又麦三当菽四，即为麦价率四而菽价率三；又菽五当荅三，即为菽价率三而荅价率五；又荅六当黍五，即为荅价率五而黍价率六；而率通矣。更置第三行，以第四行减之，余有麻一斗，菽四斗正，荅三斗负，下实四正。求其同为麻之数，以菽率三、荅率五各乘菽、荅斗数，如麻率七而一，菽得一斗七分斗之五正，荅得二斗七分斗之一负。则荅化为麻。以并之，令同名相从，异名相消，余得定麻七分斗之四，以为法。置下实四为实，而分母乘之，实得二十八，而分子化为法矣。以法除得七，即麻一斗之价。置麦率四、菽率三、荅率五、黍率六，皆以其斗数乘之，各自为实。以麻率七为法。所得即同为麻之数，亦可使置本行实与物同通之，各以本率今有之，求其本率所得，并以为法。如此，即无正负之异矣，择异同而已。①

　　又可以一术为之：置五行通率，为麻七、麦四、菽三、荅五、黍六，以为列衰。减行麻一斗，菽四斗正，荅三斗负，各以其率乘之。讫，令同名相从，异名相消，余为法。又置下实乘列衰，所得各为

---

①　因 $4x=7y$，所以 $x:7=y:4$。又因 $3y=4z,5z=3u,6u=5v$，所以，$y:4=z:3,z:3=u:5,u:5=v:6$，用连比表示，即 $x:y:z:u:v=7:4:3:5:6$。

　　由前面给出的方程，用式(3)减式(4)(见本节第 121 页)，得"减行"为：$x+4z-3u=4$。

　　如果求麻一斗的价格，就需要用下式计算：$4z=4\times\dfrac{3}{7}x=1\dfrac{5}{7}x,-3u=-3\times\dfrac{5}{7}x=-2\dfrac{1}{7}x$。

　　然后，将 $4z,-3u$ 代入"减行"，得：$x+4\times\dfrac{3}{7}x-3\times\dfrac{5}{7}x=4$，即 $\dfrac{4}{7}x=4$。$x:y:z:u:v=7:4:3:5:6$，故有：$y=\dfrac{4\times7}{7}=4,z=\dfrac{3\times7}{7},u=\dfrac{5\times7}{7},v=\dfrac{6\times7}{7}$。

　　如果不想代入"减行"，那么，代入"本行"即原方程也行。比如，代入第 1 行：$9x+7y+3z+2u+5v=140$

　　求麦1斗之价，则由 $x:y:z:u:v=7:4:3:5:6$ 可得：$9x=9\times\dfrac{7}{4}y=15\dfrac{3}{4}y,3z=3\times\dfrac{3}{4}y=2\dfrac{1}{4}y,2u=2\times\dfrac{5}{4}y=2\dfrac{2}{4}y,5v=5\times\dfrac{6}{4}y=7\dfrac{2}{4}y$，

　　将其代入式 $9x+7y+3z+2u+5v=140$，得：$15\dfrac{3}{4}y+7y+2\dfrac{1}{4}y+2\dfrac{2}{4}y+7\dfrac{2}{4}y=140$，

　　化简方程，得：$35y=140,y=4$。

实。此可以实约法,即不复乘列衰,各以列衰如所约知其价。如此即凡用一百二十四算也。①

草曰:列所问数,同前体求。

麻	麦	荶	荅	黍	价直
九	七	三	二	五	一百四十
七	六	四	五	三	一百二十八
三	五	七	六	四	一百一十六
二	五	三	九	四	一百一十二
一	三	二	八	五	九十五

比类:绫七尺、绢二尺,共价四百二十六;绫三尺、绢四尺,共价二百八十。问:绫、绢尺价几何?

答曰:绫五十二,绢三十一。② 此问出应用。

(9) 今有令一人、吏五人、从者一十人,食鸡一十;令一十人、吏一人、从者五人,食鸡八;令五人、吏一十人、从者一人,食鸡六。问:令、吏、从者食鸡各几何?

答曰:令一人食一百二十二分鸡之四十五,吏一人食一百二十二分鸡之四十一,从者一人食一百二十二分鸡之九十七。

---

① 把 $x:y:z:u:v=7:4:3:5:6$ 作为"列衰",用"减行" $x+4z-3u=4$ 中的各项系数乘其比率,得:$1\times7+4\times3-3\times5=4$。

以"余为法"作为除数,同时以"减行"下实 4 乘列衰,"所得各为实",结果如下:$x=\dfrac{4\times7}{4}=7$,$y=\dfrac{4\times4}{4}=4$,$z=\dfrac{4\times3}{4}=3$,$u=\dfrac{4\times5}{4}=5$,$v=\dfrac{4\times6}{4}=6$。

如果用方程表示,则

	列衰	减行	各以其率乘之	实
麻	7	1	$1\times7=7$	7×4
麦	4	0	$0\times4=0$	4×4
荶	3	4	$4\times3=12$	3×4
荅	5	-3	$-3\times5=-15$	5×4
黍	6	0	$0\times6=0$	6×4
下实	4		并 $7+12-15=4$	

以"并"4 为法(除数),以"减行"之下实 4 去乘列衰,各自为"实"(被除数) →

$$\dfrac{7\times4}{4}=7(麻)$$
$$\dfrac{4\times4}{4}=4(麦)$$
$$\dfrac{3\times4}{4}=3(荶)$$
$$\dfrac{5\times4}{4}=5(荅)$$
$$\dfrac{6\times4}{4}=6(黍)$$

② 设绫每尺价格为 x,绢每尺价格为 y,依题意,则 $\begin{cases}7x+2y=426\\3x+4y=280\end{cases}$,

列方程:

	左行	右行
	3	7
	4	2
	280	426

左行遍乘 7,同时右行遍乘 3 →

21	21
28	6
1960	1278

左行减右行 →

0	7
22	2
682	426

解得 $y=\dfrac{682}{22}=31$ 钱,将 $y=31$ 代入 $3x+4y=280$ 式中,得 $x=52$ 钱。

术曰:如方程,以正负术入之。①

草曰:列所问数,同前体求。②

令一	吏五	从十	鸡十
令十	吏一	从五	鸡八
令五	吏十	从一	鸡六

2. 损益术

损益术曰:数不等者,损益求齐,如方程之。③

---

① 设县令一人食 x 只,衙吏每人食 y 只,随从每人食 z 只,则有下面三元一次联立方程组:

$\begin{cases} x+5y+10z=10 \\ 10x+y+5z=8 \\ 5x+10y+z=6 \end{cases}$ 用行列式求得: $D = \begin{vmatrix} 1 & 5 & 10 \\ 10 & 1 & 5 \\ 5 & 10 & 1 \end{vmatrix} = 1+10\times10\times10+5\times5\times5-10\times5\times1-5\times1\times10=$

976。$D_x = \begin{vmatrix} 10 & 5 & 10 \\ 8 & 1 & 5 \\ 6 & 10 & 1 \end{vmatrix} = 10\times1\times1+8\times10\times10+6\times5\times5-8\times51-6\times10=360$。$D_y = \begin{vmatrix} 1 & 10 & 10 \\ 10 & 8 & 5 \\ 5 & 6 & 1 \end{vmatrix} =$

$1\times8\times1+10\times6\times10+5\times10\times5-1\times6\times5-10\times10\times1-5\times8\times10=328$。$D_z = \begin{vmatrix} 1 & 5 & 10 \\ 10 & 1 & 8 \\ 5 & 10 & 6 \end{vmatrix} = 6+10\times10\times$

$10+5\times5\times8-1\times10\times8-10\times5\times6-5\times1\times10=776$。所以, $x = \dfrac{D_x}{D} = \dfrac{360}{976} = \dfrac{45}{122}$ 只, $y = \dfrac{D_y}{D} = \dfrac{328}{976} = \dfrac{41}{122}$ 只,

$z = \dfrac{776}{976} = \dfrac{97}{122}$ 只。

② 列方程:

左行　中行　右行

$\begin{vmatrix} 5 & 10 & 1 \\ 10 & 1 & 5 \\ 1 & 5 & 10 \\ 6 & 8 & 10 \end{vmatrix}$ $\xrightarrow[\text{同时用左行减中行}]{\text{用 2 遍乘左行,}}$ $\begin{vmatrix} 0 & 10 & 1 \\ 19 & 1 & 5 \\ -3 & 5 & 10 \\ 4 & 8 & 10 \end{vmatrix}$ $\xrightarrow[\text{同时用中行减右行}]{\text{用 10 遍乘右行,}}$ $\begin{vmatrix} 0 & 0 & 1 \\ 19 & -49 & 5 \\ -3 & -95 & 10 \\ 4 & -92 & 10 \end{vmatrix}$

$\xrightarrow[\text{同时用左行减中行}]{\text{用 49 遍乘左行,}}$ $\begin{vmatrix} 0 & 10 & 1 \\ 0 & 1 & 5 \\ 1952 & 5 & 10 \\ 1552 & 8 & 10 \end{vmatrix}$,

求得: $z = \dfrac{1552}{1952} = \dfrac{97}{122}$ 只。同理, $x = \dfrac{45}{122}$ 只, $y = \dfrac{41}{122}$ 只。

③ 一贯等于1000文。根据题意,设马、牛价分别为 x , y ,则有下列方程式: $\begin{cases} (2x+y)-10000=\dfrac{1}{2}x \\ 10000-(x+2y)=\dfrac{1}{2}y \end{cases}$ 。用

损益术,得方程 $\begin{cases} \dfrac{3}{2}x+y=10000 \\ x+\dfrac{5}{2}y=10000 \end{cases}$ 。解方程,得 $y = \dfrac{20000}{11} = 1818\dfrac{2}{11}$ 文,故 $x = 10000-\dfrac{5}{2}\times\dfrac{20000}{11} = \dfrac{120000}{22} =$

$5454\dfrac{6}{11}$ 文。

（10）二马、一牛价过十贯，外多半马之价。一马、二牛价不满十贯，内少半牛之价。问：各价几何？

答曰：马五贯四百五十四钱十一分钱之六，牛一贯八百一十八钱十一分钱之二。

术曰：如方程，损益之。此一马半与一牛价直一万也，二牛半与一马亦直一万也。一马半与一牛直钱一万，通分内子，右行为三马、二牛，直钱二万。二牛半与一马直钱一万，通分内子，左行为二马、五牛，直钱二万也。

（11）今有上禾七秉，损实一斗，益之下禾二秉，而实一十斗。下禾八秉，益实一斗与上禾二秉，而实一十斗。问：上、下禾实一秉各几何？

答曰：上禾一秉实一斗五十二分斗之二十八，下禾一秉实五十二分斗之四十一。

术曰：如方程。损之曰益，益之曰损。[①] 问者之辞，虽以损益为说，今按实云：上禾七秉，下禾二秉，实一十一斗；上禾二秉，下禾八秉，实九斗也。损之曰：益言损一斗，余当一十斗也。今欲全其实，当加所损也。益之曰：损言益实，以一斗乃满一十斗。今欲加本实，当减所加即得也。损实一斗者，其实过一十斗也。益实一斗者，其实不满一十斗也。重谕损益数者，各以损益之数损益之也。上禾七秉，下禾二秉，共十一斗；上禾二秉，下禾八秉，共实九斗。[②]

草曰：上禾二位，互乘两行，以少减多，简位求之，合问。

3. 正负法

正负法曰：其一，异名相减，同名相加，正无入正之，负无入负之。其二，同名相减，异名相加，正无入负之，负无入正之。

（12）今有上禾五秉，损实一斗一升，当下禾七秉。上禾七秉，损实二斗五升，当下禾五秉。问：上、下禾实一秉各几何？

答曰：上禾一秉五升，下禾一秉二升。

---

① 有两种解释：一种认为，它系指关系式的一端向另一端移项，在移项过程中，其符号由加变减，由减变加。具体地讲，就是在关系式的一端减去某量，就相当于在另一端加上某量，同理，在关系式的一端减去某量，就相当于向关系式的另一端加上同一量。另一种认为，它是指在方程的设问中，对"物"称为"损"者，则相对于"实"，便是"益"；反过来也一样。可见，它仅仅是布列方程模式而对物与实之数进行换算的简单原则。

② 依题意，设 x 为上禾一秉所含实的斗数，y 为下禾一秉所含实的斗数，其布列方程见下表：

	左行	右行
上禾	2秉	7秉−1斗
下禾	8秉+1斗	2秉
实	10斗	10斗

或者

	左行	右行
上禾	2秉	7秉
下禾	8秉	2秉
实	9斗	11斗

用现代二元一次联立方程求解，则 $\begin{cases} 7x+2y=10+1 \\ 2x+8y=10-1 \end{cases}$ 或为 $\begin{cases} (7x-1)+2y=10 \\ 2x+(8y+1)=10 \end{cases}$。经损益之后，$\begin{cases} 7x+2y=11 & ① \\ 2x+8y=9 & ② \end{cases}$。

由式①知 $y=\dfrac{11}{2}-\dfrac{7}{2}x$，代入式②得：$52x=70$，$x=1\dfrac{28}{52}$ 斗。

术曰：如方程，置上禾五秉正，下禾七秉负，损实一斗一升正。^①言上禾五秉之实多，减其一斗一升，余，是与下禾七秉相当数也。故互其算，令相折除，以一斗一升为差。为差者，上禾之余实也。次置上禾七秉正，下禾五秉负，损实二斗五升正。以正负术入之。按：正负之术，本设列行，物程之数不限少多，必令与实上下相次，而以每行各自为率多少。然而或减或益，同行异位，殊为二品，各自并、减，之差见于下也。

草曰：列置所问

| 五正 | 七负 | 一斗一升正 |
| 七正 | 五负 | 二斗五升正 |

上禾互乘两行，以少行同名相减，右上禾空，以法除实，得下禾一秉二升，以减左行下禾，即见上和之实矣。^②

（13）今有上禾六秉，损实一斗八升，当下禾一十秉。下禾一十五秉，损实五升，当上禾五秉。问：上、下禾实一秉各几何？

答曰：上禾一秉实八升，下禾一秉实三升^③。

术曰：如方程，置上禾六秉正，下禾一十秉负，损实一斗八升正。次上禾五秉负，下禾一十五秉正，损实五升正。以正负术入之。言上禾六秉之实多，减损其一斗八升，余是与下禾十秉相当之数。故亦互其算，而以一斗八升为实。差实者，上禾之余实。

草曰：列置所问

| 上六秉正 | 下十秉负 | 下一斗八升正 |
| 上五秉负 | 十五秉正 | 实五升正 |

右上六秉，左上原五，互乘两行，皆十约之。以少减多，异名减右上空中，余四为

---

① 依题意列方程：$\begin{vmatrix} 7 & 5 & 上禾 \\ -5 & -7 & 下禾 \\ 25 & 11 & 实 \end{vmatrix}$ 用现代的二元一次联立方程式表达，则为：$\begin{cases} 5x-7y=11 & ① \\ 7x-5y=25 & ② \end{cases}$。解

得：$x=\dfrac{11}{5}+\dfrac{7}{5}y$，将其代入式②，$y=2$升，故 $x=5$升。

② 依正负术通过"加减消元法"的矩阵来解，其程式如下：

左行 右行

$\begin{vmatrix} 上禾 & 7 & 5 \\ 下禾 & -5 & 7 \\ 实 & 25 & 11 \end{vmatrix}$ $\xrightarrow{左行-右行}$ $\begin{vmatrix} 2 & 5 \\ 2 & -7 \\ 5 & 11 \end{vmatrix}$ $\xrightarrow{右行-左行}$ $\begin{vmatrix} 2 & 3 \\ 2 & -9 \\ 3 & -3 \end{vmatrix}$ $\xrightarrow{左行-右行}$ $\begin{vmatrix} 1 & 1 \\ 13 & -11 \\ 31 & -17 \end{vmatrix}$ $\xrightarrow{左行-右行}$

$\begin{vmatrix} 1 \\ 24 & -11 \\ 48 & -17 \end{vmatrix}$ $\xrightarrow{左行除24}$ $\begin{vmatrix} 1 \\ 1 & -11 \\ 2 & -17 \end{vmatrix}$ $\xrightarrow{左行乘11}$ $\begin{vmatrix} 1 \\ 11 & -11 \\ 22 & -17 \end{vmatrix}$ $\xrightarrow{左行-右行}$ $\begin{vmatrix} 1 \\ 11 \\ 22 & 5 \end{vmatrix}$ $\xrightarrow{左行除11}$ $\begin{vmatrix} 1 & 1 \\ 1 \\ 5 & 5 \end{vmatrix}$,

即得上禾一秉五升，下禾一秉二升。

③ 设上禾一秉实为 x 斗，下禾一秉实为 y 斗，则用现代的二元一次联立方程表示：$\begin{cases} 6x-10y=18 & ① \\ -5x+15y=5 & ② \end{cases}$

由式②知：$x=3+\dfrac{5}{3}y$。代入式②得：$y=20\times\dfrac{3}{20}=3$升，则 $x=8$升。

法,同名加实,除得一秉三升,以减右行,下禾求上禾,得八升。合问。①

（14）今有上禾三秉,益实六斗,当下禾一十秉。下禾五秉,益实一斗,当上禾二秉。问:上、下禾实一秉各几何?

答曰:上禾一秉实八斗,下禾一秉实三斗。

术曰:如方程,置上禾三秉正,下禾一十秉负,益实六斗正。次置上禾二秉负,下禾五秉正,益实一斗正。以正负术入之。② 言上禾三秉之实少,益其六斗,然后于下禾十秉相当也。故亦互其算,而以六斗为差实。差实者,下禾之余实。

解题:牛、马问价者,可以损益。此题不可损益,以本身并添积为正,当未为负求之。

术曰:以所求率互乘邻行,齐所求之率,以少减多。去其求率。再求减损。位繁者,再求即上文之意。不过欲其位。简钱为实,物为法,实如法而一。

草曰:前问未足以发明正负,以此问再叙法草讲明。

列置所问

上三正	下十负	添六斗正
上二负	下五正	添一斗正

以所求率、上禾互乘诸行。右三乘左行,左二乘右行。以少减多。左行减右。异名相减。六负减六正,十五正减二十负。同名相加。二斗加十二斗。

上空	五负	十五斗正
六负	十五正	三斗正

再求。欲去下禾,以下禾互乘两行。减损。以少减多,右负异名减左正同名,加右斗,得后数。

上空	七十五负	二百二十五
三十负	下禾空	二百四十

---

① 依术文,列方程如下:

	左行	右行
上禾	-5	6
下禾	15	-10
实	5	18

用6遍乘左行

-30	6
90	-10
30	18

左行+右行,反复相加5次

0	6
40	-10
120	18

,

解得:下禾每秉的实为 $\frac{120}{40}=3$ 升。则上禾每秉的实为:$[18-(-10\times3)]\div6=8$ 升。

② 设上禾一秉实为 x 斗,下禾一秉实为 y 斗,依题意,用现代的二元一次联立方程表示,则为:
$\begin{cases}3x+=10y\\5y+=2x\end{cases}$ 互其算,得 $\begin{cases}3x-10y=-6 &①\\-2x+5y=-1 &②\end{cases}$。

由式①,得 $x=\frac{10}{3}y-2$。代入式②,得 $y=3$ 斗,求得 $x=10-2=8$ 斗。

斗为实,禾为法,实如法而一。①

4. 分母子术

分母子术曰:方程有分母子者,齐二求之。

(15) 今有五家共井,甲二绠不足,如乙一绠;乙三绠不足,如丙一绠;丙四绠不足,如丁一绠;丁五绠不足,如戊一绠;戊六绠不足,如甲一绠。如各得所不足一绠,皆逮。问:井深、绠长各几何?

答曰:井深七丈二尺一寸。甲绠长二丈六尺五寸,乙绠长一丈九尺一寸,丙绠长一丈四尺八寸,丁绠长一丈二尺九寸,戊绠长七尺六寸。

术曰:如方程,以正负术入之。此率初如方程为之名,各一逮井。其后法得七百二十一,实七十六,是为七百二十一绠而七十六逮井,并用逮之数。以法除实者,而戊一绠逮井之数定,逮七百二十一分之七十六。是故七百二十一为井深,七十六为戊绠之长,举率以言之。②

解题:即分母子方程也,古人变五家,借绠逮深为问,可谓佳作。

术曰:户绠数为分母,相乘。通其分也。借绠数为分子。并内其子也。先得井深,副列各户本绠所借及积。井深之积。如方程正负入之。前法。

草曰:五绠数为分母,相乘。得七百二十。皆借绠数。借一。为分子,并之。得七百二十一。为深积,副列各户本绠所借及深积求。

甲	乙	丙	丁	戊	深积
二	一				七百二十一
	三	一			七百二十一
		四	一		七百二十一
			五	一	七百二十一
一				六	七百二十一

---

①

	左行	右行				

$$\begin{vmatrix} 上禾 & -2 & 3 \\ 下禾 & 5 & -10 \\ 实 & 1 & 6 \end{vmatrix} \xrightarrow{用3遍乘左行,用(-2)遍乘右行} \begin{vmatrix} -6 & 6 \\ 15 & -20 \\ 3 & 12 \end{vmatrix} \xrightarrow{同号相加、异号相减}$$

$$\begin{vmatrix} 0 & -6 \\ -5 & 15 \\ 15 & 3 \end{vmatrix} \xrightarrow{用15乘遍乘左行} \begin{vmatrix} 0 & -6 \\ -75 & 15 \\ 225 & 3 \end{vmatrix}$$ 故得下禾每秉的实为: $\left|\dfrac{225}{-75}\right|=3$ 斗。上禾每秉的实为:

$\{3-[15\times(-3)]\div(-6)\}=48\div6=8$ 斗。

② 设甲、乙、丙、丁、戊各家绳索的长分别为 x、y、z、u、v,井深为 h。则有下列不定方程组式: $\begin{cases} 2x+y=h \\ 3y+z=h \\ 4z+u=h \\ 5u+v=h \\ 6v+x=h \end{cases}$。

用加减消元法,可得: $x=\dfrac{265}{721}h, y=\dfrac{191}{721}h, z=\dfrac{148}{721}h, u=\dfrac{129}{721}h, v=\dfrac{76}{721}h, h=1,2,3,\cdots$ 求得其最小解为: $x=265, y=191, z=148, u=129, v=76, h=721$。

　　如方程,正负入之。只求戊行,可取诸缐。二乘戊行,以甲行同名减之,甲空乙正无入负。其一,乙戊一十二,积七百二十一,三乘戊行,以乙行异名减之,乙空丙负,无入正;其一,丙戊三十六。同名加积,得二千八百八十四。四乘戊行,以丙行同名减之,丙空丁负,无入负;其一,丁戊一百四十四,同名减积,得一万八百一十五,五乘戊行,以丁行异名减之,丁空同名,加戊,为七百二十一,加积,得五万四千七百九十六。积为实,戊为法,除得戊缐七尺六寸,递除丁、丙、乙、甲所借,以求四缐,合问。①

　　比类:三人易物,甲以朱二两、粉一两;乙以粉三两、丹一两;丙以丹四两、朱一两,皆得椒一斤。问:各价钱何?

　　答曰:椒二贯五百,朱九百,粉七百,丹四百。

　　草曰:以朱二、粉三、丹四为分母,相乘,加内子一,粉、丹、朱皆一也,得二十五。前术约缐为

---

　　① 依题意,则列方程式为

$$
\begin{vmatrix}
1 & 0 & 0 & 0 & 2 \\
0 & 0 & 0 & 3 & 1 \\
0 & 0 & 4 & 1 & 0 \\
0 & 5 & 1 & 0 & 0 \\
6 & 1 & 0 & 0 & 0 \\
1 & 1 & 1 & 1 & 1
\end{vmatrix}
\xrightarrow{\text{经加减消元}}
\begin{vmatrix}
0 & 0 & 0 & 0 & 721 \\
0 & 0 & 0 & 721 & 0 \\
0 & 0 & 721 & 0 & 0 \\
0 & 721 & 0 & 0 & 0 \\
721 & 0 & 0 & 0 & 0 \\
76 & 129 & 148 & 191 & 265
\end{vmatrix}
$$

。这样,各缐长与井深的比率为:甲:乙:

丙:丁:戊:井深=265:191:148:129:76:721。

　　即当井深等于$721h(h=1,2,3,\cdots)$时,都能得出甲,乙,丙,丁,戊的符合原问的正整数解。

　　如果依术文列方程,则

	左行	左₁	中行	右₂	右行
甲	1	0	0	0	2
乙	0	0	0	3	1
丙	0	0	4	1	0
丁	0	5	1	0	0
戊	6	1	0	0	0
井深	721	721	721	721	721

用2遍乘左行,同时用右行同号减之 →

0	0	0	0	2
-1	0	0	3	1
0	0	4	1	0
0	5	1	0	0
12	1	0	0	0
721	721	721	721	721

用3遍乘左行,同时用右₂行减之(异号相减) →

0	0	0	0	2
0	0	0	3	1
1	0	4	1	0
0	5	1	0	0
36	1	0	0	0
2884	721	721	721	721

用4遍乘左行,同时用中行减之,同号相减 →

0	0	0	0	2
0	0	0	3	1
0	0	4	1	0
-1	5	1	0	0
144	1	0	0	0
10815	721	721	721	721

用5遍乘左行,同时用左2行减之,异号相减,同号相益 →

0	0	0	0	2
0	0	0	3	1
0	0	4	1	0
0	5	1	0	0
721	1	0	0	0
54796	721	721	721	721

,

　　求得$v=76$钱。

　　前面所说:"举率以言之。"是说这组数在扩大或缩小若干倍之后,其结果也是方程的一组解。换言之,此方程的解不定。

寸，今问约钱上百，即二贯五百文。以三人出物，列位如方程，正负术入之。①

甲	朱二	一	无入	价二贯五百
乙	无入	粉三	丹一	价二贯五百
丙	朱一	无入	丹四	价二贯五百

以二因丙行、甲行同名减朱空，正无入负，粉一同名减积，得二贯五百；三因丙行以乙行异名减粉空，同名加丹为二十五。同名加积，得一十贯。以丹除钱，得四百，递减甲、乙，即得所答数。

（16）今有卖牛二，羊五，以买十三豕，有余钱一千。卖牛三，豕三，以买九羊，钱适足。卖羊六，豕八，以买五牛，钱不足六百。问：牛、羊、豕价各几何？

答曰：牛价一千二百，羊价五百，豕价三百。

术曰：如方程，置牛二、羊五正，豕一十三负，余钱数正；次牛三正，羊九负，豕三正；次置牛五负，羊六正，豕八正，不足钱负。以正负术入之。此中行买、卖相折，钱适足，故但互买卖算而已。故下无钱直也。设欲以此项如方程法，先令二牛遍乘中行，而以右行直除之。是终于下实虚缺矣。② 故注曰：正无实负，负无实正，方为类也。方将以别实加适足之数与实物作实。盈不足章"黄金白银"与此相当。"假令黄金九，白银一十一，称之重适等。交易其一，金轻十三两。问金、银一枚各重几何？"与此同。卖二牛、五羊，买十三豕，剩钱一贯。卖一牛、一豕，买三羊，适足。卖六羊、八豕，买五羊，少钱六百。与前题同。

解题：卖为正数，买为负数。题中借卖买为正负。又加少剩、适足为问，此意不亦远乎？

正负：正者，正数也；负者，欠数也。方相以邻行相乘，求等对位为除而简其位，求源如正负名不同者，数不相入，可副置位旁，正负折除，古人谓非其法，故立成术。撰异名相减，同名相减二法，使学者参题取用，以代副置折除之愚也。

一法：异名相减。正见负为异名，以正减负者，非减也。是正折其去负矣。负见正亦异名，

---

① 设每两朱值 x 钱，每两粉值 y 钱，每两丹值 z 钱，每两椒值 u 钱，依题意，列方程式：
$$\begin{cases} 2x+y=2500 & (1) \\ 3y+z=2500 & (2) \\ 4z+u=2500 & (3) \end{cases}$$
异术文，列方程式如下：

左行	中行	右行		左行	中行	右行		左行	中行	右行
1	0	2	用2遍乘左行，	0	0	2	用3遍乘左行，同时用	0	0	2
0	3	1	同时左行减右行	-1	3	1	左行减中行，异号	0	3	1
4	1	0	→	8	1	0	相除，同号相益 →	25	1	0
2500	2500	2500		2500	2500	2500		10000	2500	2500

得：$z=\dfrac{10000}{25}=400$ 文，代入式（2），得 $y=\dfrac{2100}{3}=700$ 文，将 y 值代入式（1），得 $x=\dfrac{1800}{2}=900$ 文。

② 设一头牛售价为 x 钱，一只羊售价为 y 钱，一头猪售价为 z 钱，依题意，则
$$\begin{cases} 2x+5y-132=1000 & (1) \\ 3x-9y+3z=0 & (2) \\ -5x+6y+8z=-600 & (3) \end{cases}$$
由式（1）＋式（2）＋式（3），得：$2y-2z=400$，或 $y=200+z$。将其代入式（1）和式（2），可得：
$$\begin{cases} 2x-8z=0 \\ 3x-6z=1800 \end{cases}$$
解此方程组，得：$\begin{cases} z=300 \text{ 钱} \\ x=1200 \text{ 钱} \end{cases}$，则 $y=500$ 钱。

以负减正者,诚减也。正多负而折去矣。**同名相加。**正见正,或负见负,皆为同名,上文异名为减,下即同名补还。**正无人正之,负无人负之。**本是同名相加,因邻位无算可入,故云:正无入者,仍为正。负无入者,仍为负。古本误刻无人者,非。以问中草段为解,就明作法也。

卖为正		买为负	适足数停
多为正		少为负	
二正	五正	十三负	一贯正
一正	三负	一正	空
五负	六正	八正	六百负

先去羊。乘少羊之行与多羊等而对减,二乘中行减左。

二正	五正	十三负	一贯正
二正	六负	二正	空
(减数)二正	六负	二正	空
(原数)五负	六正	八正	六百负
(正负折除此数)三负	空	十正	六百负
(异名相减)	(异名相减)	(同名相加)	(无加不动)

二法:**同名相减。**正见正,负见负,谓之同名相减。**异名相加。**上以正减正,下以负还正,或以正还负。上以负减负,下以负还正,或以正还负,犹前去相补之意。**正无人正之,负无人负之。**亦是异名相加,补还之理,原其邻位无算可入,故云:是反前术。更摘草段为解

二正	五正	十三负	一贯正
二正	六负	二正	空
三负	无	十正	六百贯

去中牛,以右行减之。右二牛等也。

二正	五正	十三负	一贯正
(减数)二正	五正	十三负	一贯正
(原数)二正	六负	二正	无入
(折半此数)牛空	十一负	十五正	一贯负
(同名相减)	(异名相加)	(异名相加)	(正无入负)
三负	羊空	十正	六百贯(以后并用成法,更不重说)

更去左牛,以右牛乘左行,用左行两度,异名相减。左三牛负减右六牛正,左十豕正减二十豕负,左六百负减一贯二百正。

牛空	十五正	十九负	一贯八百正
牛空	十一负	十五正	一贯负
三负	羊空	一十正	六百负

去其羊,以右中羊互乘,以右减中。

牛空	百六十五正	二百九负	十九贯八百正
牛空	羊空	十六正	四贯八百(同名相减,无入正之)
三负	羊空	一十正	六百负

钱为实,物为法。先求豕价以减左右之豕,求牛之价。[①]

(17) 上禾三秉,添六斗,当下禾十秉。下禾八斗,添一斗,当上禾二秉。问:秉几何?

---

① 列方程

	左行	中行	右行					
头位	5	−3	−2	牛		5	6	−2
中位	−6	9	−5	羊	用(−2)遍乘中行	−6	−18	−5
下位	−8	−3	13	豕		−8	6	13
余	−600	0	1000			−600	0	1000

中行与右行相除(异名相除,同名相益),反复3次

5		−2		−10		−2
−6	−33	−5	用(−2)遍乘左行	12	−33	−5
−8	45	13		16	45	13
−600	−3000	1000		1200	−3000	1000

左行与右行相除(同名相除,异名相益)

0	0	−2		0	0	−2
37	−33	−5	用(−33)遍乘左行	−1221	−33	−5
−49	45	13		1617	45	13
−3800	−3000	1000		125400	−3000	1000

左行与中行相减(同名相除,异名相益),反复37次

0	0	−2
0	−33	−5
48	45	13
14400	−3000	1000

求得豕价为 $x=\dfrac{14400}{48}=300$ 钱,代入中行为:$-33y+300\times45=-3000$。

解方程得:$y=500$ 钱。

将 $z=300$ 钱及 $y=500$ 钱代入右行,即 $2x+5y-13z=1000$,解得 $x=1200$ 钱。

或者用下式运算,知:$D=\begin{vmatrix} 2 & 5 & -13 \\ 3 & -9 & 3 \\ 5 & -6 & -8 \end{vmatrix}=24$。

则 $D_x=\begin{vmatrix} 1000 & 5 & -13 \\ 0 & -9 & 3 \\ 600 & -6 & -8 \end{vmatrix}=28800,D_y=\begin{vmatrix} 2 & 1000 & -13 \\ 3 & 0 & 3 \\ 5 & 600 & -8 \end{vmatrix}=1200,D_z=\begin{vmatrix} 2 & 5 & 1000 \\ 3 & -9 & 0 \\ 5 & -6 & 600 \end{vmatrix}=7200$。

解得:$x=\dfrac{D}{D_y}=1200$ 钱,$y=500$ 钱,$z=300$ 钱。

答曰:上禾一秉八斗,下禾一秉三斗。[①]

分母子术曰:方程有分母子者,齐而求之。

(18) 今有甲禾二秉、乙禾三秉、丙禾四秉,重皆过于石。甲二重如乙一,乙三重如丙一,丙四重如甲一。问:甲、乙、丙禾一秉各重几何?

答曰:甲禾一秉重二十三分石之一十七,乙禾一秉重二十三分石之一十一,丙禾一秉重二十三分石之一十。

术曰:如方程,置重过于石之物为负。此问者,言甲禾二秉之重过于一石也。其过者几何?如乙一秉重矣。互其算,令相折除,以一石为之差实。差实者,如甲禾余实。故置算相与同也。以正负术人之。此入,头位异名相除者,正无入正之,负无入负之也。[②]

草曰:不可损益,而以多为负,本重为正,求之。

二正	一负	丙空	一石正
甲空	三正	一负	一石正
一负	乙空	四正	一石正

先去甲者,二乘左行,以右异名减左甲空、乙一负,负无入负之。丙八正同名加三石正。欲去乙者,三乘左右,以中行异名减左右,负无入负之,同名相加。

六正	空	一负	四石正
空	三正	一负	一石正
空	空	二十三正	十石正

二十三乘中右,以左异名相减,同名加。

---

① 设上禾为 x,下禾为 y,依题意,则有下列方程组:$\begin{cases} 3x+6=10y & ① \\ 5y+1=2x & ② \end{cases}$ 由式②求得:$x=\dfrac{5}{2}y+\dfrac{1}{2}$,将其代入式①,求得 $3\left(\dfrac{5}{2}y+\dfrac{1}{2}\right)+6=10y$。用"分母子术",得 $15y+15=20y$,$y=3$ 斗。将 $y=3$ 斗代入 $x=\dfrac{5}{2}y+\dfrac{1}{2}$,求得 $x=8$ 斗。

② 设甲种每捆收谷 x 石,乙种每捆收谷 y 石,丙种每捆收谷 z 石,则有下列三元一次方程组:$\begin{cases} 2x-y=1 \\ 3y-2=1 \\ 4z-x=1 \end{cases}$。

用行列式法求得:$D=\begin{vmatrix} 2 & -1 & 0 \\ 0 & 3 & -1 \\ -1 & 0 & 4 \end{vmatrix}=2\times3\times4-1=23$,$D_x=\begin{vmatrix} 1 & -1 & 0 \\ 1 & 3 & -1 \\ 1 & 0 & 4 \end{vmatrix}=1\times3\times4+1\times(-1)\times(-1)-1\times(-1)\times4=17$,$D_y=\begin{vmatrix} 2 & 1 & 0 \\ 0 & 1 & -1 \\ -1 & 1 & 4 \end{vmatrix}=2\times1\times4+(-1)\times1\times(-1)-2\times1\times(-1)=11$,$D_z=\begin{vmatrix} 2 & -1 & 1 \\ 0 & 3 & 1 \\ -1 & 0 & 1 \end{vmatrix}=2\times3\times1+(-1)\times1\times(-1)-3\times1\times(-1)=10$。即 $x=\dfrac{17}{23}$ 石,$y=\dfrac{11}{23}$ 石,$z=\dfrac{10}{23}$ 石。

甲百三十八		百二石正
乙六十九正		三十三正
二十三正		十石正

以中右行约之，钱为实，物为法，除，合同。①

(19) 大器五、小器一，容三石；小器五、大器一，容二石。问：大、小器各容几何？

答曰：大器容二十四分石之十三，小器容二十四分石之七。②

总说：方程以诸物，总并为问。其法以减损求源为主，去一存一，以考其数，如甲、乙行列诸物与价。术以甲行首位遍乘其乙，复以乙行首位遍乘其甲。求其有等，以少行减多行，是去其物，减其钱见一法一实，如商除之行位繁者，次第求之。③

---

① 依术文列方程式：

$$\begin{vmatrix} -1 & 0 & 2 \\ 0 & 3 & -1 \\ 4 & -1 & 0 \\ 1 & 1 & 1 \end{vmatrix}$$ 用2遍乘左行，同时用左行减右行 $$\begin{vmatrix} 0 & 0 & 2 \\ -1 & 3 & -1 \\ 8 & -1 & 0 \\ 3 & 1 & 1 \end{vmatrix}$$ 用3乘左行，同时用左行减右行，同号相益，异号相除→

$$\begin{vmatrix} 0 & 0 & 2 \\ 0 & 3 & -2 \\ 23 & -1 & 0 \\ 10 & 1 & 1 \end{vmatrix}$$。求得：$z=\frac{10}{23}$石。同理，$x=\frac{17}{23}$石，$y=\frac{11}{23}$石。

② 本题详解见"题兼二法者十二问"。

③ 解含有两个以上线性方程组的一般方法。

勾股卷第十

　　杨辉题录载本卷 38 问:少广 13 问,商功 1 问,勾股 24 问。[①]《详解九章算法·纂类》与此同。然而,《详解九章算法》勾股卷却载有 46 题,笔者依《永乐大典》补入 1 题,故本卷计有算题 47 问,包括勾股求弦法、弦勾求股法、股弦较与勾求弦法、股弦和与勾求股法、勾股求弦和较法、勾股较与弦求勾股法、勾腰容方法、勾弦和股率求勾股法、勾股较及股弦较求勾股法、勾股旁要法、余勾股求容积法、贾宪立成释锁平方法、增乘开平方法、贾宪立成释锁立方法、增乘方法等 16 种算法。

1. 勾股求弦法

　　勾股求弦法[②]曰:勾、股各自乘,并而开方除之。一勾一股,幂与弦积相等,故并而开方,求弦面之数。

　　勾股:短面曰勾,长面曰股,相与结角曰弦。勾短其股,股短其弦。将以施于诸率,故先其此术以见其原也。[③]

　　(1) 今有勾三尺,股四尺,问:为弦几何?

　　答曰:五尺。

---

① 　因杨辉《详解九章算法·纂类》补之。原文所阙"问"字,今补。

② 　《九章算术》刘徽、李淳风注本中的"勾股弦互求图"。

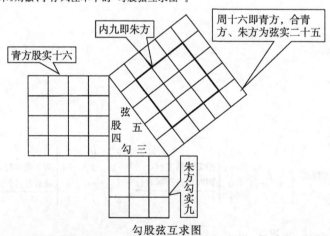

勾股弦互求图

　　戴震案注云:勾自乘为朱方,股自乘为青方,令出入相补合成弦方之幂。又李淳风等所释有云:勾方于内则勾短于股。据此可推见刘徽旧图之意,原本缺逸,今补。

③ 　在此,"勾股术"是讲解已知直角三角形的两边而求其第三边的方法,其中直角三角形的短直角边为勾,长直角边为股,斜边为弦。"诸率"指各种算法。

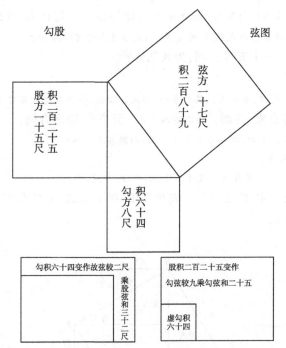

勾股　　　　　　弦图

术曰：勾、股各自乘，并，而开方除之，即弦。① 又股自乘，以减弦自乘，其余开方除之，即勾。② 勾自乘为朱方，股自乘为青方。令出入相补，各从其类，因就其余不移动也，合成弦方之幂。开方除之，即弦也。③ 淳风等按：此术以勾、股幂合成弦幂。勾方于内，即勾短于股。令

---

① 设勾为 a，股为 b，弦为 c，则依题意为 $c=\sqrt{a^2+b^2}$。

② $a=\sqrt{b^2-c^2}$。

③ 对这段解释，学界的看法历来不一致。其主要的图解法有，

第一种方法：

把勾股为边的正方形上的某些部分剪下来如图 10-1 中的朱方和青方两个部分，称为"出"。分别补充在以弦为边的正方形的空白区域内，称为"入"。两者恰好相等，则证明勾股定理成立。（参见刘劲苓编著：《小学数学中的数学史》，北京：中央民族大学出版社，2009：213.）

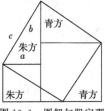

图 10-1　图解勾股定理

第二种方法：

图 10-2 中△ABC 为勾股形，顶点 A 所对的边 BC 为 a，顶点 B 所对的边 AC 为 b，顶点 C 所对的边 AB 为 c，则以勾 a 为边的正方形为朱方，以股 b 为边的正方形为青方。用割补术将朱方和青方拼合成弦方，即以弦 c 为边的正方形，也就是说，弦方的面积 c^2 等于勾方的面积 a^2 与股方的面积 b^2 之和（参见《九章算术注释》）。

股自乘,以减弦自乘,余者即勾幂也。故开方除之,即勾也。又勾自乘,以减弦自成,其余开方除之,即股。勾、股幂合以成弦幂,今去其一,则余在者皆可得而知之。

　　(2)勾八尺,股一十五尺。问:为弦几何?①

答曰:十七尺。

解题:原问勾三股四,求弦五。其数差一,不足。验法:今借后题数目言之,形如半圭田。

草曰:勾、股各自乘,并而。得二百八十九。开方②,除之合问。

比类:田长二百五十步,阔一百二十步。问:两隅相去几何?

答曰:二百五十五步。

草曰:长、阔各自乘,并而得六万五千二十五,开方,合问。③

　　(3)今有木长二丈,围之三尺。葛生其下,缠木七周,上与木齐。问:葛长几何?

答曰:二丈九尺。

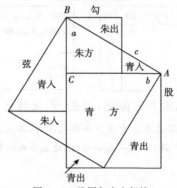

图 10-2　弦图与出入相补

第三种方法。

赵爽《勾股方圆注》云:"弦图,又可以勾股相乘为朱实[图 10-3(a)];二倍之为朱实四,以勾股之差自相乘,为中黄实,加差实一[图 10-3(b)];亦成弦实[图 10-3(c)]。"(参见郁祖权:《中国古算解趣》,北京:科学出版社,2004.)

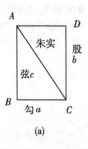

(a)

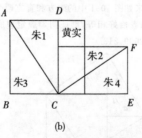

(b)　　　　　　　　(c)

图 10-3　勾股弦图

①　本题为杨辉所增。

②　设勾 $a=8$,股 $b=15$,则 $c=\sqrt{a^2+b^2}=\sqrt{8^2+15^2}=\sqrt{289}=17$。

③　设田长为股 b,田阔为勾 a,两隅为弦 c,则依勾股定理 $c=\sqrt{120^2+250^2}=\sqrt{76900}\approx277$ 步,与原题答案不符,原题计算有误。

术曰：以七周乘三尺为股，木长为勾，为之求弦。弦者，葛之长。据围广木长，求葛之长，其形葛卷裹裹。以笔管青线宛转，有似葛之缠木。解而观之，则每周之间，自有相间成勾股弦。则其间木长为股，围之为勾，葛长为弦。[1] 弦七周乘三围，是并合众勾以为一勾[2]；则勾长而股短；故术以木长谓之勾，围之谓之股，言之倒。互与股求弦，亦如前图勾三自乘为朱幂，股四自乘为青幂，合朱青二十五为弦，五自乘幂出上第一图。勾、股幂合为弦幂，明矣。[3] 然二幂之数谓倒互于弦幂之中而已。可更相表里，居里者则成方幂，其居表者则成矩幂。二表里形讹而数均。[4]

又按：此图勾幂之矩朱卷居表，是其幂以股弦差为广，股弦并为裹，而股幂方其里。股幂之矩青卷居表，是其幂以勾弦差为广，勾弦并为裹，而勾幂方其里。是故差

---

① 依术文，由"缠木七周"知，每解一周，则成一小勾股形，计有 7 个小勾股形。

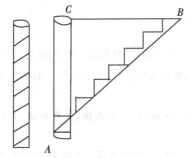

已知勾 $AC = 20$ 尺，股 $BC = 7 \times 3 = 21$ 尺，则弦 $AB = \sqrt{20^2 + 21^2} = \sqrt{841} = 29$ 尺。

② 青线被分成 7 段小弦，用整周之数 7 乘以围广尺数 3，这样就把多个小勾合并为一个大勾了。

③ 李继闵校正为：术云木长谓之勾，言之倒互。勾与股求弦亦如图。二十五青弦之自乘幂，出上第一图，勾、股幂合为弦幂明矣。

④ 白尚恕图释：

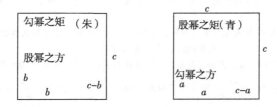

李继闵图释：

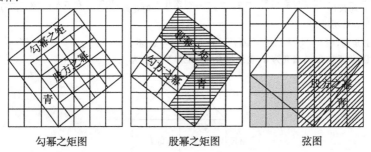

勾幂之矩图　　　股幂之矩图　　　弦图

"倒"指等积变形，原文是说勾股二幂经变形后，移置弦方的面积之内。其中，一为方形，另一为矩形。不过，无论勾方和股方在里或在外，其形尽管各异，但它们的面积却是相等的。

之与并用除之，短、长互相乘也。①

此问周乘围如股，木长如勾，问葛如弦。

草曰：勾七周，乘三围，得二十一尺。股木长二十尺，各自乘，并而得八百四十一。开方除之，合问。

2. 弦勾求股法

弦、勾求股(法)曰：勾自乘，以减弦，自乘余开方除之(弦自乘内有一勾积、一股积，今法减去其勾，余是股积开方，知股数)。

（4）今有弦五尺，勾三尺，问：为股几何？

答曰：四尺。

（5）弦十七步，勾八步。问：为股几何？②

答曰：十五步。

解题：阔、衰，求长。

草曰：勾自乘减弦，自乘余二百二十五步，开方除之。③

比类：雪窨草屋垂披五丈，其檐离地四尺，入深六丈。问：栋高几何？

答曰：四丈四尺。

草曰：勾自乘，半入深为三丈，自乘得九，以减弦，自乘垂披，自乘减余十六开方，加檐离地四尺，合问。④

（6）今有圆材，径二尺五寸。欲为方版，令厚七寸，问：广几何？

----

① 见白尚恕图释。

"勾幂之矩"指图中表示勾方面积的矩形，"青卷白表"指勾幂之矩在弦方图中着青色。如果此矩形变为直长方形，那么，它的宽就是股与弦两边之差，而它的长则是股与弦两边之和，即 $a^2=(c-b)(c+b)$，或者说勾^2＝股弦差×股弦并。

同理，对于股幂之矩来说，如果此矩形变为直长方形，那么，它的宽就是勾与弦两边之差，而它的长则是勾与弦两边之和，即 $b^2=(c-a)(c+a)$，或者说股^2＝勾弦差×勾弦并。

所谓"短长互相乘"是指差(股弦差或勾弦差)与并(股弦和或勾弦和)相乘，所谓"差之与并用除之"就是指求差与求和用除法，即股弦差＝$\dfrac{勾^2}{股弦并}$，用字母表示为 $c-b=\dfrac{a^2}{c+b}$。股弦并＝$\dfrac{勾^2}{股弦差}$，用字母表示为 $c+b=\dfrac{a^2}{c-b}$。勾弦差＝$\dfrac{股^2}{勾弦并}$，用字母表示为 $c-a=\dfrac{b^2}{c+a}$。勾弦并＝$\dfrac{股^2}{勾弦差}$，用字母表示为 $c+a=\dfrac{b^2}{c-b}$。

② 本题为杨辉所增。

③ 依勾股定理，则 $b=\sqrt{c^2-a^2}=\sqrt{17^2-8^2}=\sqrt{225}=15$ 步。

④ 依题意，设垂披为 c，檐高为 d，垂披与檐的高距为 b，栋高为 e。

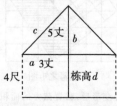

则 $b=\sqrt{c^2-a^2}+d=\sqrt{5^2-3^2}+0.4$ 丈＝$4+0.4$ 丈＝4.4 丈。

答曰:二尺四寸。

术曰:令径二尺五寸自乘,以七寸自乘,减之。其余,开方除之,即广。此以圆径二尺五寸为弦,版厚七寸为勾,所求广为股也。[1]

此问圆径如弦,版厚如勾,求阔如股。

草曰:勾自乘,减弦自乘,余五百七十六寸,开方得股。

3. 股弦求勾法

股、弦求勾法曰:股自乘以减弦,自乘,余开方除之。弦自乘中,有一股一勾积以股减弦,余即勾实,故开方求之。

(7) 今有股四尺,弦五尺,问:为勾几何?

答曰:三尺。

(8) 股十五尺,弦十七尺。问:为勾几何?[2]

答曰:八尺。

解题:长裒问阔。

草曰:股自乘,减弦自乘,余六十四尺百,开方得勾,合问。[3]

比类:仰观台,上方四丈,高四丈八尺,四隅阶裒五丈四尺四寸。问:下方几何?

答曰:九十一尺二寸。

草曰:股自乘,台高减弦,自乘阶裒,余六万五千五百三十六寸,开方得勾二百五十六寸,倍之,为二。勾数加上方四丈,共得台基,合问。[4]

勾、股生变十三名图:勾、股、弦并而为和,减而为较,等而为变、为段,自乘为积、为幂。[5]

————————————

① 依题意,图示如下。

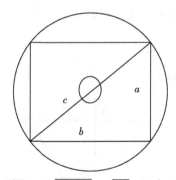

已知弦 c 为 25 寸,勾 a 为 7 寸,则股 $b=\sqrt{25^2-7^2}=\sqrt{576}=24$ 寸=2 尺 4 寸。

② 本题为杨辉所增。

③ 依题意,解 $a=\sqrt{c^2-b^2}=\sqrt{17^2-15^2}=8$ 尺。

④ 裒指长。依题意,设弦为 544 寸,股为 480 寸,则勾=$\sqrt{544^2-480^2}=\sqrt{295936-230400}=\sqrt{65536}=256$ 寸,下方=256×2+400=912 寸=91 尺 2 寸。

⑤ 这里讲的是直角三角形的 13 种关系:勾(a)、股(b)、弦(c)、勾股较($b-a$)、勾弦较($c-a$)、股弦较($c-b$)、勾股和($a+b$)、勾弦和($a+c$)、股弦和($b+c$)、弦较和[$c+(b-a)$]、弦和和[$c+(a+b)$]、弦和较[$(a+b)-c$]、弦较较[$c-(b-a)$]。

有用而取,无用不取,立图而验之。

	释名	假令数	变改	勾股较	股弦较	弦和较	自乘积数
勾	直田阔	八	二段		一	一	六十四
股	直田长	十五	三段	一	一	一	二百二十五
弦	田两隅衺	十七	四段	一	二	一	二百八十九
勾股较	勾减股	七	一段				四十九
勾弦较	勾减弦	九	二段				八十一
股弦较	股减弦	二	一段			一	四
勾股和	勾共股	二十三	五段		二	二	五百二十九
勾弦和	勾共弦	二十五	六段	一	三	二	六百二十五
股弦和	股共弦	三十二	七段	二	三	二	一千二十四
弦较和	弦与勾减股共	二十四	五段	二	二	二	五百七十六
弦和和	勾股共弦	四十	九段	二	四	三	一千六百
弦和较	弦减勾股共数	六	一段			一	三十六
弦较较	以弦减勾股较	十	三段		二	一	一百

4. 股弦较与勾求弦法

股弦较与勾求弦法曰:其一,勾自乘,以股弦较自乘减之,余为实。勾幂内有股弦较乘股一段,乘弦一段,上问求股。以股弦较自乘减积正,余二段股。倍股弦较为法。数中有二段,股弦较乘股,故倍较也。实如法而一。除得股长。

(9) 今有池方一丈,葭生其中央,出水一尺。引葭赴岸,适与岸齐。问:水深、葭长各几何?

答曰:水深一丈二尺。葭长一丈三尺。①

_____

① 依术文,严敦杰作了下面的解释:

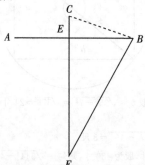

设 AB 为池方一丈＝10 尺,CE 为葭之出水部分＝1 尺,则求水深 EF。"半池方自乘":BE^2。"以出水一尺自乘减之":BE^2-CE^2。"余倍出水除之,即得水深":$EF=\dfrac{BE^2-CE^2}{2\times CE}=\dfrac{5^2-1^2}{2\times 1}=12$ 尺＝1 丈 2 尺。"加出水数得葭长";$CF=EF+CE=13$ 尺＝1 丈 3 尺。

术曰:半池方自乘。此以池方半之,得五尺为勾;水深为股;葭长为弦。以勾及股弦差求股弦,故令勾自乘,先见矩幂也。[①] 以出水一尺自乘,减之。出水者,股弦差。减此差幂于矩幂,余为倍,股弦差乘股长。余,倍出水除之,即得水深。倍差为矩幂之广,水深是股。令此幂得出水一尺为长,故为矩而得葭长也。加出水数,得葭长。淳风等按:此葭本出水一尺,既见水深,故加出水尺数而得葭长也。

解题:半池方如勾,水深如股,引葭平水如弦,出水一尺如股弦较。

草曰:勾自乘。半池方自之,得二十四尺。以股弦较自乘减之。出水一尺,自之一尺。余为实。二十五尺。倍较为法。倍除水为二尺。除之得股。即深一丈二尺。

圆水出葭

圆岸赴葭引

其二,勾与股弦较各乘,并为实,倍较法除之。

(10) 今有开门去阃一尺,不合二寸。[②] 问:门广几何?

答曰:一丈一寸。

术曰:以去阃一尺自乘。所得,以不合二寸半之而一。所得,增不合之半,即得门广。此去阃一尺为勾,半门广为弦,不合二寸以半之,得一寸为股弦差。求弦,故当半之。今次以

---

① 设 5 尺为勾,水深为股,葭长为弦,则水深 $= \dfrac{勾^2-(股弦差)^2}{2\times 股弦差}=\dfrac{5^2-1^2}{2\times 1}=12$ 尺。葭长$=12+1=13$ 尺。

② 图示如下。

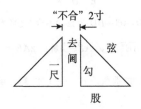

两弦为广数,故不复半之也。①

　　(11) 开门去阃一尺,不合二寸。问:门广几何?

　　答曰:一片广五十寸五分。

　　术曰:勾与股弦较,各自乘并之为实。股弦较乘弦二段也。倍较为法除之。中有二积,故倍而除。②

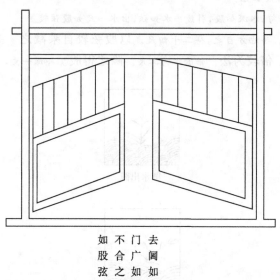

　　　　如　不　门　去
　　　　股　合　广　阃
　　　　弦　之　如　如
　　　　较　半　弦　勾

　　草曰:勾去阃一尺,与股弦较不合二寸,半之,各自乘并之。一百一寸。为实,倍较为法。二寸。除之,合问。

　　其三,勾自乘为实,如股弦较而一,加较半之。

----

① 设"去阃"为勾=1尺=10寸,门宽之半为弦,股弦差=$\dfrac{\text{“不合”}}{2}$=1寸,则门广=$\dfrac{\text{去阃}^2}{\text{不合}}+\dfrac{\text{不合}}{2}$=101寸=

1丈1寸;或用符号表示,则

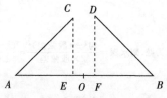

　　设门广为$AB=AO+OB=AC+BD$,$AC=BD$ 为弦,"不合"之半为$EO=\dfrac{1}{2}CD$=1寸,CE 为勾=10寸,则$10=\sqrt{AC^2-AE^2}=\sqrt{(AE+1)^2-AE^2}=\sqrt{2AE-1}$解得$2AE=100-1=99$ 寸。$AB=2AE+2=99+2=101$寸=1丈1寸。

　　② 图示如前,设"去阃"为勾a=19寸,股弦差$c-b$=1寸,则一扇门广=$[a^2+(c-b)^2]\div 2(c-b)=(10^2+1)$=50寸5分。

（12）今有立木，系索其末，委地①三尺。引索却行，去本八尺而索尽。问：索长几何？

答曰：一丈二尺六分尺之一。②

术曰：以去本自乘。此以去本八尺为勾，所求索者，弦也。引而索尽、与开门去阔者，勾及股弦差求股弦，同一术。去本自乘者，先张矩幂。③ 令如委数而一。委地者，股弦差也。以除矩幂，则是股弦并也。所得，加委地数而半之，即索长。④ 子不可半者，倍其母。加差于并，则成两索长。故又半之。其减差于并，而半之，得木长也。⑤

（13）今有立木，垂索委地二尺，引索斜之，挂地去木八尺。问：索长几何？⑥

答曰：十七尺。

术曰：勾自乘为实。前注。如股弦较而一。得股弦和。加较。二弦。半之得弦。

草曰：勾自乘为实。去水八尺，自之得六十四尺。如股弦较而一。委地二尺，除得三十二尺。加较。二尺。半之为弦。斜长一十七尺。⑦

其四，勾自乘为实，如股弦较而一。以较减之，余，半之，得股。

（14）今有垣高一丈，倚木于垣，高⑧与垣齐。引木却行一尺，其木至地。问：木长

---

① 委地是指索超出立木的尺数。

② 见下图：

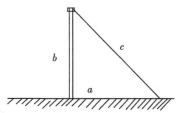

"去本"是指离开立柱根端的距离，为勾。设索长即弦为 c，"立木"即股为 b，"去本"即勾为 $a = 8$ 尺，"委地三尺"为股弦差即 $c - b = 3$，则 $c = \dfrac{1}{2}\left[\dfrac{a^2}{c-b} + (c-b)\right] = \dfrac{1}{2}\left[\dfrac{8^2}{3} + 3\right] = 12\dfrac{1}{6}$ 尺。

③ "引而索尽"为本题所问，而"开门去阔"下面第 15 题所问，两题实为"同一术"：已知股弦差与勾，求弦。

④ 索长 $= \dfrac{1}{2}\left(\dfrac{去本^2}{委数} + 委数\right)$，即弦 $= \dfrac{1}{2}\left(\dfrac{勾^2}{股弦差} + 股弦差\right)$。

⑤ 木长 $= \dfrac{1}{2}\left(\dfrac{去本^2}{委数} - 委数\right)$，即股 $= \dfrac{1}{2}\left(\dfrac{勾^2}{股弦差} - 股弦差\right)$。

⑥ 此题为杨辉所增。

⑦ 已知索长为弦，委数即股弦差为 2 尺，"去水"即勾为 8 尺，则索长 $= \dfrac{1}{2}\left(\dfrac{勾^2}{股弦差} + 股弦差\right) = \dfrac{1}{2}\left(\dfrac{8^2}{2} + 2\right) = \dfrac{1}{2} \times 34 = 17$ 尺。

⑧ 郭书春《九章算术译注本》为"上"，微波榭刊本则作"高"，今依微本。

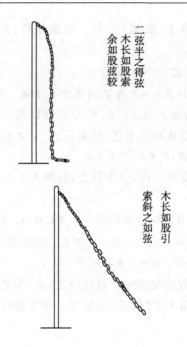

二弦半之得弦　木长如股索　余如股弦较

木长如股引　索斜之如弦

几何？[①]

答曰：五丈五寸。

术曰：以垣高一十尺自乘，如却行尺数而一。所得，以加却行尺数而半之，即木长数。[②] 此以垣高一丈为勾，所求倚木者为弦，引却行一尺为股弦差。为术之意与系索问同也。

（15）垣高一丈，欹木齐垣，木脚去本，以画记之，卧而较之，过画一尺。问：去本几何？[③]

答曰：四丈九尺五寸。

————————————

① 依题意，见图 10-4。

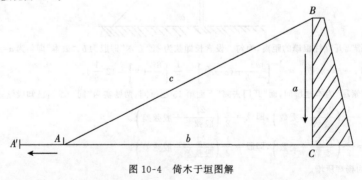

图 10-4　倚木于垣图解

② 已知墙高 1 丈＝10 尺，木杆 AB 长为 c，BC 为 a，AC 为 b，引却行一尺为股弦差，即 $c-b=1$，则 $c=\dfrac{1}{2}\left[\dfrac{a^2}{c-b}+(c-b)\right]=\dfrac{1}{2}\left(\dfrac{10^2}{1}+1\right)=\dfrac{1}{2}\times101=50.5$ 尺＝5 丈 5 寸。

③ 此题为杨辉所增。

术曰：勾自乘为实，如股弦较而一。除得股弦和数。以较减之，余。二股。半之，得股。①

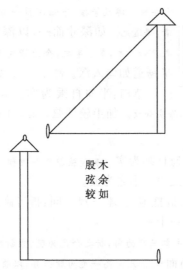

股木
弦余
较如

草曰：勾自乘为实。垣高一丈自之。如较而一。过本十寸，除得千寸。以较减之，余。九百九十寸。半之即股，合问。②

其五，半勾自乘为实，如半段弦较而一，加半较即弦。

（16）今有圆材埋在壁中，不知大小。以锯锯之，深一寸，锯道长一尺。③ 问径几何？

---

① 见图10-4。

设"去本"为股，"垣高"为勾 $=10$ 尺，股弦较即股弦差 $=1$ 尺，则股 $=\frac{1}{2}\left(\frac{勾^2}{股弦差}-股弦差\right)=\frac{1}{2}\left(\frac{10^2}{1}-1\right)=\frac{1}{2}\times99=49.5$ 尺 $=4$ 丈 9 尺 5 寸。 (10-1)

② 1丈 $=100$ 寸，1尺 $=10$ 寸，则代入上式得股 $=\frac{1}{2}\left(\frac{勾^2}{股弦差}-股弦差\right)=\frac{1}{2}\left(\frac{100^2}{10}-10\right)=\frac{1}{2}\times990=495$ 寸 $=4$ 丈 9 尺 5 寸。

③ 图示如下。

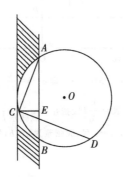

答曰:材径二尺六寸。

术曰:半锯道自乘。<small>此术以锯道一尺为勾,材径为弦,锯深一寸为股弦差之一半。锯道长</small>

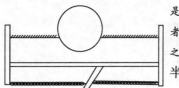

<small>是半也。淳风等按:下锯深得一寸为半股弦差。注云为股差差者,锯道也。如深寸而一,以深寸增之,即材径。亦以半增之。如上术,本当半之,今此皆同半,故不复半也。材径如弦,半锯道如勾入深。两头二寸。如股弦较。一寸乃半较也。</small>①

草曰:半勾自乘为实。<small>半锯道得五寸自之,得二十五。</small>如半股弦较而一。<small>锯深一寸,除实如故。</small>加半较即弦。<small>共二十六寸。</small>

5. 股弦和与勾求股法

股弦和与勾求股法曰:勾自乘为实。<small>变股弦较乘股弦和。</small>如股弦和而一。<small>正除得股弦较。</small>以减股弦和,余。<small>二段之数。</small>半之为股。

(17) 今有竹高一丈,末折抵地,去本三尺。问:折者高几何?

答曰:四尺二十分尺之一十一。

术曰:以去本自乘。<small>此去本三尺为勾,折之余高为股,末折抵地为弦,以勾及股弦并求股,故先令勾自乘见矩幂。</small>令如高而一。<small>凡为高一丈为股弦并,以除此幂得差。</small>所得,以减竹高而半余,即折者之高也。<small>此率与系索之类更相返覆也。亦可如上术,令高自乘为股弦并幂,去本自乘为矩幂,减之,余为实。倍高为法,则得折之高数也。</small>②

---

① 设锯道 AC 为勾＝10 寸,锯深 CE 为股弦差＝1 寸,材径 AD 为弦,则由 AD 为直径知,$\angle ACD = 90°$,且 $AC \perp CE$,$\angle ACE$ 为公共角,因此,直角三角形 $CAE \backsim$ 直角三角形 DCA,则 $\dfrac{CE}{AC} = \dfrac{AC}{AD}$,$AD = \dfrac{AC^2}{CE}$,又 $AC^2 = AE^2 + CE^2$,于是,$AD = \dfrac{AE^2}{CE} + CE$,见第 149 页注③。用术文表达,则为材径＝2 弦＝2(股＋股弦差)＝

$2\left(\dfrac{勾^2 - 股弦差^2}{2 \times 股弦差}\right) = \dfrac{\left(\dfrac{锯道}{2}\right)^2}{锯深} + 锯深 = 25 + 1 = 26$ 寸＝2 尺 6 寸。

② 依题意,作下图:

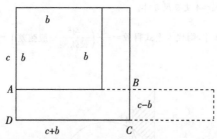

由上图知,长方形 $ABCD$ 的面积 $a^2 = (c+b)(c-b)$,即 $c - b = \dfrac{a^2}{c+b}$。依术文,则 $b = \dfrac{1}{2}\left[(c+b) - \dfrac{a^2}{c+b}\right]$,即

$$股 = \frac{1}{2}\left(股弦并 - \frac{勾^2}{股弦差}\right) \tag{10-2}$$

设折断处离地的高度为股 b,去本为勾 $a = 3$ 尺,股弦差为 $c - b$,竹高 $c+b = 10$ 丈,代入式(10-2)。$b = \dfrac{1}{2}\left(10 - \dfrac{3^2}{10}\right) = 4\dfrac{11}{20}$ 尺。

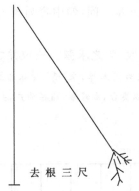

去根三尺

去根如勾,折处如股,折梢如弦,通长如股弦和

草曰:勾自乘。去根三尺,自之九尺。如股弦和而一。以高一丈除得九寸。以减股弦和,余。九尺一寸。半之。得四尺,余约为二十分之十一。①

比类:直田一段,阔九十二步。只云隔斜与正长,共三百六十八步。问:田积几何?

答曰:六十六亩三十步。

术曰:阔自乘为实,如斜长共步而一,以减共步,余半之,得长以长、阔相乘,求田之积。

草曰:阔自乘为实,得八千四百六十四,如斜长共步三百六十八步而一,得二十三,以减共步三百六十八,余半之,得一百七十二步半,即长。复以长、阔相乘,得一万五千八百七十步,以亩法除之,合前问。②

6. 勾股求弦和较法

勾股求弦和较法曰:勾、股求弦。前有本法。加勾、股为法。并勾、股、弦数除总积。实如法而一。除见弦和较六。③

---

① 依术文,则 $(c+b)^2-2b^2+2bc$,化简得:$b=\dfrac{(c+b)^2-a^2}{2(c+b)}=\dfrac{10^2-3^2}{2\times10}=4\dfrac{11}{20}$ 尺。

② 如下图所示:

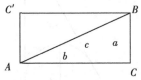

根据题意,设田阔为 $a=92$ 步,田的斜长为 $c+b=368$ 步,则 $b=\dfrac{(c+b)^2-a^2}{2(c+b)}=\dfrac{368^2-92^2}{2\times368}=\dfrac{126960}{736}=172.5$ 步

田亩面积 $ABCC'=a\times b=92\times172.5$ 步 $=15870$ 步。

③ 这句话的完整表述应为:"勾股相乘,倍之为实。勾股求弦,加勾、股为法,实如法而一。"

用数学式表达则为 $a+b+c=\dfrac{2ab}{a+b+c}$,因 $d=a+b-c$,则 $d=\dfrac{2ab}{a+b+c}$。

（18）今有勾八步，股一十五步。问：勾中容圆径^①几何？

答曰：六步。

术曰：八步为勾，十五步为股，为之求弦。三位并之为法。以勾乘股，倍之为实。实如法，得径一步。^② 勾、股相乘为圆本体，朱、青、黄幂各二。则倍之，为各四。可用画于小纸，分裁邪正之会，令颠倒相补，各以类合，成修幂：圆径为广，并勾、股、弦为袤，故并勾、股、弦以为

---

① 《九章算术》注释本中的"勾股容圆图"。

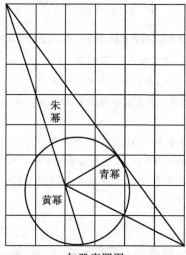

勾股容圆图

案：勾股相乘，半之，为勾股积。有朱、青、黄幂各一，则勾股相乘倍之；有朱、青、黄幂各四，截朱、青幂各成小勾股者二，令倒顺相补，各成小长方，合四朱、四青、四黄而成大长方，以容圆之径而广，并勾股弦为袤。原本缺图，今补。

② 依题意，作图如下：

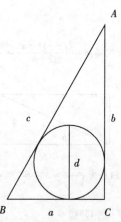

设勾、股、弦分别为 a、b、c，勾中容圆的直径为 d，依术文则 $c = \sqrt{a^2+b^2} = \sqrt{8^2+15^2} = 17$，

而 $d = \dfrac{2ab}{a+b+c} = \dfrac{2 \times (8 \times 15)}{8+15+17} = 6$ 步。

法。① 又以圆大体言之,股中青必令立规于横广,勾、股及邪三径均。而复连规,从横量度勾、股,必

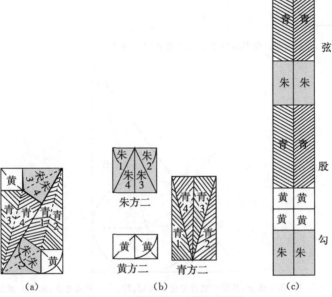

图 10-5 用剪纸法移动拼补示意图

刘徽采用民间剪纸法,将纸板着色,并进行移动拼补,勾股相乘而合成朱、青、黄方各二。

萧文强对图 10-5 做了如下更清晰的图释。

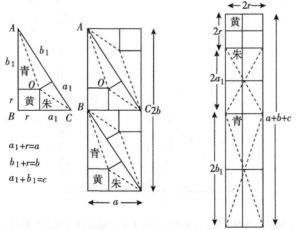

连接内切圆心 O 与 3 个切点、3 个顶点,这样,就将直角三角形分割成 5 部分,各图朱、黄、青 3 种颜色。然后,再用四组同样的小块拼成一个长方形,其长为 $a+b+c$,宽为 d,面积为 $2ab$。(内容详见萧文强《数学证明》,南京:江苏教育出版社,1990:55-57。)

因此,$d=2r=\dfrac{2ab}{a+b+c}$。

合而成小方矣。^①又画中弦以观其会，则勾、股之中成小勾股弦者，四勾面之小股、股面之小勾皆小方之面，皆圆径之半。其数故可衰。以勾、股、弦为列衰，副并为法。以勾乘未并者，各自为实。实如法而一，得勾面之小股可知也。以股乘列衰为实，则得勾股面之小勾可知。^②言虽异矣，及其所以成法实，则同归矣。则又可以股弦差减勾；勾弦差减股为圆径；又，弦减勾股并，余为圆径；并勾弦

---

① 此处的"圆"，是指直角三角形的内切圆，白尚恕曾图示如下。

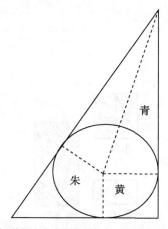

　　将勾股形分割成朱、青、黄3部分，其股中之青须位于与勾、股、弦等距离之处，实际上就是将圆心置于跟三边等距离之处。然后，过圆心作勾、股的距离线，这样便与勾、股组成了一个小正方形，是"黄方"。

② 萧文强用图做出下面解释：

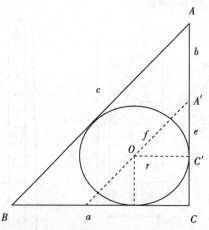

　　过圆心作平行于弦的线段，与两边相交，这样就形成了两个相似的直角三角形，即△ABC∽△A'OC'，设 $BC=a$，$AC=b$，$AB=c$，$A'C'=e$，$OC'=r$，$OA'=f$。

　　按照相似勾股形性质及衰分法，则有：$a:b:c=r:e:f$，且 $r+e+f=b$。所以，$\dfrac{a}{a+b+c}=\dfrac{r}{r+e+f}$。即 $\dfrac{a}{a+b+c}=\dfrac{r}{b}$，解得内切圆直径 $2r=\dfrac{2ab}{a+b+c}$。

差、股弦差减弦，余为圆径；以勾弦差乘股弦差而倍之，开方除之，亦径也。[①]

解题：圆径与弦和较数等，即勾、股求弦较也。

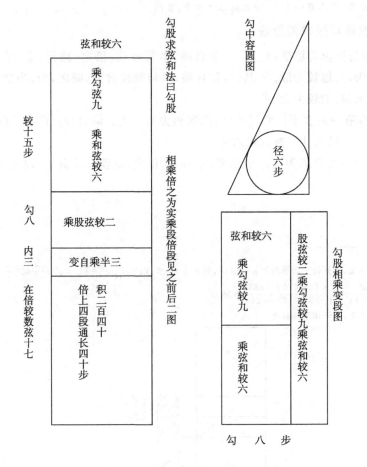

草曰：勾、股相乘。得百二十。倍之为实。二百四十。勾、股求弦。勾八、股十五，各自乘，并之，开方得弦十七。加勾、股为法。共得四十。实如法而一。除得六即圆径。[②]

比类：长九十步，阔四十八步。问：比隔斜步多几何？

答曰：多三十六步。解题：长步如股，阔步如勾，比隔多步如弦，和较即勾、股求弦和较也。

法曰：长、阔相乘，倍之为实，以长、阔求斜步，用勾、股求弦法，加长、阔步为法除之。

---

① 这里给出了计算内接圆半径的 4 种方法：第一种方法是"股弦差减勾为圆径"，即 $2r=a-(c-b)$；第二种方法是"勾弦差减股为圆径"，即 $2r=(a+b)-c$；第三种方法是"弦减勾股并，余为圆径"，即 $2r=(a+b)-c$；第四种方法是"以勾弦差乘股弦差而倍之，开方除之，亦圆径也"，即 $2r=\sqrt{2(c-a)(c-b)}$。

② $c=\sqrt{8^2+15^2}=17$ 步，已知 $a=8$ 步，$b=15$ 步，代入上式，得 $d=\dfrac{2ab}{a+b+c}=\dfrac{2\times(8\times15)}{8+15+17}=\dfrac{240}{40}=6$ 步。

草曰：长、阔相乘，倍之为实，得八千六百四十步，以长、阔求斜步，用勾、股求弦法，长、阔各自乘，长得八千一百步，阔得二千三百四步，并而得一万四百四步，开方为斜步得一百二，加长九十，阔四十八步为法，共二百四十步，除之得三十六步，合问。①

7. 勾股较与弦求勾股法

勾股较与弦求勾股法曰：其一，弦自乘，半较自乘，倍之，减积，余，半之，开方得弦，减半较为勾，加较为股。② 其二，弦自乘，以勾股较自乘，减之，余，半之，以勾股较为从，开方求勾，加较为股。③

（19）今有户高多于广六尺八寸，两隅相去适一丈。问：户高、广各几何？

答曰：广二尺八寸。高九尺六寸。

术曰：令一丈自乘为实。半相多，令自乘，倍之，减实。半其余，以开方除之。所

---

① 按照术文，设直角三角形的勾 $a=48$ 步，股 b 为 90 步，则 $c=\sqrt{a^2+b^2}=\sqrt{48^2+90^2}=\sqrt{10404}=102$ 步，而 $d=\dfrac{2ab}{a+b+c}=\dfrac{2\times(48\times90)}{48+90+102}=\dfrac{8640}{240}=36$ 步。

② 按照术文，李俨作下图释之。

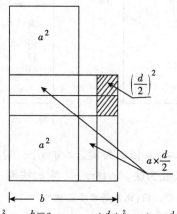

$$c^2=a^2+b^2=2a^2+b4\left(\frac{b-a}{2}\right)^2+4a\frac{b-a}{2}=2a^2+4\left(\frac{d}{2}\right)^2+4\left(a\times\frac{d}{2}\right)$$

③ 按照术文，李俨作下图释之。

因 $c^2=2a^2+d^2+2ad$，已知 c,d，故设 $a=x$，则 $x^2+dx-\dfrac{c^2-d^2}{2}=0$。

得,减相多之半,即户广^①;加相多之半,即户高。今户广为勾,高为股,两隅相去一丈为弦,高多于广六尺八寸为勾股差。按图为位,弦幂适满万寸。倍之,减勾股差幂,开方除之。其所得则高广并数。以差减并而半之,即户广。加相多之数,即户高也。今此术先求其半。一丈自乘为朱幂四、黄幂一。半差自乘,又倍之,为黄幂四分之二,减实,半其余,有朱幂二、黄幂四分之一。其于大方弃四分之三,适得四分之一。故开方除之,得高广并数之半。减差半,得广;加,得户高^②。又按:此图幂,勾股并自乘,加差幂,为两弦幂。半之,开方得弦。今倍弦幂减差幂,求勾股并,盖先见

---

① 设户广为勾 a,户高为股 b,两隅相去为弦 $c = 100$ 寸,文中所说"相多"即是指勾股差 $(b-a) = 68$ 寸,则

股 $= \sqrt{\dfrac{1}{2}\left[弦^2 - 2\left(\dfrac{勾股差}{2}\right)^2\right]} + \dfrac{勾股差}{2} = \sqrt{\dfrac{1}{2}\left[100^2 - 2\times 34^2\right]} + 34 = 62 + 34 = 96$ 寸,勾 $=$

$\sqrt{\dfrac{1}{2}\left[弦^2 - 2\left(\dfrac{勾股差}{2}\right)^2\right]} - \dfrac{勾股差}{2} = \sqrt{\dfrac{1}{2}\left[100^2 - 2\times 34^2\right]} - 34 = 28$ 寸。

② 由戴震所补弦图可证。

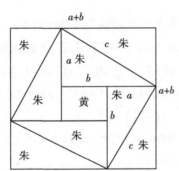

这里应用出入相补原理来证明,对此图,郭书春先生特说明如下:先作一个边长为勾股并(即 $a+b$)的正方形,称为"大方",其面积是 $(a+b)^2$。然后,再作一个正方形,它的顶点在大方的边上,并依次距大方四顶点距离为勾 a,称为中方,其面积为 c^2。最后,在中方之内,以中方边为弦,a 为勾,b 为股,作四个直角三角形。其中,每个直角三角形被称作一个朱幂,其面积为 $\dfrac{1}{2}ab$。中方的剩余部分即一个边长为 $b-a$(勾股差)的正方形,称为黄方。

"一丈自乘为朱幂四、黄幂一"是指弦方面积 c^2,也就是说,整个弦方的面积由 1 个黄幂和 4 个朱幂所组成。

"半差自乘,又倍之,为黄幂四分之二"用字母表示,即 $2\left(\dfrac{b-a}{2}\right)^2$。

"减实,半其余,有朱幂二、黄幂四分之一"用字母表示,即 $\dfrac{c^2 - 2\left(\dfrac{b-a}{2}\right)^2}{2}$,此为弦方外大正方形面积的 $\dfrac{1}{4}$,

"开方除之,得高广并数半"即 $\sqrt{\dfrac{c^2 - 2\left(\dfrac{b-a}{2}\right)^2}{2}} = \dfrac{a+b}{2}$。"减差半,得广"即 $a = \sqrt{\dfrac{c^2 - 2\left(\dfrac{b-a}{2}\right)^2}{2}} -$

$\dfrac{a+b}{2}$。"加,得户高"即 $b = \sqrt{\dfrac{c^2 - 2\left(\dfrac{b-a}{2}\right)^2}{2}} + \dfrac{a+b}{2}$。或者 $\left(c^2 - \dfrac{2}{4}\right)$ 黄幂 $\div 2 = 2$ 朱幂 $+ \dfrac{1}{4}$ 黄幂 $= \dfrac{1}{4}$

$(a+b)^2 = \dfrac{1}{4}$ 大方。或者 $\dfrac{1}{2}\left[两隅相去^2 - 2\left(\dfrac{相多}{2}\right)^2\right] = 2$ 朱幂 $+ \dfrac{1}{4}$ 黄幂 $= \dfrac{1}{4}$ 大方,因"大方"是以勾股并为边的正方形,则 $\sqrt{\dfrac{1}{2}\left[两隅相去^2 - 2\left(\dfrac{相多}{2}\right)^2\right]} = \dfrac{1}{2}$ 勾股并。

其弦，然后知其勾与股也。① 勾股适等者，并而自乘，即为两弦幂，皆各为方。先见其弦，然后知其勾与股者，倍弦幂即为勾股适等者，并而自乘之幂。半相多自乘，倍之，又半勾股并自乘，亦倍之，合为弦幂。其无差数者，勾股各自乘并之为实。与勾股相乘，倍之为实，皆开方得弦，弦幂半之为实，开方即得勾股及股长勾短，同原而分流焉。

假令勾、股各五，弦幂五十，开方除之，得七尺，有余一，不尽。② 假令弦十，其幂有百，半之为勾、股二幂，各得五十，当亦不可开③。故曰：圆三、径一，方五、斜七，虽不正得尽理，亦可言相近耳。其勾股合而自相乘之幂，令弦自乘，倍之，为两弦幂，以减之，其余，开方除之，为勾股差。加于合而半为之股，减差于合而半为之勾。勾、股、弦即高、广、邪。其出此图也，其倍弦为广袤合。④ 令矩勾

---

① "勾股并自乘加差幂为两弦幂，半之，开方得弦"，用字母表示，即 $c = \sqrt{\dfrac{(a+b)^2+(b-a)^2}{2}}$。"今倍弦幂减差幂，求勾股并"，用字母表示，即 $a+b=\sqrt{2c^2-(b-a)^2}$。"盖先见其弦，然后知其勾与股也"，用字母表示，即 $a=\dfrac{1}{2}\sqrt{2c^2-(b-a)^2}-\dfrac{1}{2}\sqrt{b-a}$，$b=\dfrac{1}{2}\sqrt{2c^2-(b-a)^2}+\dfrac{1}{2}\sqrt{b-a}$。"今适等，自乘，亦各为方，合为弦幂"，用字母表示，即当 $a=b$ 时，$(a+b)^2=4a^2=2c^2$。"令半相多而自乘，倍之，又半并自乘，倍之，亦合为弦幂"，用字母表示，即 $2\left(\dfrac{b-a}{2}\right)^2+2\left(\dfrac{b+a}{2}\right)^2=c^2$。

"而差数无者，此各自乘之，而与相乘数，各为门实。及股长勾短，同源而分流焉。"在这里，"门实"是指门之面积数。整句话的意思是说：当 $a=b$ 时，$c^2=2a^2$，并且 $a^2=b^2=ab$。用文字表述则勾＝股＝$\sqrt{\dfrac{1}{2}弦^2}$，勾股并＝$\sqrt{2\times弦^2}$，弦＝$\sqrt{2\times勾\times股}$。

可见，此处"勾股适等"时的勾股自乘之数，即彼处"股长勾短"，是"勾股适等"时的勾股相乘之数。为此，李继闵作示意图如下：

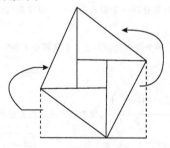　　　　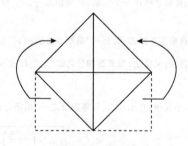

　　股长勾短令为弦幂　　　　　　　　勾股适等令为弦幂

② 设 $a=b=5$，则 $c^2=50=\sqrt{50}=7.071067\cdots$

③ 设 $c=10$，则 $c^2=100$，所以 $\dfrac{c^2}{2}=a^2=b^2=50$。可见，当 $b-a=0$ 时，如果勾、股为正整数，则弦幂不可开。同理，如果弦为正整数，则勾、股幂也不可开。

④ 用公式表示，即 $b-a=\sqrt{2c^2-(a+b)^2}$。

因而，下面的式子成立：$a=\dfrac{1}{2}\left[\sqrt{2c^2-(a+b)^2}-(a+b)\right]$，$b=\dfrac{1}{2}\left[\sqrt{2c^2-(a+b)^2}+(a+b)\right]$。

即为幂,得广即勾股差。① 其矩勾之幂,倍为从法,开之亦勾股差。其实,以勾股差幂减(弦幂),半其余,差为从法,开方除之,即勾也。②

勾股较与弦求勾股法曰:弦自乘。变勾幂二半,较幂四半,较乘勾四。半较自乘,倍之,减积,余,见之后图。

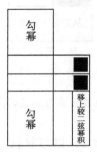

半之,开方得弦。一段。减半较为勾。即户广也。加较为高。

草曰:弦自乘。两隔相去百寸,自之得一万寸。较三十四自乘,倍之,减积,余半之。三千八百四十四。开方得弦。六十二寸。减半较为勾。二十八寸,即户广也。加较。六十八寸。为高。

---

① 据白尚恕解释:如果居里方幂为股幂,居表矩幂为勾幂,那么,矩幂就可转换成等积的长方形,它的长为股弦和 $c+b$,它的宽为股弦差是 $c-a$。因此,$2c=(c+b)+(c-b)$。

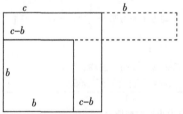

② 按:此处的"矩勾"学界有争议。第 1 说是指 c^2-b^2,第 2 说是指 b^2-a^2,笔者取第 1 说——(c^2-b^2),故 $c-b=\dfrac{a^2}{c+b}$。当然,还可以用一元二次方程求股弦差。吴文俊先生曾用下式表达两者之间的转换关系:

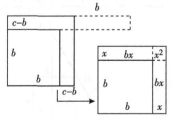

由上图,设股弦差为 x,"勾幂之矩"为常数项 $=a^2$,倍股为一次项系数 $=2b$,二次项系数为 1,则 $x^2+2bx=a^2$。

如果用二次方程求勾,设 x 为勾,$\dfrac{c^2-(b-a)^2}{2}$ 为常数项,"差为从法"即 $b-a$ 为一次项系数,勾股乘积为 x^2、$(b-a)x$ 二幂之和,则 $x^2+(b-a)x=\dfrac{c^2-(b-a)^2}{2}$ 解得"户广"$x=a$。

从
开
平
方

变
二
段
带

又法曰:弦自乘。变二勾幂及勾股较乘勾二段,勾股较幂一段。以勾股较自乘,减之余。勾幂二段,勾乘勾股较二段。

草曰:弦自乘。隅斜百寸,自之万寸。以勾股较。六十八寸。自乘减之,余半之。二千六百八十八。以较。六十八寸为从。开方得勾。二十八尺即户广。加较为股。九十六尺即户高也。[①]

比类:如后邑方,北门二十步,有木出南门十四步,折而西行一千七百七十五步,见木之问。[②]
又《议古根源》:直田积八百六十四步,只云阔不及长十二步。问:长、阔各几何?

答曰:阔二十四步,长三十六步。

---

① 由图知,弦上正方形已被分成 2 个大正方形(a^2)、1 个小正方形、2 个长方形 $[a(b-a)]$,不计左侧的小黑正方形,则

$$勾方+长方形=\frac{1}{2}\left[c^2-(b-a)^2\right]$$

即 $a^2+(b-a)a=\frac{1}{2}\left[c^2-(b-a)^2\right]$。

已知 $c=100$ 寸,$b-a=68$ 寸,那么,$a^2+68a=2688$。

解一元二次方程,得:$a=\dfrac{-68+\sqrt{68^2-4\times1\times(-2688)}}{2\times1}=\dfrac{-68+124}{2}=28$ 寸,$b=68+a=96$ 寸。

② 依题意,则"邑方"系指正方形小城的城墙边,设为 x。

由图 10-6 可知,$\triangle ABC \backsim \triangle ADE$,则 $DE:BC=AE:AC$,即 $\dfrac{x}{2}:1775=20:20+x+14$,化简得一元二次方程:$x^2+34x-7100=0$。解得 $x=\dfrac{-34+\sqrt{34^2+4\times71000}}{2}=\dfrac{534-34}{2}=250$ 步,木高 $AC=250+34=284$ 步。

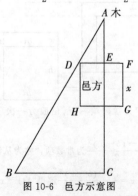

图 10-6 邑方示意图

术曰:置积八百六十四步为实,以不及十二步为从,开平方,除之,得阔一十四步,加较十二为田长。[①]

8. 勾腰容方法

勾腰容方法曰:余勾乘股,倍之为实,并二余勾为从,开方除之。

(20) 今有邑方不知大小,各中开门。出北门二十步有木,出南门一十四步,折而西行一千七百七十五步见木。问:邑方几何?

答曰:二百五十步。

术曰:以出北门步数乘西行步数,倍之为实。此以折而西行为股,自木至邑南一十四步为勾,以出北门二十步为勾率,北门至西隅为股率,即半广数。故以出北门勾率乘西行股,得半广股率乘勾之幂。然此幂居半以西行,故又倍之,合半以东。并出南门步数,为从法,开方除之,即邑方。此术之幂,东西广如邑方,南北自木尽邑南十四步为袤,合南北步数为广,袤差故并两步数为从法,以为隔外之幂也。[②]

解题:勾腰容方,用重差倍积而带从开方。

术曰:余勾乘股。积等,如半邑带从之积。倍之为实。倍为全邑,带从之积。并二余勾为从。问以勾腰容方,故有二余勾。开方除之。求得一段,邑方一段,从邑之方。[③]

---

① 依题意,则将 4 个长方形拼成方环,中间构成一个边长为 12 步的小正方形,其面积为($12\times12=144$ 方步)。这样,整个大正方形的面积 $=864\times4+144=3600$ 方步,开方得该正方形的边长 $=60$ 步。

设 x 为该长方形的阔,长为($60-x$),则 $x(60-x)=864$,即 $x^2-60x+864=0$。

解得:$(x-24)(x-36)=0$,$x_1=24$,$x_2=36$。

② 见图 10-6。

用文字表述:西行步数:南行步数+邑方+北行步数=半邑方:北行步数,即邑方^2+(南行步数+北行步数)×邑方=2×北行步数×南行步数。

已知北行步数=20 步,南行步数=14 步,则邑方^2+34×邑方=71000 步,解得邑方=250 步。

或者,设邑方为 x,$DE=\dfrac{x}{2}$ 步,$AE=20$ 步,$AC-(AD+FG)=14$ 步,$AC=(20+x+14)$ 步,$BC=1775$ 步,因为 $\triangle AED \backsim \triangle ACB$,所以 $AE:DE=AC:BC$,即 $20:\dfrac{x}{2}=(20+14+x):1775$,解方程 $x^2+34x=71000$ 步,得 $x=250$ 步。

③ 开带从平方法:设邑方为 x,出门。

按照术文,则有 $x^2+(20+14)x=2\times(20\times1775)$。解之,$x^2+34x=71000$,$x^2+2\times17x+17^2=71000+17^2$,$(x+17)^2=71289$,$x+17=267$,$x=250$ 步。

草曰：余勾。北门外二十步。乘股。出西门一千七百七十五步，得三万五千五百步。倍之为实。七万一千步，全邑带从积。并二余勾为从。北门二十步，西门十四步。开方除之。全验其图。

9. 勾弦和股率求勾股法

勾弦和股率求勾股法曰：勾弦和自乘，股率自乘，并而半之为弦，以减和。求勾，股率乘勾弦和率，求股以所有勾数乘所求勾股弦三率为列实，以所有勾率为法，除之。

（21）今有二人同所立，甲行率七，乙行率三。乙东行，甲南行十步而邪东北与乙会。问：甲、乙行各几何？

答曰：乙东行一十步半，甲邪行一十四步半及之。

术曰：令七自乘，三亦自乘，并而半之，以为甲邪行率。邪行率减于七自乘，余为南行率。以三乘七为乙东行率。此以南行为勾，东行为股，邪行为弦，勾弦并七。欲知弦者，当以股自乘为幂，如并而一，所得勾弦差。加差于并而半之为弦，以弦减差，余为勾。如是或有分，当通而约之乃定。[①] 术以勾弦并为分母，故令勾弦并自乘为朱、黄相连之方。股自乘为青幂之矩，令其矩引之直，加损同之，以勾弦并为袤，差为广。其图大体，以两弦为袤，勾弦并为广。引横断其半为弦率，七自乘者，勾弦并之率。故弦减之，余为勾率。同立处是中停也，列用率皆勾弦并

---

① 设甲行为 $a+b$，乙行为 b，甲行率即勾弦率为 $m=7$，乙行率即股率为 $n=3$，由题意知：

　　　　勾股并：股＝甲行率：乙行率

　　　$(a+b):b=m:n$，已知 $a+c=n$，$b=m$。

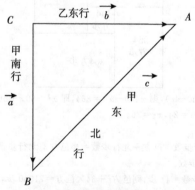

甲乙行率示意图

根据术文，弦率为 $c=\dfrac{b^2}{c+a}+a=\dfrac{m^2+n^2}{2n}$，勾率为 $a=(a+c)-c\dfrac{m^2-n^2}{2n}$，股率为 mn。所以，

　　　$a:b:c=\dfrac{m^2-n^2}{2n}:mn:\dfrac{m^2+n^2}{2n}=\dfrac{1}{2}(m^2+n^2):mn:\dfrac{1}{2}(m^2-n^2)=20:21:29$

用今有术求解。

　　　乙东行＝$\dfrac{(3+7)\times21}{20}=10\dfrac{1}{2}$ 步，甲邪行＝$\dfrac{(3+7)\times29}{20}=14\dfrac{1}{2}$ 步。

为袤弦与勾各为之广,故亦以股率同其袤也。^① 置南行十步,以甲邪行率乘之;副置十步,以乙东行率乘之;各自为实。实如南行率而一,各得行数。南行十步者,所有见勾求见弦、股,故以弦、股率乘,如勾率而一。

答曰:甲南行十步,斜之十四步半,乙东行十步半。

法曰:勾、弦和自乘。变勾幂二段,股幂一段,勾乘弦二段。股率自乘。股幂一段。并。

---

① 李继闵图示见图 10-7。

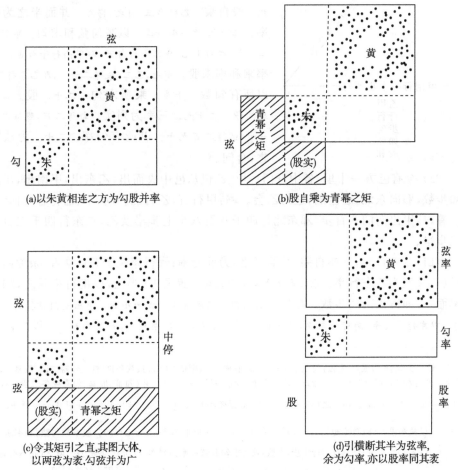

(a)以朱黄相连之方为勾股并率

(b)股自乘为青幂之矩

(c)令其矩引之直,其图大体,以两弦为袤,勾弦并为广

(d)引横断其半为弦率,余为勾率,亦以股率同其袤

图 10-7 朱黄相连求勾股弦三率图

对图 10-5,李继闵解释如下:作边长为勾弦并之方,设想它为朱方(即勾方)与黄方(即弦方)连接而成;然后,再作面积为股方的"青幂之矩",它与朱方合成弦方;接着,将"青幂之方"割补为长方形,与"朱黄相连之方"拼合为"其图大体",它以两倍弦为长,以勾弦并为广。最后,过此长边之中点作此大长方形之中位线(即"中停"),以其所得其半为弦率:弦率$=\frac{1}{2}$[(勾股并)^2+股^2]。其于"朱黄相连之方"中的剩余当为勾率:勾率$=$(勾弦并)^2$-\frac{1}{2}$[(勾股并)^2+股^2]。用来表示股率的长方形长也应为勾股并:股率$=$(勾股并)$\times$股。于是,勾:股:弦$=20:21:29$。

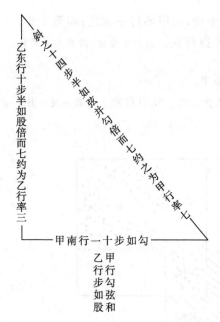

勾幂、股幂、勾乘弦各二段。而半之。各一段。为弦。得原弦率。以减和求勾。减总率也。股率乘勾弦，和率求股。原股之率。虽得勾股弦之率，未见勾股弦之数，宜以互换之法求之。以所有勾数。南行十步，直数。乘所求勾股弦三率为列实，以所有勾率为法，除之。此不要者为除之意。[①]

草曰：勾弦和率自乘。甲行率七，自之，得四十九。股自乘。乙行率三，自之，得九。并而半之为弦率。二十九，即甲斜行率。以减勾弦和求勾。甲斜行二十九，减四十九，余二十为勾百，即甲南行十步也。股率乘和率求股。甲七，乙三，乘得二十一，即乙东行股。以所有勾数。十步。乘所求勾。二十。股。二十二。弦。二十九。三率为列实。勾得二百，股得二百一十，弦得二百九十。以所有勾率。二十。为法除之，合问。[②]

（22）今有邑方一十里，各中开门。甲、乙俱从邑中央而出，乙东出，甲南出，出门不知步数，邪向东北，磨邑隅，适与乙会。率：甲行五，乙行三。问：甲、乙行各几何？

答曰：甲出南门八百步，邪东北行四千八百八十七步半及乙，乙东行四千三百一十二步半。

术曰：令五自乘，三亦自乘，并而半之，为邪行率；邪行率减于五自乘者，余为南行率；以三乘五为乙东行率。求三率之意与上甲乙同。置邑方，半之，以南行率乘之，如东行率而一，即得出南门步数。邑半方，自南门至东隅五里。以为小股。求出南门步数为小股之勾。以东行为股率，南行为勾率，故置邑方，半之，以南行勾率乘之，如股率而一。以增邑方

---

① 设 a 为勾，b 为股，c 为弦，勾弦率 $a+c=m$，股率为 n，则依"法"：勾、弦和自乘（变勾幂二段，股幂一段，勾乘弦二段）：$(c+a)^2=2a^2+b^2+2ac$。股率自乘（股幂一段）：$n^2=b^2$。并（勾幂、股幂、勾乘弦各二段）：$(c+a)^2+b^2=2a^2+2b^2+2ac$。而半之（各一段）为弦（得原弦率）：$\frac{1}{2}[(c+a)^2+b^2]=a^2+b^2+ac=c^2+ac=c(c+a)$。以减求勾（减总率也）：$(c+a)^2-\frac{1}{2}[(c+a)^2+b^2]=a^2+ac=a(ac)$。股率乘勾弦，和率求股：$b(a+c),c(c+a)$。以所有勾数（南行十步，直数）乘所求勾股弦三率为列实，以所有勾率为法，除之（此不要者为除之意）：$a:b:c=[(c+a)^2-c(c+a)]:b(c+a):c(c+a)=\left[(c+a)^2-\frac{b^2+(c+a)^2}{2}\right]:b(c+a):$

$\left[\frac{b^2+(c+a)^2}{2}\right]=\left[m^2-\frac{n^2+m^2}{2}\right]:nm:\frac{n^2+m^2}{2}=\left[7^2-\frac{3^2+7^2}{2}\right]:3\times7:\left[\frac{3^2+7^2}{2}\right]=20:21:29$。

② 按照上面的设定，则弦率为 $c(c+a)=\frac{m^2+n^2}{2}=\frac{7^2+3^2}{2}=29$ 步；勾率为 $(a+c)^2-c(c+a)=a(c+a)=$

$\frac{m^2-n^2}{2}=\frac{7^2-3^2}{2}=20$ 步；股率为 $b(c+a)=mn=21$；依今有术得：乙东行 $=\frac{(3+7)\times21}{20}=10\frac{1}{2}$ 步，甲邪行 $=$

$\frac{(3+7)\times29}{20}=14\frac{1}{2}$ 步。

半，即南行。半邑者，谓从邑心中停也。置南行步，求弦者，以邪行率乘之；求东行者，以东行率乘之，各自为实。实如南行率，得一步。此术与上甲乙同。[①]

答曰：甲邑中行一千五百步，出南门八百步；甲斜之四千八百八十七步半；乙东行四千三百一十二步半。

草曰：勾、弦、和率。甲五。股率。乙三。各自乘，并。得三十四，乃勾幂、股幂，勾乘弦，各二段半之一段。而为弦率，和率、股率相乘。得十五。为股率，弦减和幂。二十五。余八即勾率。虽得率数，却未见真数，当以互换术求之。半邑方。一千五百步，小股真数。以勾率。八。乘之股率。十五。除之得小勾之数。南门外八百步。加半邑方。一千五百步。为大勾百。从邑心出南门，共二千三百步。各以弦率。十七。股率。十五。乘之，皆以勾率八除之，得弦。甲斜之四千八百八十七步半。得股。乙东行步四千三百一十二步半。[②]

10. 勾股较股弦较求勾股法

勾股较股弦较求勾股法曰：二较相乘，倍之，开平方为弦，和较加股弦较为勾，以弦和较加勾弦较为股。

---

① 依术文，作图如下。

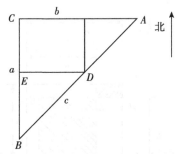

设 AC 为股 b，CB 为勾 a，AB 为弦 C，$ED=CE=5$ 里$=1500$ 步，由于 $\triangle BDE \backsim \triangle BAC$，所以 $BE:ED=$勾率：股率，邪行率（即弦率）$=\dfrac{5^2+3^2}{2}=17$ 里，南行率（即勾率）$=5^2-17=8$ 里，东行率（即股率）$=3\times5=15$ 里，如果设甲行率为 x，乙行率为 y，则 $a:b:c=\left[x^2-\dfrac{1}{2}(x^2+y^2)\right]:xy:\dfrac{1}{2}(x^2+y^2)$ $a:b:c=8:15:17$ 因 $(CB-CE):ED=$勾率：股率 $(a-5):5=8:15$ $a=5\times\dfrac{8}{15}+5=7\dfrac{2}{3}$ 里$=2300$ 步 弦$=\dfrac{\text{弦率}}{\text{勾率}}\times$勾$=\dfrac{17}{8}\times2300=4887\dfrac{1}{2}$ 步 股$=\dfrac{\text{股率}}{\text{勾率}}\times$勾$=\dfrac{15}{8}\times2300=4312\dfrac{1}{2}$ 步

② 甲斜行率$=(5\times5+3\times3)\div2=17$ 里，甲南行率$=5\times5-17=8$ 里，乙东行率$=3\times5=15$ 里，甲出南门数$=10\div2\times300\times8\div15=800$ 步，甲从邑中心南行步数$=800+(10\div2)\times300=2300$ 步，甲斜行步数$=2300\times17\div8=4887\dfrac{1}{2}$ 步，乙东行步数$=2300\times15\div8=4312\dfrac{1}{2}$ 步。

（23）今有户不知高广，竿不知长短。横之不出四尺，从之不出二尺，邪之适出。问：户高、广、衺各几何？

答曰：广六尺，高八尺，衺一丈。

术曰：从、横不出相乘，倍而开方除之。所得，加从不出，即户广。① 此以户广为勾，户高为股，户衺为弦。凡并勾股之幂，即为弦幂，或矩于表，或方于里。连之者举表矩而方之。又从勾方里令为青矩之表，未满黄方。满此方则两端之廉重于隔中，各以股弦差为广，勾弦差为衺。故两端差相乘，又倍之，则成黄方之幂。开方除之，得黄方之面。其外之青矩，亦以股弦差为广。故以股弦差加之，则为勾也。② 加横不出，即户高。③ 两不出加之，得户衺。④

勾弦较、股弦较求勾股法曰：二较。上文。相乘，倍之。乃弦和较积数也。开平方为弦和较，加股弦较。乃直不出二尺。为户，广之勾以弦和较，加勾弦较。横不出四尺。为

---

① 吴文俊图示如下。

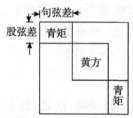

设户（即门）高为 b，广（即宽）为 a，衺（即斜长）为 c，已知纵（即从）不出 $c-b=2$ 尺，横不出 $c-a=4$ 尺。

"从、横不出相乘"即 $(c-b)(c-a)$，"倍"即 $2(c-b)(c-a)$，"开方除之"即 $\sqrt{2(c-b)\times(c-a)}$，"所得，加从不出"即 $\sqrt{2(c-b)\times(c-a)}+(c-b)$。

② 傅钟鹏作下图以证之。

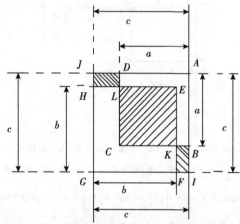

此弦图由 $ABCD$、$EFGH$、$AIGJ$ 三个正方形组成，设 $AB=a$，$EF=b$，$AI=c$，且边长为 a、b 的两个正方形重叠面积$=BIFK+DLHJ$，$EKCL$ 为正方形，其边长为 $[a-(c-b)]$，而长方形 $BIFK$ 全等于长方形 $DLHJ$，其 $JH=KB=c-b$，$BI=JD=c-a$，因此，$[a-(c-b)]^2=2(c-b)(c-a)$解得，户宽 $a=\sqrt{2(c-b)\times(c-a)}+(c-b)$。

③ 户高 $b=\sqrt{2(c-b)\times(c-a)}+(c-a)$。

④ 户衺 $c=\sqrt{2(c-b)\times(c-a)}+(c-b)+(c-a)$。

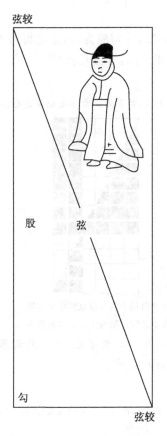

纵如股,横如勾,斜如弦。纵之不出二尺,名股弦较;
横之不出四尺,名勾弦较,以二较求勾股

户长之股①。

草曰:勾弦较。四尺。股弦较。二尺。相乘。得八。倍为弦和较积。十六。开平方
为弦和较。得四。加勾弦较。四。为股。

比类:池直不知长、阔,用三索量之。其一量斜隔适等;其一量长,余八尺;其一量阔,余三丈
六尺。问:池长、阔各几何?

答曰:长六丈,阔三丈二尺。②

---

① 勾弦较、股弦较求勾股法:勾弦较 $=c-a$,股弦较 $=c-b$,弦和较 $=\sqrt{2(c-b)\times(c-a)}$,户高 $=$
$\sqrt{2(c-b)\times(c-a)}+(c-a)=4+4=8$ 尺,户宽 $=\sqrt{2(c-b)\times(c-a)}+(c-b)=4+2=6$ 尺,户衺 $=$
$\sqrt{2(c-b)\times(c-a)}+(c-b)+(c-a)=4+2+4=10$ 尺 $=1$ 丈。

② 设勾弦较 $=c-a=8$ 尺,股弦较 $=c-b=36$ 尺,弦和较 $=\sqrt{2(c-b)\times(c-a)}=\sqrt{576}=24$ 尺,则池长
$a=\sqrt{2(c-b)\times(c-a)}+(c-a)=24+8=32$ 尺 $=3$ 丈 2 尺,池宽 $b=\sqrt{2(c-b)\times(c-a)}+(c-b)=24+$
$36=60$ 尺 $=6$ 丈。

11. 勾股旁要法

勾股旁要法曰：勾股相乘为实，并勾股为法，除之得勾中容方。[①]

(24) 今有勾六步，股十二步。问：容方几何？[②]

答曰：四步。

解题：勾中容方，右题勾五，股十二，答容方三步十七分步之九，有分子，难验其图。

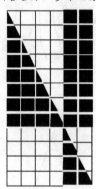

容方白积十六与容直黑积十六等，
大小二勾白积与大小二勾黑积等

草曰：勾股相乘为实。勾六，股十二，乘得七十二。并勾股为法。并得十八。实如法而一。勾除横积二十四，股除直积四十八。[③]

---

① "勾股容方"是指已知勾股，求勾股形的内接正方形的边长(方)。由勾股比例关系知，方：(股－方)＝勾：股。又方：股＝勾：(勾＋股)。方 ＝ $\dfrac{勾 \times 股}{勾 + 股}$。

② 本题为杨辉所增。

③ 依术文，则图示如下。

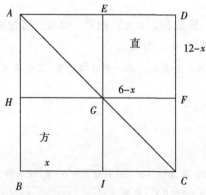

设 $BI = = IG = GH = HB = x$，$DF = EG = 12 - x$，$GF = ED = 6 - x$，依术文则用直田 $ABCD$ 的对角线把直田分成 Z 直角三角形 ACD 和直角三角形 ABC。在直角三角形 ABC 中容有正方形 $HBIG$，而在直角三角形 ACD 中则容有矩形 $GFDE$，两者面积相等，即 $x^2 = (12 - x)(6 - x)$。

解得 $x^2 = 12 \times 6 - 12x - 6x + x^2$，$12 \times 6 - (6 + 12)x = 0$　$x = 6 \times \dfrac{12}{12 + 6} = 4$ 步。

12. 余勾股求容积法

余勾股求容积法曰:余勾股相乘得容积之实,若以实求余勾股者,以余勾为法,除得余股,以余股为法,除得余勾。

(25) 今[1]有木去人不知远近。立四表,相去各一丈,令左两表与所望参相直。从后右表望之,入前右表三寸。问:木去人几何?

答曰:三十三丈三尺三寸少半寸。

术曰:令一丈自乘为实。此以入前右表三寸为勾率,右两表相去一丈为股率,左右两表相去一丈为见勾。所问木去人者,见勾之股。股率当乘见勾,此二率俱一丈,故曰自乘之。以三寸为法。实如法得一寸。以三寸为法,实如法而一。[2]

————————————

① 微波榭刊本无"今"字。
② 依术文作图如下。

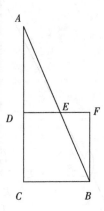

为了清楚起见,李继闵曾绘下图。

这样,设 D 为左前表,F 为右前表,C 为左后表,B 为右后表,$BC=BF=1$ 丈 $=100$ 寸,$FE=3$ 寸,因 $\triangle FEB$ $\backsim \triangle BCA$,所以 $\dfrac{BF}{FE}=\dfrac{AC}{BC}$,$AC=\dfrac{BF\times BC}{FE}=\dfrac{100\times100}{3}=3333\dfrac{1}{3}$ 寸 $=33$ 丈 3 尺 $3\dfrac{1}{3}$ 寸。

用术文表示,则 1 丈 $\times$ 1 丈 $\div$ 3 寸 $=\dfrac{100\times100}{3}=3333\dfrac{1}{3}$ 寸 $=33$ 丈 3 尺 $3\dfrac{1}{3}$ 寸。

（26）木遥不知去远，如方立四表，相去各一丈，令右二表与所望木参直。人立左后表之，左三寸斜睹其前左表参合。问：木远几何？[①]

答曰：木去右前表三百三十三尺三分之一。

草曰：以容积为实。立四表，方一丈自乘，得一百尺。如余勾而一。人立左后表左三寸为法。得余股。即所答木远。[②]

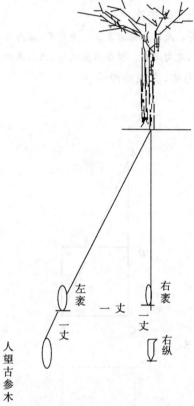

（27）今有邑方不知大小，各中开门。出北门三十步有木，出西门七百五十步见木。问：邑方几何？

答曰：一里。

术曰：令两出门步数相乘。按前术：半邑方，自乘，出东门步数除之，即出南门步数。今两

---

① 原本题为："有木去人，不知远近。立四表，相去各一丈，令左两表与所望参相直。从后右表望之，入前右表三寸。问：木去人几何？"

② 由上题求得：$BC=BF=1$ 丈 $=10$ 尺，$FE=3$ 寸 $=0.3$ 尺，因 $\triangle FEB \backsim \triangle BCA$，所以 $\dfrac{BF}{FE}=\dfrac{AC}{BC}$，$AC=$

$\dfrac{BF \times BC}{FE}=\dfrac{10 \times 10}{0.3}=333\dfrac{1}{3}$ 尺。

用术文表示，则 1 丈 $\times 1$ 丈 $\div 3$ 寸 $=\dfrac{10\,\text{尺} \times 10\,\text{尺}}{0.3\,\text{尺}}=333\dfrac{1}{3}$ 尺。

出门相乘,为半方邑自乘,居一隅之积分。因而四之,即得四隅之积分。故以为实,开方除,即邑方也。因而四之为实。开方除之,即得邑方。[①]

　　草曰:余勾。出北门三十步。与余股。出西门七百五十步。相乘。二万二千五百步,得半邑方积。四之为实。九万步,全邑开方除之。[②]

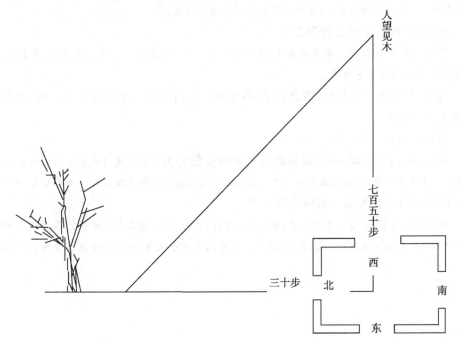

　　(28)今有邑方二百步,各中开门。出东门一十五步有木。问:出南门几何步而

---

① 依题意,作图如下。

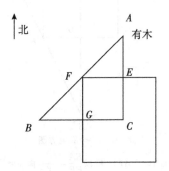

设邑方边长为 x,$AE = 30$ 步,$BG = 750$ 步,由于 $\triangle BGF \backsim \triangle AEF$,则 $AE : EF = FG : BG$,即 $EF = \dfrac{AE \times BG}{FG}$,已知 $FG = EF = \dfrac{x}{2}$,用文字表述就是:出西门步数:半邑方=半邑方:出北门步数,则 $x = \sqrt{4(AE \times BG)}$。

② 代入上式,得:$x = \sqrt{4(AE \times BG)} = \sqrt{4(30 \times 750)} = \sqrt{90000} = 300$ 步=1 里。

见木？

答曰：六百六十六步大半步。

术曰：出东门步数为法。以勾率为法也。半邑方自乘为实，实如法得一步。此以出东门十五步为勾率，东门南至隅一百步为股率，南门东至隅一百步为见勾步。欲以见勾求股，以为出南门数。正合半邑方自乘者，股率当乘见勾，此二者数同也。[1]

答曰：六百六十步三分步之二。

草曰：以容积为实。半邑方百步，自乘得万步。如余勾而一。东门十五步，有木为法。得余股。即所答木去邑远步。

（29）今有邑东西七里，南北九里，各中开门。出东门一十五里有木。问：出南门几何步而见木？

答曰：三百一十五步。

术曰：东门南至隅步数，以乘南门东至隅步数为实。此以东门南至隅四里半为勾率，出东门一十五里为股率，南门东至隅三里半为见股。所问出南门即见股之勾。为术之意，与上同也。以木去门步数为法。实如法而一。[2]

草曰：求容积为实。东西七里，通二千一百步；南北九里，通二千七百步。各半之。相乘得一百四十一万七千五百步。如余勾而一。出东门五外十五里，通作四千五百步为法。得股

---

① 依题意作图 10-8。

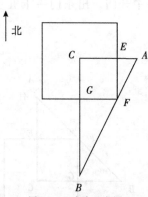

图 10-8　今有邑方图

设 $EA = 15$ 步，$GB = x$，由于 $\triangle FGB \backsim \triangle AEF$，所以 $\dfrac{EA}{EF} = \dfrac{GF}{X}$，即 $x = \dfrac{GF \times EF}{EA} = \dfrac{100^2}{15} = 666\dfrac{2}{3}$ 步。

用文字表述则为，南行步数：半邑方＝半邑方：东行步数，南行步数＝$\dfrac{(半邑方)^2}{东行步数} = \dfrac{100^2}{15}$ 步。

② 见图 10-8。

依题意，设 $GB = x$，即出南门 x 里见到树，因 $\triangle BGF \backsim \triangle AEF$，则 $x : GF = EF : EA$，即 $x = \dfrac{EF \times GF}{EA}$。

长。即见木步。①

（30）今有山居木西，不知其高。山去木五十三里，木高九丈五尺。人立木东三里，望木末适与山峰斜平。人目高七尺。问：山高几何？

答曰：一百六十四丈九尺六寸太半寸。

术曰：置木高，减人目高七尺。此以木高减人目高七尺，余有八丈八尺，为勾率；去人目三里为股率；山去木五十三里为见股，以勾率乘见股，如股率而一，得勾。加木之高，故为山高也。余，以乘五十三里为实。以人去木三里为法。实如法而一。所得，加木高，即山高。此术勾股之义。②。

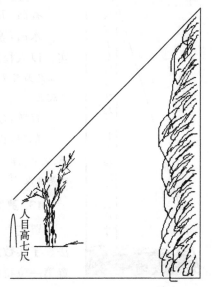

（31）山不知高，东五十三里有木，长九十五尺，人立木东三里，目高七尺，望木末与峰斜平。问：山高几何？③

答曰：一百六十四丈九尺三分尺之一。

草曰：以容积为实。山去木五十三里，以一里一千五百尺，通为七万九千五百尺，以人目七尺减木高，余八十八尺。相乘得。六百九十九万六千尺。如余勾而一。人立木东三里，即四千五百尺。得余股。一千五百五十四尺三分尺之二。加木高。九

---

① 已知 $GF = \frac{1}{2} \times 7 = 3.5$ 里，$E = \frac{1}{2} \times 9 = 4.5$ 步，$EA = 15$ 里，代入上式，则 $x = \frac{EF \times GF}{EA} = \frac{3.5 \times 4.5}{15} = 1.05$ 里。

因 1 里＝300 步，所以 1.05 里×300 步＝315 步。

② 依术文作下图。

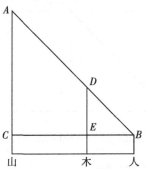

已知 $CE = 53$ 里，$BE = 3$ 里，$BC = 56$ 里，$ED = $ 木高－人目高＝9 丈 5 尺－7 尺＝8 丈 8 尺＝88 尺，木高＝95 尺，人目高＝7 尺，1 里＝300 步＝1800 尺，因 $\triangle ABC \sim \triangle BED$ 则 $\frac{DE}{EB} = \frac{AC}{BC}$，即（山高－木高）：山去木＝（木高－人目高）：人去木，$AC = \frac{DE \times BC}{EB} + 7$ 尺 $= \frac{88 \times 56}{3} + 7 = 1642\frac{2}{3} + 7 = 1649\frac{2}{3}$ 尺。

③ 此题的解法可参见第 30 题。

十五尺。为山。合问①。

（32）今有井，径五尺，不知其深。立五尺木于井上，从木末望水岸，入径四寸。问：井深几何？

答曰：五丈七尺五寸。

术曰：置井径五尺，以入径四寸减之，余，以乘立木五尺为实。以入径四寸为法。实如法得一寸。此以入径四寸为勾率，立木五尺为股率，井径减入径四寸余有四尺六寸为见勾。问井深者，见勾之股也。②

解题：勾中容直，即余勾求余股。

草曰：以容积为实。井径五尺，减人目入径四寸，余得四十六寸，乘木高得二千三百寸。如余勾而一。入径四寸为法。得股长。即是井深。③

13. 贾宪立成释锁平方法

贾宪立成释锁平方法④曰：置积为实，别置一算，名曰：下法。于实数之下，自末位常超一位约实，置首尽而止。实上商置第一位得数。下法之上，亦置上商为方法。以方法命上商

---

① 依术文，则

$$山高 = \frac{(木高-人目高) \times 山去木}{人去木} + 木高 = \frac{53}{3} \times (95-7) + 95 = 1554\frac{2}{3} + 95 = 1649\frac{2}{3} 尺。$$

② 依题意作图。

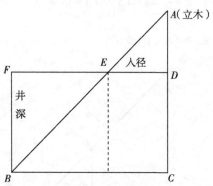

设 $FD = 5$ 尺，$AD = 5$ 尺，$DE = 4$ 寸 $= 0.4$ 尺，$FE = FD - DE = 4$ 尺 6 寸。因 $\triangle ADE \backsim \triangle BFE$，则 $\dfrac{ED}{AD} = \dfrac{FE}{FB} = \dfrac{FD-DE}{FB}$，即入径：立木 =（井径-入径）：井深。

③ $FB = \dfrac{(FD-DE) \times AD}{ED} = \dfrac{46 寸 \times 50 寸}{4 寸} = \dfrac{2300 寸}{4 寸} = 575 寸。$

④ 据杨辉《详解九章算法·纂类》补入。所谓"释锁"，意即宋代算家节数字方程的代用名词；"立成"是指算表；"开方法"就是指解一元二次方程。故"立成释锁平方法"就是指宋代算学家用特定算表进行解方程的方法，这里指贾宪法。

除实。二乘方法为廉法，一退，下法再退。续商第二位得数，于廉法之次照上商置隅。以方廉二法皆命上商除实。二乘隅法，并入廉法。廉法。① 一退，下法再退。商置第三位得数。下法之上，照上商置隅。以廉隅二法，皆命上商，除实尽。得平方一面之数。积有分子者，以分母乘其全入内子。又以分母再二次。自乘之。积圆者，以圆法十二乘之。开平方求积，如分母自乘而一。

14. 增乘开平方法

增乘开平方法曰：商。② 第一位：上商得数，以乘下法，为平方。命上商，除实。上商得数，以乘下法，入平方，一退为廉。下法再退。③ 商。第二位：再商除，得数以乘下法，为隅。命上商，除实，讫。以上商得数乘下法，入隅，皆名曰廉。一退，下法再退，以求第二位④商数。商。第三位：如第二位用法求之。⑤

（33）积五万五千二百二十五步，问：为方几何？⑥

答曰：二百三十五步。⑦

---

① 据李俨《中国数学大纲》补。
② 据李俨《中国数学大纲》补。
③ 宜稼堂丛书本，阙此句。今据李俨《中国数学大纲》补，其意上下贯通。
④ 宜稼堂丛书本作"第三位"，误，今据李俨《中国数学大纲》校正。
⑤ 具体程式见前。
⑥ 以下为"少广十三问"，宜稼堂丛书本阙。今据杨辉《详解九章算法·纂类》及《永乐大典》卷 16344 补入。
⑦ 用贾宪立成释锁平方方法求解，其程式如下：

第一步：置积为实，别置一算，名曰：下法。

商					
实	5	5	2	2	5
方或廉					
隅					
下法					1

第二步：于实数之下，自末位常超一位约实，置首尽而止。实上商置第一位得数。下法之上，亦置上商为方法。

商			2		
实	5	5	2	2	5
方		2			
隅					
下法		1			

第三步：以方法命上商除实。

商			2		
实		1	5	2	2	5
方		2			
隅					
下法		1			

第四步：二乘方法为廉法，一退，下法再退。

（34）积二万五千二百八十一步，问：为方几何？

答曰：一百五十九步。①

商			2		
实	1	5	2	2	5
廉		4			
隅					
下法			1		

第五步：续商第二位得数，于廉法之次照上商置隅。以方廉二法皆命上商除实。

商			2	3	
实		2	3	5	5
廉			4	（方）	
隅			3	（廉）	
下法			1		

第六步：二乘隅法，并入廉法。

商			2	3	
实		2	3	5	5
廉			4	6	
隅					
下法			1		

第七步：（廉法）一退，下法再退。

商		2	3	
实	2	3	5	5
廉		4	6	
隅				
下法	1			

第八步：商置第三位得数。下法之上，照上商置隅。以廉隅二法，皆命上商，除实尽。

商			2	3	5
实		2	3	5	5
廉法			4	6	
隅					5
下法					1

因此，求得 $\sqrt{55225} = 235$。

① 此题用贾宪增乘开方方法求解，即求方程 $x^2 - 25281 = 0$。其筹算程式如下：第一步：别置一算，名曰下法，定一，超一位定十，超一位定百。

商					
实	2	5	2	8	1
方					
下法					1

第二步：上商得数，以乘下法为平方。命上商除实。

商			1	0	0
实	1	5	2	8	1
方	1				
下法	1				

第三步：再以上商得1，乘下法，增入平方。

商			1	0	0
实	1	5	2	8	1
方	2				
下法	1				

第四步:方法一退,为廉,下法再退。

商			1	0	0
实	1	5	2	8	1
廉		2			
下法			1		

第五步:上商得5,以乘下法,为隅。命上商,除实。

商		1	5	0
实	2	7	8	1
廉	2	5		
下法	1			

第六步:以上商得数乘下法,增隅入廉。

商		1	5	0
实	2	7	8	1
廉	3	0		
下法		1		

第七步:廉法一退,下法再退。

商		1	5	9
实	2	7	8	1
廉		3	0	
下法			1	

第八步:以上商乘下法为隅,与廉皆命上商,除实尽。

商		1	5	9
实	2	7	8	1
廉		3	0	9
下法			1	

因此,解得方程 $x^2 - 25281 = 0$,$x = 159$。如果用霍纳法演算,则程式如下:

下法	方	实	商	
10000+		−25281	1	即 $x_1 = 100$
+	10000	+10000		
10000+	10000−	15281		
	10000			
10000+	20000−	15281		
100+	2000−	15281	5	即 $x_2 = 50$
+	500+	12500		
100+	2500 −	2781		
+	500			
100+	3000 −	2781		
1 +	300 −	2781	9	即 $x_3 = 9$
	9+	2781		

即得 1+309+0,所以 $x = x_1 + x_2 + x_3 = 159$。

（35）积七万一千八百二十四步,问:为方几何?

答曰:二百六十八步。①

---

① 此题用贾宪增乘开平方求解,即求解方程 $x^2-71824=0$,其筹算程式如下:第一步:别置一算,名曰下法,定一,超一位定十,超一位定百。

商					
实		7	1	8	2	4
方						
下法						1

第二步:上商得数,以乘下法为平方。命上商除实。

商			2	0	0
实		3	1	8	2	4
方		2				
下法		1				

第三步:再以上商得 2,乘下法,增入平方。

商			2	0	0
实		3	1	8	2	4
方		4				
下法		1				

第四步:方法一退,为廉,下法再退。

商			2	0	0
实		3	1	8	2	4
廉			4			
下法				1		

第五步:上商得 6,以乘下法,为隅。命上商,除实。

商			2	6	0
实		4		2	2	4
廉		4	6			
下法			1			

第六步:以上商得数乘下法,增隅入廉。

商			2	6	0
实		4		2	2	4
廉		5	2			
下法			1			

第七步:廉法一退,下法再退。

商			2	6	8
实		4		2	2	4
廉			5	2		
下法					1	

第八步:以上商乘下法为隅,与廉皆命上商,除实尽。

（36）积五十六万四千七百五十二步四分步之一，问：为方几何？

答曰：七百五十一步半。[①]

商			2	6	8
实	4	2	2	4	
廉			5	2	8
下法					1

故 $\sqrt{71824}=268$。李迪结合现代数学形式则给出了另一种解释：设 $x=100x_1$，原方程变为下面的形式：$10000x_1^2-71824=0$。第 1 位商数在 2、3 之间，上商 2（实为 200），进行代换 $x_2=10(x_1-2)$，有 $100x_2^2+400x_2-31824=0$ 又议得第 2 位商数在 6、7 之间，上商 6（实为 60），进行代换 $x_3=10(x_2-6)$，有 $x_3^2+520x+4224=0$ 再议得第 3 位商数在 8、9 之间，商 8，正好除尽，所以 $x=2\times100+6\times10+8=268$ 即所求之商。

① 此题用贾宪增乘开平方法求解，即求 $\sqrt{564752\frac{1}{4}}$ 的解，其筹算程式如下：求解 $\sqrt{564752.25}$，即 $x^2-564752.25=0$。第一步：别置一算，名曰下法，定一，超一位定十，超一位定百。

商							
实	5	6	4	7	5	2.2	5
方							
下法						1	

第二步：上商得数，以乘下法为平方。命上商除实。

商				7	0	0
实	7	4	7	5	2.2	5
方	7					
下法	1					

第三步：再以上商得 7，乘下法，增入平方。

商				7	0	0
实	7	4	7	5	2.2	5
方	1	4				
下法	1					

第四步：方法一退，为廉，下法再退。

商				7	0	0
实	7	4	7	5	2.2	5
廉		1	4			
下法			1			

第五步：上商得 5，以乘下法，为隅。命上商，除实。

商			7	5	0
实	2	2	5	2.2	5
廉	1	4	5		
下法	1				

第六步：以上商得数乘下法，增隅入廉。

商			7	5	0
实	2	2	5	2.2	5
廉	1	5	0		
下法	1				

第七步：廉法一退，下法再退；以上商乘下法为隅，与廉皆命上商，除实尽。

（37）积三十九亿七千二百一十五万六百二十五步，问：为方几何？

答曰：六万三千二十五步。①

商		7	5	1.5
实	7	5	0.5	
廉	1	5	0	1
下法				1

故 $\sqrt{564752.25}=751.5$。用霍纳法演算，则

下法		方		实	商	
10000	+	0	−	564752.25	7	先得 $x_1=700$
	+	70000	+	490000		
10000	+	70000	−	7475.25		
0	+	70000				

下法		廉		实		商	
10000	+	140000	−	74752.25			$100x_2^2+14000x_2-74752.25=0$
100	+	14000	−	74752.25	5	续得 $x_2=50$
		500	+	72500			
00100	+	14500	−	2252.25			
	+	500					廉法一退，下法再退，得变式：
							$x_3^2+1500x_3-2252.25=0$
00100	+	15000	−	2252.25			

下法		廉		实	商	
00001	+	1500	−	2252.25	1	得 $x_3=1$
00001	+	1501	−	750.25		

下法		廉		实	商	
1	+	1501	+	750.5	0.5	得 $x_4=0.5$
	+	0.5	+	750.5		
01	+	1501.5	−	0		

因此，　　　　　　　　　　　　　　　　　　　$x=x_1+x_2+x_3+x_4=751.5$

① 此题是求解 3972150625 的平方根，用现代数学式表示即求方程 $x^2-3972150625=0$。贾宪增乘开平方法的筹算过程为：第一步：别置一算，名曰下法，定一，超一位定十，超一位定百。

商									
实	3	9	7	2	1	5	0	6	2	5
方									
下法									1

第二步：上商得数，以乘下法为平方。命上商除实。

商					6	0	0	0	0
实	3	7	2	1	5	0	6	2	5
方	6								
下法	1								

第三步：再以上商得 6，乘下法，增入平方。

商					6	0	0	0	0
实	3	7	2	1	5	0	6	2	5
方	1	2							
下法	1								

第四步:方法一退,为廉,下法再退。

商					6	0	0	0	
实	3	7	2	1	5	0	6	2	5
廉		1	2						
下法			1						

第五步:上商得 3,以乘下法,为隅。命上商,除实。

商			6	3	0	0	0
实	3	1	5	0	6	2	5
廉	1	2	3				
下法	1						

第六步:方法一退,为廉,下法再退。

商			6	3	0	0	0
实	3	1	5	0	6	2	5	0
廉	1	2	6				
下法		1					

第七步:以上商得数 2 乘下法,增隅入廉。

商			6	3	0	2	0
实	6	3	0	2	2	5	0
廉	1	2	6	0	2	0	
下法				1			

第八步:廉法一退,下法再退。

商			6	3	0	2	5
实	6	3	0	2	2	5	0
廉		1	2	6	0	4	0
下法							1

第九步:以上商乘下法为隅,与廉皆命上商,除实尽。

商			6	3	0	2	5
实	6	3	0	2	2	5	0
廉		1	2	6	0	4	5
下法							1

求得 $\sqrt{3972150625}=63025$。用霍纳法演算,则有下列程式(只记运算过程):

下法	方		实	商
100000000＋	0	－	3972150625	6
100000000＋	600000000	＋	3600000000	
100000000＋	600000000	－	372150625	
＋	600000000			
100000000＋	1200000000－		372150625	

(1)

下法	廉		实	商
100000000 ＋	1200000000	－	372150625	
1000000 ＋	120000000			3
1000000 ＋	3000000	＋	369000000	
1000000 ＋	123000000	－	3150625	

(2)

开方求方幂之一面也。术①曰：置积为实。借一算，步之，超一等。言百之面十也，言万之面百也。议所得，以一乘所借一算为法，而以除。先得黄甲之面，上下相命，是自乘而除也。除已，倍法为定法。倍之者，豫张两面朱幂定裹，以待复除，故曰定法。其复除，折法而下。欲除朱幂者，本当副置所得成方，倍之为定法，以折、议、乘，而以除。如是当复步之而止，乃得相命。故使就上折下。复置借算，步之如初。以复议一乘之。欲除朱幂之角黄乙之幂，其意如初之所得也。所得副以加定法，以除。以所得副从定法。再以黄乙之面加定法者，是则张两青幂之裹。复除，折下如前。若开之不尽者，为不可开，当以面命之。术或有以借算加定法而命分者，虽粗相近，不可用也。凡开积为方，方之自乘当还复有积分。今不加借算而命分，则常微少；其加借算而命分，则又微多。其数不可得而定。故惟以面命之，为不失耳。譬犹以三除十，以其余为三分之一，而复其数可以举。不以面命之，加定法如前，求其微数。微数无名者以为分子，其一退以十为母，其再退以百为母。退之弥下，其分弥细，则朱幂虽有所弃之数，不足言之也。若实有分者，通分内子为定实，乃开之。讫，开其母，报除。臣淳风等谨按：分母可开者，并通之积先合二母。既开之后，一母尚存，故开分母，求一母为法，以报除也。若母不可开者，又以母乘定实，乃开之。讫，令如母而一。臣淳风等谨按：分母不可开者，本一母也。又以母乘之，乃合二母。既开之后，亦一母存焉，故令一母而一，得全面也。又按：此术"开方"者，求方幂之面也。借一算者，假借一算，空有列位之。名，而无除积之实。方隔得面，是故借算列之于下。"步之超一等"者，方十自乘，其积有百，方百自乘，其积有万，故超位，至百而言十，至万而言

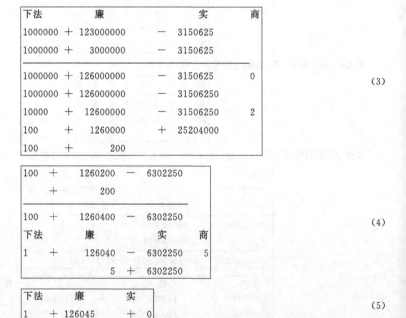

下法		廉		实	商
1000000	+	123000000	−	3150625	
1000000	+	3000000	−	3150625	
1000000	+	126000000	−	3150625	0
1000000	+	126000000	−	31506250	
10000	+	12600000	−	31506250	2
100	+	1260000	+	25204000	
100	+	200			

(3)

100	+	1260200	−	6302250	
		200			
100	+	1260400	−	6302250	

(4)

下法		廉		实	商
1	+	126040	−	6302250	5
		5	+	6302250	

下法		廉	实	
1	+	126045	+	0

(5)

　　① 系指由正方形的面积推求其一边的长度。关于术文的内容，请参见李俨、郭书春、沈康身、李继闵、白尚恕等《九章算术译注》。

百。"议所得,以一乘所借算为法,而以除"者,先得黄甲之面,以方为积者两相乘,故开方除之,还令两面上下相命,是自乘而除之。"除已,倍法为定法"者,实积未尽,当复更除,故豫张两面朱幂裹,以待复除,故曰定法。"其复除,折法而下"者,欲除朱幂,本当副置所得成方,倍之为定法,以折、议、乘之,而以除,如是,当复步之而止,乃得相命。故使就上折之而下。"复置借算,步之如初,以复议一乘之,所得副以加定法,以定法除"者,欲除朱幂之角黄乙之幂。"以所得副从定法"者,再以黄乙之面加定法,是则张两青幂之裹,故如前开之,即合所问。①

(38)今有积一千五百一十八步四分步之三,问:为圆周几何?

答曰:一百三十五步。②

刘徽、李淳风注本:于徽术,当周一百三十八步一十分步之一。淳风等按:此依密率,为周一百三十八步五十分步之九。③

(39)积三百步,问:为圆周几何?

----

① 以上(31)～(35),为新补原本刘徽注《九章算术》之题,具体注释请参见郭书春《九章算术译注》,兹不重述。

② 已知周长为 L,则 $L=\sqrt{4\pi S}(\pi=3)=\sqrt{4\times3\times1518\frac{3}{4}}=\sqrt{13662}$。

③ 由刘徽所创徽率 $\frac{157}{50}$ 求得,$L=\sqrt{\frac{S\times314}{25}}=\sqrt{\frac{1518\frac{3}{4}\times314}{25}}=\sqrt{19066.08}\approx138.1$ 步。

用霍纳法算得:

$x^2-19066.08=0$			
下法	方	实	商
10000 +	0 —	19066.08	1
+	10000 +	10000	
10000 +	10000 —	9066.08	
+	10000		
10000 +	20000	9066.08	3 变式
100 +	2000	9066,08	
+	300 +	6900	
100 +	2300	2166.08	
	300		
100 +	2600	2166.08	8 变式
1 +	260	2166.08	
+	8 +	2144	
1 +	268 —	22.08	0.08
+	0.08 —	21.4464	
1 +	268.08 —	0.6336	

求得 $x^2-19066.08\approx138.08\approx138.1=138\frac{1}{10}$ 步。另,若依李淳风密率 $\frac{22}{7}$,则 $L=\sqrt{\frac{S\times88}{7}}=$

$\sqrt{\frac{1518\frac{3}{4}\times88}{7}}=\sqrt{14312.571}=138\frac{9}{50}$ 步,运算程式同上,兹略。

答曰:六十步。①

刘徽、里新婚风注本:于徽术,当周六十一步五十分步之十九。臣淳风等谨按:依密率,为周六十一步一百分步之四十一。

开圆术②曰:置积步数,以十二乘之,以开方除之,即得周。此术以周三径一为率,与旧圆田术相返覆也。于徽术,以三百一十四乘积,如二十五而一,所得,开方除之,即周也。开方除之,即径。是为据见幂以求周,犹失之于微少。其以二百乘积,一百五十七而一,开方除之,即径,犹失之于微多。臣淳风等谨按:此注于徽术求周之法,其中不用"开方除之,即径"六字,今本有者,衍剩也。依密率,八十八乘之,七而一。按周三径一之率,假令周六径二,半周半径相乘得幂三,周六自乘得三十六。俱以等数除幂,得一周之数十二也。其积:本周自乘,合以一乘之,十二而一,得积三也。术为一乘不长,故以十二而一,得此积。今还元,置此积三,以十二乘之者,复其本周自乘之数。凡物自乘,开方除之,复其本数,故开方除之,即周。

15. 贾宪立成释锁立方法

贾宪立成释锁立方法③曰:置积为实,别置一算,名曰:下法。于实数之下,自末至首,常超二位。上商置第一位得数,下法之上,亦置上商。又乘置平方,命上商除实,讫。取用第二位法。三因平方,一退,亦三因从方面。二退为廉,下法三退。续商第二位得数,下法之上,亦置上商,为隅。④ 以上商数乘廉、隅,命上商除实,讫。求第三位即如第二位取用。开立圆者,先以方法十六乘积如圆法九而一,开立方除之。积有

----

① 已知周长为 L,则 $L = \sqrt{4\pi S}\,(\pi=3) = \sqrt{12 \times 300} = \sqrt{3600} = 60$ 步。
若用霍纳法运算,则

$x^2 - 3600 = 0$				
下法	方	实	商	
1	$+$　0	$-$	3600	60
	$+$　60	$+$	3600	
1	$+$　60	$+$	0	

② 是指从圆面积求圆周的方法,具体阐释请参见李俨、郭书春、李继闵、白尚恕等的相关著述。
③ 此方法与《九章算术》及《张丘建算经》卷下所述的"开立方"法相同。
④ 对贾宪立成释锁立方法,李俨在《中国数学大纲》中有比较详尽的阐释,兹不多言。下面仅以求34012224的立方根为例,将贾宪立成释锁立方法的解题过程图示如下:

第一步:置积为实,别置一算,名曰:下法。

商								
实	3	4	0	1	2	2	2	4
方								
廉								
隅								
下法								1

第二步:于实数之下,自末至首,常超二位。上商置第一位得数,下法之上,亦置上商。又乘置平方,命上商除实,讫。

分母子者,通母内子。<small>立圆用十六乘九除。</small>开立方除之,得积别置分母如立方而一为法,除积求之。

16. 增乘方法

增乘方法曰:实上商置第一位得数,以上商乘下法,置廉,乘廉为方,除实,讫。复以上商乘下法,入廉。乘廉,入方。又乘下法,入廉。其方一,廉二,下(法)[①]三退。再于第一位商数之次,复商第二位得数,以乘下法入廉,乘廉入方。命上商,除实,讫。

商							
实	7	0	1	2	2	2	4
方	9						
廉							
隅							
下法	1						

第三步:三因平方,一退,亦三因从方面。二退为廉,下法三退。

商				3			
实	7	0	1	2	2	2	4
方	2	7					
廉			9				
隅							
下法				1			

第四步:续商第二位得数,下法之上,亦置上商,为隅。以上商数乘廉、隅,命上商除实,讫。式中 $a=3$,$b=3$,$c=4$。

商			3	2				
实	1	2	4	4	2	2	4	
方		2	7				$3a^2$	
廉			1	8			$3a \cdot b$	
隅				4			b^2	
下法				1				

(1)

商			3	2				
实	1	2	4	4	2	2	4	
方			3	0	7	2	$(3a^2+3ab)+(3ab+3b^2)$	
廉				9	6		$3(a+b)$	
隅								
下法					1			

(2)

商				3	2	4		
实	1	2	4	4	2	2	4	
方			3	0	7	2	$(3a^2+3ab)+(3ab+3b^2)$	
廉				3	8	4	$3(a+b)c$	
隅					1	6	c^2	
下法					1			

(3)

则 $\sqrt[3]{34012224}=324$。

① 此句原为"廉下三退",今依李俨《中国数学大纲》释文校正。

复以次商乘下法,入廉,乘廉入方。又乘下法,入廉。其方一,廉二,下三退,如前。上商第三位得数,乘下法,入廉,乘廉入方,命上商除实,适尽,得立方一面之数。①

　　(40) 积一百六十四万四千八百六十六尺四寸三分七厘五毫,问:为立圆径几何?

　　答曰:一百四十三尺。②

---

　　① 因筹算程式已见前述。在此,我们不妨将杜石然所列出的"霍纳算式"转录于下,以备与贾宪增乘开立方方法做比较:设 $x^3=N(x=a+b+c)$,则

1	+	0	+	0	−	N	$(a+b+c)$
		a	+	a^2	+	a^3	
1	+	a	+	a^2	−	$(N-a^3)$	
	+	a	+	$2a^2$			
1	+	$2a$	+	$3a^2$			
0	+	a					
1	+	$3a$	+	$3a^2$	−	$(N-a^3)$	
0	+	b	+	$(3a+b)b$	+	$[3a2+(3a+b)b]b$	
1	+	$(3a+b)$	+	$[3a^2+(3a+b)b]$	−	$[N-(a+b)^3]$	
0	+	b	+	$(3a+2b)b$			
1	+	$(3a+2b)$	+	$3(a+b)^2$			
0	+	b					
1	+	$3(a+b)$	+	$3(a+b)^2$	−	$[N-(a+b)^3]$	

可见,"霍纳算法"的演算步骤与贾宪增乘开立方方法的步骤完全相同。

　　② 此题,取自《永乐大典》卷 16344。已知圆得体积 $V=\dfrac{4}{3}\pi r^3$,则 $r=\sqrt[3]{\dfrac{3V}{4\pi}}$ $(\pi=3.4)$。

由题设,得 $r=\sqrt[3]{\dfrac{3\times16448866.4375}{4\times3.4}}=\sqrt[3]{\dfrac{4934599.3125}{13.6}}\approx\sqrt[3]{362838.2}=71.3$ 尺,圆径 $D=2\times r=2\times71.3=142.6=143$ 尺。用霍纳法算得

$x^3-362838.2=0$							
下法		廉		方		实	商
1	+	0	+	0	−	362838.2	70
	+	70	+	4900	+	343000	
1	+	70	+	4900	−	19838.2	
	+	70	+	9800			
1	+	140	+	14700			
	+	70					
1	+	210	+	14700	−	19838.2	1
	+	1	+	211	+	14911	
1	+	211	+	14911	−	4927.2	
	+	1	+	211			
1	+	212	+	15111			
	+	1					
1	+	213	+	15111	−	4927.2	0.3
	+	0.3	+	63.99	+	4552.497	
1	+	213.3	+	15174.99	−	374.703	

求得 $r\approx71.3$,$D=2r=71.3\times2=142.6=143$ 尺。

解题：立圆其状如球，居立方十六分之九。

立圆法曰：以方法十六乘积，如圆法九而一为实。平圆居平方四分之三，更添一乘为立圆立方，其立圆居方十六分之九。取以为法，十六乘，九而一。即互换之意。开增乘立方除之。前注。

（41）积一百八十六万八百六十七尺。此尺谓立方尺也。凡物有高、深而言积者，曰立方。问：为立方几何？

答曰：一百二十三尺。[①]

----

① 就本题的求解方法而言，贾宪立成释锁立方法与刘徽注，实质相同，两者所差主要在名称之异。如贾宪立成释锁立方法称"商"、"实"、"方"、"廉"、"下法"，而刘徽注则称"议得"、"实"、"法"、"中行"、"借算"。在此，我们用贾宪所创之增乘开立方法求解。

已知 $x^3 - 1860867 = 0$，则李俨先生图示贾宪增乘法如下：

第一步：置积为实，别置一算，名曰下法。

商							
实	1	8	6	0	8	6	7
方							
廉							
下法							1

第二步：于实数之下，自末至首，常超二位。实上商置第一位得数，以上商乘下法，置廉，乘廉为方，除实，讫。

商				1			
实		8	6	0	8	6	7
方	1						
廉	1						
下法	1						

第三步：复以上商乘下法，入廉。乘廉，入方。

商				1			
实		8	6	0	8	6	7
方	3						
廉	2						
下法	1						

第四步：又乘下法，入廉。

商				1			
实		8	6	0	8	6	7
方	3						
廉	3						
下法	1						

第五步：其方一，廉二，下（法）三退。

商					1
实	8	6	0	8	6	7
方	3					
廉		3				
下法			1			

第六步：再于第一位商数之次，复商第二位得数，以乘下法入廉，乘廉入方。

商				1	2
实	8	6	0	8	6	7
方	3	6	4			
廉		3	2			
下法			1			

第七步：命上商，除实，讫。复以次商乘下法，入廉，乘廉入方。

商					1	2
实		1	3	2	8	6	7
方		4	3	2			
廉			3	4			
下法			1				

第八步：又乘下法，入廉。

商					1	2
实		1	3	2	8	6	7
方		4	3	2			
廉			3	6			
下法			1				

第九步：其方一，廉二，下三退，如前。

商					1	2
实		1	3	2	8	6	7
方			4	3	2		
廉				3	6		
下法					1		

第十步：上商第三位得数，乘下法，入廉，乘廉入方，命上商除实，适尽，得立方一面之数。

商				1	2	3
实							
方	4	4	2	8	9		
廉			3	6	3		
下法				1			

对上述程式，用霍纳法演算，则有

$x^3-1860867=0$								
下法		廉		方		实		商
1000000	+				−	1860867		1
0	+	1000000	+	1000000	+	1000000		
1000000	+	1000000	+	1000000	−	860867		

(1)

（42）又有积一千九百五十三尺八分尺之一，问为立方几何？

答曰：一十二尺半。①

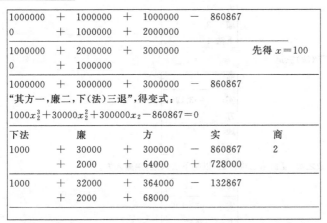

| 1000000 | + | 1000000 | + | 1000000 | − | 860867 | |
| 0 | + | 1000000 | + | 2000000 | | | |

| 1000000 | + | 2000000 | + | 3000000 | | 先得 $x=100$ | |
| 0 | + | 1000000 | | | | | |

| 1000000 | + | 3000000 | + | 3000000 | − | 860867 | |

"其方一，廉二，下（法）三退"，得变式：

$1000x_2^3 + 30000x_2^2 + 300000x_2 - 860867 = 0$

下法	廉	方	实	商
1000	+ 30000	+ 300000	− 860867	2
	+ 2000	+ 64000	+ 728000	
1000	+ 32000	+ 364000	− 132867	
	+ 2000	+ 68000		

（2）

1000	+ 34000	+ 432000	
	+ 2000	+	续得 $x_2=20$

$1000 + 36000 + 432000 - 132867$

"其方一，廉二，下（法）三退，如前"，得变式：$x_3^3 + 369x_3^2 + 43200x_3 - 132867 = 0$

下法	廉	方	实	商
1	+ 360	+ 43200	− 132867	3
	+ 3	+ 1089	+ 132867	
1	+ 363	+ 44289	+ 0	

所以 $x = x_1 + x_2 + x_3 = 123$。

① 用贾宪增乘开立方法，求 $x^3 - 1953.125 = 0$。

第一步：置积为实，别置一算，名曰下法。

商	
实	1953.125
方	
廉	
下法	1

第二步：于实数之下，自末至首，常超二位。实上商置第一位得数。以上商乘下法，置廉，乘廉为方，除实讫。

商	1
实	953.125
方	1
廉	1
下法	1

第三步：复以上商乘下法，入廉。乘廉，入方。

商	1
实	953.125
方	3
廉	2
下法	1

第四步:又乘下法,入廉。

商	1
实	953.125
方	3
廉	3
下法	1

第五步:其方一,廉二,下(法)三退。

商	1
实	953.125
方	3
廉	3
下法	1

第六步:再于第一位商数之次,复商第二位得数,以乘下法入廉,乘廉入方。

商	12
实	953.125
方	364
廉	32
下法	1

第七步:命上商,除实,讫。复以次商乘下法,入廉,乘廉入方。

商	12
实	225.125
方	432
廉	34
下法	1

第八步:又乘下法,入廉。

商	12
实	225.125
方	432
廉	36
下法	1

第九步:其方一,廉二,下三退,如前。

商	12
实	225.125
方	432
廉	36
下法	1

第十步:上商第三位得数,乘下法,入廉,乘廉入方,命上商除实,适尽,得立方一面之数。

商	12.5
实	
方	450.25
廉	36.5
下法	1

（43）积六万三千四百一尺五百一十二分尺之四百四十七，问为立方几何？

答曰：三十九尺八分尺之七。①

用霍纳法演算，其程式如下：$x^3-1953.125=0$，$1000+3000+3000-953.125$，"其方一，廉二，下（法）三退"，得变式：$1000x_2^3+3000x_2^2+3000x_2-953.125=0$。

下法	廉	方	实	商
1	＋ 30	＋ 300	－ 953.125	2
	＋ 2	＋ 64	－ 728	
1	＋ 32	＋ 364	－ 225.125	
	＋ 2	＋ 68		
1	＋ 34	＋ 432		
	＋ 2			
1	＋ 36	＋ 432	－ 225.125	

"其方一，廉二，下（法）三退，如前"，得变式：$x_3^3+36x_3^2+432x_3-225.125=0$。

下法	廉	方	实	商
1	＋ 36	＋432	－ 225.125	0.5
	＋ 0.5	＋18.25	＋ 225.125	
1	＋ 36.5	＋450.25	＋ 0	

① 此题实际上就是求 $63401\frac{447}{512}$ 的立方根，$\sqrt[3]{63401\frac{447}{512}}=\sqrt[3]{63401}\times\sqrt[3]{\frac{447}{512}}=\sqrt[3]{63401}\times\frac{\sqrt[3]{447}}{\sqrt[3]{512}}$，故分别求解。先求解 $\sqrt[3]{63401}$，其次求 $\frac{\sqrt[3]{447}}{\sqrt[3]{512}}=\frac{7}{8}$。经过霍纳演算，知 $\sqrt[3]{63401}$ 的根有余数，所以此题的答案是不准确的。霍纳演算步骤如下：

下法	廉	方	实	商
1	＋ 0	＋ 0	－ 63401	30
0	＋ 30	＋ 900	＋ 27000	
1	＋ 30	＋ 900	－ 36401	
	＋ 30	＋ 1800		
1	＋ 60	＋ 2700		
0	＋ 30			
1	＋ 90	＋ 2700	－ 36401	9
0	＋ 9	＋ 891	＋ 32319	
1	＋ 99	＋ 11610	－ 4082	

因贾宪没有具体的演算过程，他是否意识到此数值的粗疏，不得而知。

（44）积一百九十三万七千五百四十一尺二十七分尺之一十七，问：为立方几何？

答曰：一百二十四尺太半尺。①

（45）积一百三十三万六千三百三十六尺，问为三乘方几何？

答曰：三十四尺。②

---

① 此题为求 $\sqrt[3]{1937541\frac{17}{27}}$ 的根，同上题一样，本题的根亦有余数。用霍纳法演算得：

$x^3-1937541.6=0$				
下法	廉	方	实	商
1000000+	0	+0	−1937541.6	1
	+1000000	+1000000	+1000000	
1000000+	1000000+	1000000−	937541.6	
0+		1000000+	2000000	
1000000+	2000000+	3000000		
0+		1000000		
1000000+	3000000+	3000000−	937541.6	

"其方一，廉二，下法三退"，得变式：

$$1000x_2^3+30000x_2^2+300000x_2-937541.6=0$$

下法	廉	方	实	商
1000+	30000	+300000−	937541.6	2
+	2000+	64000+	728000	
1000+	32000	364000	209541.6	
+	2000+	68000		
1000+	34000+	432000		
+	2000			
1000+	36000+	432000	−209541.6	

"其方一，廉二，下法三退，如前"，得变式：

$$x_3^3+360x_3^2+43200x_3-209541.6=0$$

下法	廉	方	实	商
1+	360	+43200	−209541.6	4
0+	4+	1456	+178624	
1	+364	+44656−	30917.6	0.6
0	+0.6+	218.36+	26824.616	

所以，$\sqrt[3]{1937541\frac{17}{27}} \approx 124.6=124\frac{3}{5}$。

② 此题为一道求四次方根的算题，取自《永乐大典》卷16344，名为"杨辉详解"。对于求解过程，李俨图示如下（与霍纳法相类）：

				$x^4-1336336=0$	
下法	下廉	上廉	方	实	商
$1(10)^4+$	$0×(10)^3+$	$0×(10)^2+$	$0×(10)$	−1336336	3
+	$30×(10)^3+$	$900×(10)^2+$	$27000×(10)$	−810000	
$1(10)^4+$	$30×(10)^3+$	$900×(10)^2+$	$27000×(10)$	−526336	
+	$30(10)^3+$	$1800×(10)^2+$	$81000×(10)$		

解题：三度相乘，其状扁直。

递增三乘开方法草曰：上商得数下法增为立方除实，即原乘意。置积为实，别置一算名曰下法。于实末常超三位约实。一乘超一位，三乘超三位，万下定实。上商得数三十，乘下法生下廉。三十。乘下廉生上廉。九百。乘上廉生立方。二万七千。命上商除实。余五十二万六千三百三十六。作法商第二位得数，以上商乘下法入下廉共。六十。乘下廉入上廉。共二千七百。乘上廉入方。共一十万八千。又乘下法入下廉。共九十。乘下廉入上廉。共五千四百。又乘下法入下廉。共一百二十。方一，上廉二，下廉三，下法四退。方一十万八千，上廉五千四百，下廉一百二十，下法定一。又于上商之次，续商置得数。第二位四。以乘下法入廉。一百二十四。乘下廉入上廉。共五千八百九十六。乘上廉并为立方。一十三万一千五百八十四。命上商除实尽。得三乘方一面之数。如三位立方，依第二位取用。①

又术曰：两度开平方。② 开第一次平方得一千一百五十六，开第二次平方得三十四。

开立方立方适等，求其一面也术③曰：置积为实。借一算，步之，超二等。言千之面十，言百万之面百。议所得，以再乘所借一算为法，而除之。再乘者，亦求为方幂。以上议命而除之，则立方等也。除已，三之为定法。为当复除，故豫张三面，以定方幂为定法也。复除，折而下。复除者，三面方幂以皆自乘之数，须得折、议，定其厚薄尔。开平幂者，方百之面十；开立幂者，方千之面十。据定法已有成方之幂，故复除当以千为百，折下一等也。以三乘所得数，置中行。设三廉之定长。复借一算，置下行。欲以为隅方。立方等未有定数，且置一算定其位。步之，中超一，下超二等。上方法，长自乘而一折，中廉法，但有长，故降一等；下隅法，无面长，故又降一等也。复置议，以一乘中。为三廉备幂也。再乘下。令隅自乘，为方幂也。皆副以加定法。以定法除。三面、三廉、一隅皆已有幂，以上议命之而除，去三幂之厚也。）除已，倍下，并中，从定法。凡再以中、三以下，加定法者，三廉各当以两面之幂连于两方之面，一隅连于三廉之端，以待复除也。言不尽意，解此要当以棋，乃得明耳。复除，折下如前。开之不尽者，

$$1(10)^4+60\times(10)^3+2700\times(10)^2+108000\times(10) \qquad -526336$$
$$+\qquad 30\times(10)^3+2700\times(10)^2$$

$$1(10)^4+90\times(10)^3+5400\times(10)^2+108000\times(10) \qquad -526336$$
$$+\qquad 30\times(10)^3$$

$$1(10)^4+120(10)^3+5400\times(10)^2+108000\times(10) \qquad -526336$$

得变式

1+	120+	5400+	108000−	526336	4
+	4+	496+	23584+	526336	
1+	124+	5896+	131584+	0	

① 即求方程 $x^4-1336336=0$ 的解。

② 即用贾宪增乘开平方法进行两次运算，结果与求四次方法的运算结果一致。

③ 是指求一个数 n 的立方根的运算，具体阐释请参见李俨、郭书春、沈康身、李继闵等的相关著述。

亦为不可开。术亦有以定法命分者,不如故幂开方,以微数为分也。若积有分者,通分内子为定实。定实乃开之。讫,开其母以报除。臣淳风等按:分母可开者,并通之积先合三母。既开之后一母尚存,故开分母,求一母,为法,以报除也。若母不可开者,又以母再乘定实,乃开之。讫,令如母而一。臣淳风等谨按:分母不可开者,本一母也。又以母再乘之,令合三母。既开之后,一母犹存,故令一母而一,得全面也。按:"开立方"知,立方适等,求其一面之数。"借一算,步之,超二等"者,但立方求积,方再自乘,就积开之,故超二等,言千之面十,言百万之面百。"议所得,以再乘所借算为法,而以除"知,求为方幂,以议命之而除,则立方等也。"除已,三之为定法",为积未尽,当复更除,故豫张三面已定方幂为定法。"复除,折而下"知,三面方幂皆已有自乘之数,须得折、议定其厚薄。据开平方,百之面十,其开立方,即千之面十。而定法已有成方之幂,故复除之者,当以千为百,折下一等。"以三乘所得数,置中行"者,设三廉之定长。"复借一算,置下行"者,欲以为隅方,立方等未有数,且置一算定其位也。"步之,中超一,下超二"者,上方法长自乘而一折,中廉法但有长,故降一等,下隅法无面长,故又降一等。"复置议,以一乘中"者,为三廉备幂。"再乘下",当令隅自乘为方幂。"皆副以加定法,以定法除"者,三面、三廉、一隅皆已有幂,以上议命之而除,去三幂之厚。"除已,倍下、并中,从定法"者,三廉各当以两面之幂连于两方之面,一隅连于三廉之端,以待复除。其开之不尽,折下如前,开方,即合所问。"有分者,通分内子开之。讫,开其母以报除","可开者,并通之积,先合三母;既开之后,一母尚存,故开分母"者,"求一母为法,以报除。""若母不可开者,又以母再乘定实,乃开之。讫,令如母而一",分母不可开者,本一母,又以母再乘,令合三母,既开之后,亦一母尚存。故令如母而一,得全面也。[1]

(46) 积四千五百尺。(亦谓立方之尺也。)问为立圆径几何?

答曰:二十尺。

刘徽、李淳风注本:依密率,立圆径二十尺,计积四千一百九十尺二十一分尺之一十。

(47) 积一万六千四百四十八亿六千六百四十三万七千五百尺。问为立圆径几何?

答曰:一万四千三百尺。

刘徽、李淳风注本:依密率,为径一万四千六百四十三尺四分尺之三。

开立圆术曰:置积尺数,以十六乘之,九而一,所得,开立方除之,即立圆径。

立圆,即丸也。为术者,盖依周三径一之率。令圆幂居方幂四分之三,圆囷居立方亦四分之三。更令圆囷为方率十二,为九率九,为九居圆囷又四分之三也。置四分自乘得十六,三分自乘得九,故九居立方十六分之九也。故以十六乘积,九而一,得立方之积。九径与立方等,故开立方而除,得径也。然此意非也。何以验之?取立方棋八枚,皆令立方一寸,积之为立方二寸。规之为圆囷,径二寸,高二寸。又复横因之,则其形有似牟合方盖矣。八棋皆似阳马,圆然也。按:合盖者,方率也,九居其中,即圆率也。推此言之,谓夫圆囷为方率,岂不阙哉?以周三径一为圆率,则圆幂伤少;令圆囷为方率,则九积伤多,互相补凑,是以九与十六之率偶与实相近,而九犹伤多耳。观立方之内,合盖之外,虽衰杀有渐,而多少不掩。判合总结,方圆相缠,浓纤诡互,不可等正。欲陋形措意,惧失正理。敢不阙疑,以俟能言者。黄金方寸,重十六两;金丸径寸,重九两,率生于此,未曾

---

① 此为新补原本刘徽注《九章算术》之题,具体注释请参见郭书春《九章算术译注》,兹不重述。

验也。《周官・考工记》："氏为量，改煎金锡则不耗，不耗然后权之，权之然后准之，准之，然后量之。"言炼金使极精，而后分之则可以为率也。令丸径自乘，三而一，开方除之，即丸中之立方也。假令丸中立方五尺，五尺为句，句自乘幂二十五尺。倍之得五十尺，以为弦幂，谓平面方五尺之弦也。以此弦为股，亦以五尺为句，并句股幂得七十五尺，是为大弦幂。开方除之，则大弦可知也。大弦则中立方之长邪，邪即丸径。故中立方自乘之幂于丸径自乘之幂，三分之一也。令大弦还乘其幂，即丸外立方之积也。大弦幂开之不尽，令其幂七十五再自乘之，为面，命得外立方积四十二万一千八百七十五尺之面。又令中立方五尺自乘，又以方乘之，得积一百二十五尺，一百二十五尺自乘，为面，命得积一万五千六百二十五尺之面。皆以六百二十五约之，外立方积六百七十五尺之面，中立方积二十五尺之面也。张衡算又谓立方为质，立圆为浑。衡言质之与中外之浑：六百七十五尺之面，开方除之，不足一，谓外浑积二十六也；内浑，二十五之面，谓积五尺也。今徽令质言中浑，浑又言质，则二质相与之率犹衡二浑相与之率也。衡盖亦先二质之率推以言浑之率也。衡又言："质，六十四之面；浑，二十五之面。"质复言浑，谓居质八分之五也。又云："方，八之面；圆，五之面。"圆浑相推，知其复以圆囷为方率，浑为圆率也，失之远矣。衡说之自然，欲协其阴阳奇偶之说而不顾疏密矣。虽有文辞，斯乱道破义，病也。置外质积二十六，以九乘之，十六而一，得积十四尺八分尺之五，即质中之浑也。以分母乘全内子，得一百一十七。又置内质积五，以分母乘之，得四十，是为质居浑一百一十七分之四十，而浑率犹为伤多也。假令方二尺，方四面，并得八尺也，谓之方周。其中令圆径与方等，亦二尺也。圆半径以乘圆周之半，即圆幂也。半方以乘方周之半，即方幂也。然则方周知，方幂之率也；圆周知，圆幂之率也。按：如衡术，方周率八之面，圆周率五之面也。令方周六十四之面，即圆周四十尺之面也。又令径二尺自乘，得径四尺之面，是为圆周率十之面，而径率一之面也。衡亦以周三径一之率为非，是故更著此法，然增周太多，过其实矣。臣淳风等谨按：祖暅之谓刘徽、张衡二人皆以圆囷为方率，九为圆率，乃设新法。祖暅之开立圆术曰："以二乘积，开立方除之，即立圆径。其意何也？取立方棋一枚，令立枢于左后之下隅，从规去其右上之廉；又合而衡规之，去其前上之廉。于是立方之棋，分而为四，规内棋一，谓之内棋；规外棋三，谓之外棋。规更合四棋，复横断之。以句股言之，令余高为句，内棋断上方为股，本方之数，其弦也。句股之法：以句幂减弦幂，则余为股幂。若令余高自乘，减本方之幂，余即内棋断上方之幂也。本方之幂即此四棋之断上幂。然则余高自乘，即外三棋之断上幂矣。不问高卑，势皆然也。然固有所归同而途涂殊者尔。而乃控远以演类，借况以析微。按：阳马方高数参等者，倒而立之，横截去上，则高自乘与断上幂数亦等焉。夫叠棋成立积，缘幂势既同，则积不容异。由此观之，规之外三棋旁蹙为一，即一阳马也。三分立方，则阳马居一，内棋居二可知矣。合八小方成一大方，合八内棋成一合盖。内棋居小方三分之二，则合盖居立方亦三分之二，较然验矣。置三分之二，以圆幂率三乘之，如方幂率四而一，约而定之，以为九率。故曰九居立方二分之一也。"等数既密，心亦昭晢。张衡放旧，贻晒于后，刘徽循故，未暇校新。夫岂难哉，抑未之思也。依密率，此立圆积，本以圆径再自乘，十一乘之，二十一而一，得此积。今欲求其本积，故以二十一乘之，十一而一。凡物再自乘，开立方除之，复其本数。故立方除之，即丸径也。

开方作法本源。出《释锁》算书，贾宪用此术。

增乘方求廉法草曰：释锁求廉本源。列所开方数。如前五乘方，列五位，隔算在外。以隔算一自下增入前位，至首位而止。首位得六，第二位得五，第三位得四，第四位得三，下一位得二。复以隔算如前升增，递低一位求之。

求第二位：

六旧数。五加十而止。四加六为十。三加三为六。二加一为三。

求第三位：

六.十五并旧数，十加十而止。六加四为十。三加一为四。

求第四位：

六.十五。二十并旧数。十加五而止。四加一为五。

求第五位：

六.十五。二十。十五并旧。五加一为六。

上廉　二廉　三廉　四廉　　　下廉

开方作法本源图①

---

①　图中每一行恰好与现代求某次幂得二项展开式中的各项系数一致，即

$$(x+a)^0 = 1$$
$$(x+a)^1 = x+a$$
$$(x+a)^2 = x^2 + 2ax + a^2$$
$$(x+a)^3 = x^3 + 3ax^2 + 3a^2x + a^3$$
$$(x+a)^4 = x^4 + 4ax^3 + 6a^2x^2 + 4a^3x + a^4$$
$$(x+a)^5 = x^5 + 5ax^4 + 10a^2x^3 + 10a^3x^2 + 5a^4x + a^5$$
$$(x+a)^6 = x^6 + 6ax^5 + 15a^2x^4 + 20a^3x^3 + 15a^4x^2 + 6a^5x + a^6$$

"左袤"及"右袤"之"袤"，通"斜"，指最外边左右两斜线上的数字。

题兼二法卷第十一

题兼二法者十二问：

衰分，方程：九节竹；

互换，盈朒：故问粝米、持钱之属[①]，油自和漆；

合率，盈朒：瓜瓠求逢；

分率，盈朒：玉石隐互，二酒求价，金银易重，善恶求田；

方程，盈朒：二器求容，牛羊直金；

勾股，合率：勾中容方。[②]

（1）今有竹九节，下三节容四升，上四节容三升。问：中间二节欲均容[③]，各多少？

答曰：下初一升六十六分升之二十九，次一升六十六分升之二十二，次一升六十六分升之一十五，次一升六十六分升之八，次一升六十六分升之一，次六十六分升之六十，次六十六分升之五十三，次六十六分升之四十六，次六十六分升之三十九。

术曰：以下三节分四升为下率，以上四节分三升为上率。此二率者，各其平率也。上、下率以少减多，余为实。按：此上、下节各分所容为率者，各其平率。上、下以少减多者，余为中间五节半之凡差，故以为实也。置四节、三节，各半之，以减九节，余为法。实如法得一升，即衰相去也。按：此术法者，上下节所容已定之节，中间相去节数也；实者，中间五节半之凡差也。故实如法而一，则每节之差也。下率一升少半升者，下第二节容也。[④] 一升少半升

---

① 按《九章算术》刘徽注本："属"应改正为"蜀"。

② 因杨辉《详解九章算法·纂类》补之。

③ 均容：是指各节粗细的变化自上而下均匀递减。

④ 假设均容为一自下而上递减等差数列 $a_1,a_2,a_3,a_4,a_5,a_6,a_7,a_8,a_9$，已知 $a_1+a_2+a_3=4$ 升，$a_6+a_7+a_8+a_9=3$ 升　上率$=\dfrac{容量}{上节数}=\dfrac{3}{4}$，下率$=\dfrac{容量}{下节数}=\dfrac{4}{3}$

因而下三节的平率为 $\dfrac{a_1+a_2+a_3}{3}=\dfrac{4}{3}$ 升，根据等差数列的性质，知 $a_2=a_1+d$，且 $a_1+a_2+a_3=3a_1+3d$ 故 $\dfrac{a_1+a_2+a_3}{3}=a_1+d=a_2=\dfrac{4}{3}$，上四节的平率为 $\dfrac{a_6+a_7+a_8+a_9}{4}=\dfrac{3}{4}$ 升。因此，下、上两端之差为 $\dfrac{4}{3}-\dfrac{3}{4}=\dfrac{7}{12}$ 升，节数$=9-\dfrac{1}{2}(4+3)=\dfrac{11}{2}$，公差 $d=\dfrac{\dfrac{4}{3}-\dfrac{3}{4}}{\dfrac{11}{2}}=\dfrac{14}{132}=\dfrac{7}{66}$。最后求得 $a_1=a_2+d=\dfrac{4}{3}+\dfrac{7}{66}=1\dfrac{29}{66}$ 升

$a_2=a_1-d=\dfrac{95}{66}-\dfrac{7}{66}=1\dfrac{22}{66}$ 升　$a_3=a_2-d=\dfrac{88}{66}-\dfrac{7}{66}=\dfrac{81}{66}=1\dfrac{15}{66}$ 升　$a_4=a_3-d=\dfrac{81}{66}-\dfrac{7}{66}=\dfrac{74}{66}=1\dfrac{8}{66}$ 升

$a_5=a_4-d=\dfrac{74}{66}-\dfrac{7}{66}=\dfrac{67}{66}=1\dfrac{1}{66}$ 升　$a_6=a_5-d=\dfrac{67}{66}-\dfrac{7}{66}=\dfrac{60}{66}$ 升　$a_7=a_6-d=\dfrac{60}{66}-\dfrac{7}{66}=\dfrac{53}{66}$ 升　$a_8=$

$a_7-d=\dfrac{53}{66}-\dfrac{7}{66}=\dfrac{46}{66}$ 升　$a_9=a_8-d=\dfrac{46}{66}-\dfrac{7}{66}=\dfrac{39}{66}$ 升。

者,下三节通分四升之平率。平率即为中分节之容也。

　　解题:上问竹九节,上小下大,当以一、二、三、四、五、六、七、八、九为衰。今以上四节、下三节容升数为问,本用方程求之。中间隐去二节差数,故收均输之章类衰分也。古术曰:以下三节分四升为下率,以上四节分三升为上率。上、下率以少减多,余为实。置四节、三节各半,以减九节,余为法。上、下率分母三、四相乘,得十二乘为六十六,即一升之法。实如法得一升,即衰相去,下率一升少半升,下第二节容也。

　　原草曰:置一升,实六十六分乘上三节,得一百九十八,即上四节之容也。上第一节无差,第二差一,第三差二,第四差三,并差为六。以一差七乘为四十二,即四节之差也。以差数减实数,余一百五十六,即四节中无差之数,四而一。得第一节实三十九分,乃以八节之差,加为九节之数。古术刊误脱落其草,不究相去下率一升少半升为下第二节之积,为对而以上四节容三升,求逐节之差。术意颇隐,未可施于初学,今重修于后。

　　重修法术草曰:上四节容三升,下三节容四升。以少减多,余为实。节数为分母,容斗为分子,求如课分之法,以取一节差数。并上四节、下三节半之,减九节,余以上、下升作分母,乘为一升之法,实如法而一,即衰。知其衰也。相去下率一升,少半升,乃下第二节容也。古人不欲求上四节差数,故亦下三节除四升,得一升三分升之一为中,第八节之实。令知六十六分为升,其二十二分为三分之一,以差数于逐节增减矣。

　　草曰:上四节容三升,下三节容四升,以少减多,余为一差之实。四节、三节为分母,三升、四升为分子。互乘子三升,得九。其四升,得十六。以少减多,余七。并上四节、下三节,半之。七节折三节半。以减九节,余。五节半。以上、下升数为分母,乘为一升之法。三乘五节半,又四乘之,得六十六。实如法而一,即衰。实不满法,一差得六十六分之七。相去下率一升,少半升为二节之容也。一升六十六分,其少半升即升之二十二,当递分以差数,增减节则知九节之数矣。

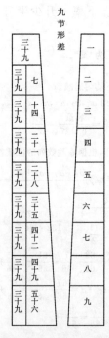

术曰：以上、下节容升差数。详见解题。求一差之实。节数为分母，容升为分子，求如课分之法。母互乘子，以少减多，余为实。母相乘为法。取第一节无差之实者，以上段升数、节数为分母，所得差实为分子，求如减分之法。母互乘子，以少减多，余为实，母相乘为法。递增差实，是知九节之数也。

草曰：置上、下节容升差数。右置上四节容三升，差六；左置上三节容四升，差二十一。求一差之实。节数为分母，容升为分子，如课分法，母互子。上四节、下三节为分母，容升差数皆为分子。互母。右十二节容升九，差一十八；左十二节六升，差八十四。以少减多，余为实。母相乘为法。以少减多，左行余七升，差六十六，实不满法，即六十六分升之七。取第一节无差之实者，以上段升节为分母，以差实为分子，求如减分之法。三升乘六十六分，得一百九十八为实，四节中六差之七，得四十二减差实，余以四节除之，得一节三十九分之数。递增差数。一差是七，二差一十四。是知九节之数。

方程术求，术草曰：大字为术，註字为草。

排列节数差升

右	上四节	六个差	容三升
左	下三节	二十一差	容四升

命节多行为主（右上四节）增乘少行（乘得）

右	上四节	六个差	容三升
左	上十二节	八十四差	容十六升

以原多节行（右行对）减三（度对减）

右	上四节	六个差	容三升
左		六十六	容七升

六十六差为法，七升为实，不满法便命得六十六分升之七，即一差之数。[1]

上四节中退六差实数。上节无差，二节差一，三节差二，四节差三。四而一。四节除之。即得上一节无差之实。以一差七乘右行六差，得四十二，以一升积六十六分乘三升，得一百九十八，以减六差，积四十二。余一百五十六，余四而一，得上一，余三十九分。逐节加差求之。第二节加一差七，得四十六；第三节加二差十四，得五十三，余递增之。[2]

---

[1] 根据题意，将算草用方程式表达，则

$$\left.\begin{array}{l}① \ \text{上}4\text{节} \quad \text{差}6 \quad \text{容}3\text{升} \\ ② \ \text{下}3\text{节} \quad \text{差}21 \quad \text{容}4\text{升}\end{array}\right) \xrightarrow{②\times4} \left(\begin{array}{l}③ \ \text{上}4\text{节} \quad \text{差}6 \quad \text{容}3\text{升} \\ ④ \ \text{下}3\text{节} \quad \text{差}84 \quad \text{容}16\text{升}\end{array}\right.$$

$$\xrightarrow{④-③\times3}\left(\begin{array}{ll}\text{上}4\text{节} & \text{差}6 \quad \text{容}3\text{升} \\ & \text{差}66 \quad \text{容}7\text{升}\end{array}\right.=\frac{7}{66}\text{差}。$$

[2] 用方程式表示，即 $\left.\begin{array}{l}① \ \text{上}4\text{节} \quad \text{差}6 \quad \text{容}3\text{升} \\ ②\end{array}\right.$ $\begin{array}{l}\\ \text{差}66 \quad \text{容}7\text{升}\end{array}$ $\xrightarrow{\text{对角相乘}}$ （③ 差42 容198升），$(198\text{升}-6)\div4=39$

升，得 $a_9=\dfrac{39}{66}$升，$a_8=\dfrac{39+7}{66}=\dfrac{46}{66}$升，$a_7=\dfrac{39+14}{66}=\dfrac{53}{66}$升，$a_6=\dfrac{39+21}{66}=\dfrac{60}{66}$升，$a_5=\dfrac{39+28}{66}=\dfrac{67}{66}=1\dfrac{1}{66}$升，$a_4=$

$\dfrac{39+35}{66}=\dfrac{74}{66}=1\dfrac{8}{66}$升，$a_3=\dfrac{39+42}{66}=\dfrac{81}{66}=1\dfrac{15}{66}$升，$a_2=\dfrac{39+49}{66}=\dfrac{88}{66}=1\dfrac{22}{66}$升，$a_1=\dfrac{39+56}{66}=\dfrac{95}{66}=1\dfrac{29}{66}$升。

都术有四不出前术减分之意：

一曰求上、下差率。加。一。乘上节。四。半之。为十，此用圭堞求积之法。以本节。四。减之，余。六。为上率。即四节中六差。下节上乘都节。九。以上率。六。减之，余。二十一。即下率也。下三节中共有二十一差。

二曰求升法。上。六。下。二十一。率互乘上、下节。上四节得一十八，下三节得八十四。以少减多，余。六十六。为一升之法也。

三曰求差实。上、下差互乘，上、下升。三升得六十三，四升得二十四。以少减多。三十九。为一节之差实也。

四曰求差率。上、下节互乘，上、下升。四升得十六，三升得九。相减，余。七。为一差之率也。第一节无差，得实三十九。以后逐节增差，凡一差添七，求为九节之数，即前之差形。

比类：七人差等均银，甲、乙均五十五两，戊、己、庚均四十二两。问：丙、丁合得几何？

答曰：甲二十九两，乙二十六两，丙二十三两，丁二十两，戊一十七两，己一十四两，庚一十一两，总得百四十两。[①]

本法草曰：求差率，置戊、己、庚三人加一，自乘半之，以三人减之，余为下差率。又置甲、乙二人乘都七人以下差率三减之，余十。一为上差率，求差实，并除两

二人	十一	五十五两
三人	三差	四十二两
互乘　二人	三十三	百六十五
三人	六差	八十四　以少减多

余二十七率为法，八十一两为实，除得三两，一差之数。

求常积　二人	十一	五十五两	
三人	差三	四十二两	
三十三		一百六十五	以少减多
差六		四百六十二	余二十七

差为法，银为二百九十七两为实。除得十一两，乃下一人庚所得之数。列置七人各得本身十一两，庚不加差，己加一差三，戊加二差六，丁加三差九，丙加四差一十二，乙加五差十五，甲加六差十八，合问。

方程草曰：置　　　甲乙二人　　　十一　　　五十五

　　　　　　　　戊己庚三人　　　三差　　　四十二

―――――――――――

① 用方程式表示，即 $\begin{pmatrix} ① & 2人 & 11差 & 55两 \\ ② & 3人 & 3差 & 42两 \end{pmatrix}$ ①与②互乘 $\begin{pmatrix} ③ & 2人 & 11×3=33差 & 55×3=165两 \\ ④ & 3人 & 3×2=6差 & 42×2=84两 \end{pmatrix}$

③－④(33－6＝27差　　165－84＝81两)，公差＝$\frac{81}{27}$＝3。

求庚得银 $\begin{pmatrix} ① & 2人 & 11差 & 55两 \\ ② & 3人 & 3差 & 42两 \end{pmatrix}$ ①与②互乘 $\begin{pmatrix} ③ & 2人 & 33差 & 165两 \\ ④ & 3人 & 6差 & 462两 \end{pmatrix}$

以少减多，$\frac{297}{27}$＝11两。因公差为3，自庚而上，依次相加，故己＝11＋3＝14两戊＝14＋3＝17，丁＝17＋3＝20两，丙＝20＋3＝23两，乙＝23＋3＝26两，甲＝26＋3＝29两。

左行二人互乘,甲乙行二人得六、三十三,差一百六十五两。以左行少减多,余二十七,差为法,八十一两为实,除得三两,乃一差之实。置戊己庚四十二两,内减三差积九两,除三十三两,以三人除之,各得十一两,即庚所得之数。列七人各得十一,自己为始加三,戊加六,丁加九两,丙加十二,乙加十五,甲加十八,合前答。

（2）今有米,在十斗桶中,不知其数。满中添粟而舂之,得米七斗。问:故米几何?

答曰:二斗五升。

术曰:以盈、不足术求之。假令故米二斗,不足二升;令之三斗,有余二升。按:桶受一斛。若使故米二斗,须添粟八斗以满之。八斗得粝米四斗八升;课于七斗,是为不足二升。若使故米三斗,须添粟七斗以满之。七斗得粝米四斗二升;课于七斗,是为有余二升。以盈、不足维乘假令之数者,欲为齐同之意。实如法,即得故米斗数,乃不盈不朒之正数也。

答曰:故米二斗五升,新米四斗五升。①

解题:本是互换取用题,借盈、不足法为之。②

术曰（取用入互换法）:以粝米率减粟率,余为糠率。以得米减白积,余为糠实。入互换法。以所有糠乘所求粝率为实,所有糠率为法,实如法而一。③

草曰:以粝率。三十。减粟率。五十。余为糠率。二十。得米。七斗。减白积。十斗。余为糠实。三斗。以所有糠。三斗。乘所求粝率为实。乘得九斗。所有糠率。二十。为法。实如法而一。除得新米四斗五升减共米七斗,余知故米矣。④

又盈、不足法曰:假令故米二斗,不足二升,以故米二斗减十斗,白余八斗。以粝米乘之,以粟率除之,得四十八升,添上假令故米二斗,共六斗八升,乃少二升,故曰不足。令之三斗,有余二升,以故米三斗减十斗,白余七斗,以粝率乘之,以粟率除之,得四斗二升,添上令之三斗,共有七斗二升,较之七斗,故曰有余。⑤ 假令二斗,不足二升;令之三斗,有余二升。维乘其上,并

---

① 由文中"按"知,$7-\left(2+8\times\dfrac{30}{50}\right)=2$ 升（不足）;又,$\left(3+7\times\dfrac{30}{50}\right)-7=2$ 升（有余）。所以,根据题意,设:$x_1=2,x_2=3,y_1=2,y_2=2$,故米 $p=\dfrac{x_1y_2+x_2y_1}{y_1+y_2}=\dfrac{2\times2+3\times2}{2+2}=2.5$ 斗。

② 此题虽然不是严格意义上的盈、不足问题,但是经过两次假令可以将其变换为盈、不足术计算。

③ 此处的互换数是从《九章算术》的今有数演变而来,其运算的基本思路是:先用今有术求出新添粟所舂出的新米。即

故米＝得米－新米

新米＝（白积－得米）×粝率÷（粟率－粝率）　　　　　　　　　　（11-1）

④ 依式(11-1),将题中所给出的数代入式(11-1),即新米＝(10－7)×30÷(50－30)＝4.5斗,故米＝7－4.5＝2.5斗。

⑤ 假令在故米2斗的基础上添粟米8斗以满桶,而8斗粟米实得粝米 $8\times\dfrac{3}{5}=4.8$ 斗,加上故米2斗,得6.8斗,与7斗相比较,少2升,是谓"不足";假令在故米3斗的基础上添粟米7斗以满桶,而7斗粟米实得粝米 $7\times\dfrac{3}{5}=4.2$ 斗,跟故米3斗相加,得7.2斗,与7斗相比较,多2升,是谓"有余"。

之,得。十斗。为实。有余、不足并之为法。实如法而一,先得故米。①

比类:官盐盘容卤二十斛,每斛煎成盐二斤。盘中有出未尽盐,添卤满而更煎,共得二百五十斤,问:新、故盐几何?②

答曰:故百五十斤,新一百斤。②

术草曰:以成盐数二十减斛积五十,余耗满三十为法,以共盐二百五十斤减盘卤,积四百斤,余一百五十斤,为所有耗。以斛重二十乘之为实,实如法而一。耗三十斤,得新盐百斤,减共数即故盐。③

盈、不足术曰:假令故盐百三十斤,多六十。令之故盐一百六十斤,不足三十斤。④

(3) 今有人持钱之蜀贾,利十三。初返归一万四千,次返归一万三千,次返归一万二千,次返归一万一千,后返归一万。凡五返归钱,本利俱尽。问:本持钱及利各几何?⑤

答曰:本三万四百六十八钱三十七万一千二百九十三分钱之八万四千八百七十六,利二万九千五百三十一钱三十七万一千二百九十三分钱之二十八万六千四百一十七。

术曰:假令本钱三万,不足一千七百三十八钱半;令之四万,多三万五千三百九十

---

① 依题意,设 $x_1=2, x_2=3, y_1=2, y_2=2$。故米为 p。则 $P=\begin{pmatrix} 2 & 3 \\ 2 & 2 \end{pmatrix} \xrightarrow{\text{维乘}} \begin{pmatrix} 2\times2 & 3\times2 \\ 2 & 2 \end{pmatrix} \xrightarrow{\text{实如法而一}}$ $\left(\dfrac{2\times2+3\times2}{2+2}\right)=2.5$ 斗。

② 经沈康身考证,原文有误,遂改正为:官盐盘容卤八斛,每斛五十斤,煎成盐而十斤。盘中有出未尽盐,添卤满而更煎,共得二百五十斤,问:新、故盐几何? 答曰:故盐百五十斤,新盐一百斤。设故盐为 x 斤,由题中给出的数量关系则立一元一次方程: $x+(50\times8-x)\dfrac{2}{5}=250$ 解方程得 $x=150$ 斤。

③ 经沈康身考证,原文"耗三十斤"为衍文,应删去,又"斛重"应为"斛含成盐数"。依术草,设故盐为 x 斤,制成新盐为 y 斤,则立二元一次方程:
$$\begin{cases} x+y=250 \\ (400-x)\dfrac{2}{5}=y \end{cases}$$
求解,得 $y=100$。

④ 设 $x_1=130$ 斤,$x_2=160$ 斤,$y_1=60$(盈)斤,$y_2=30$(不足)斤。故盐为 p。根据一盈一不足术的求解法,则 $p=\dfrac{x_1y_2+x_2y_1}{y_1+y_2}=\dfrac{130\times30+160\times60}{0+30}=\dfrac{12500}{90}=150$ 斤。

⑤ "十三"即 $\dfrac{3}{10}$,用现代的代数公式计算,设本钱为 x,则依题意有

$$x\left(1+\frac{3}{10}\right)^5-14000\times\left(1+\frac{3}{10}\right)^4-13000\times\left(1+\frac{3}{10}\right)^3-12000\times\left(1+\frac{3}{10}\right)^2-11000\times\left(1+\frac{3}{10}\right)-10000=0$$

(11-2)

解得 $x=30468\dfrac{84876}{371293}$。

钱八分。按：假令本钱三万，并利为三万九千。① 除初返归留，余，加利为三万二千五百。② 除二返归留，余，又加利为二万五千三百五十。③ 除第三返归留，余，又加利为一万七千三百五十五。④ 除第四返归留，余，又加利为八千二百六十一钱半。⑤ 除第五返归留，合一万钱，不足一千七百三十八钱半。⑥ 若使本钱四万，并利为五万二千。⑦ 除初返归留，余，加利为四万九千四百。⑧ 除第二返归留，余，又加利为四万七千三百二十。⑨ 除第三返归留，余，又加利为四万五千九百一十六。⑩ 除第四返归留，余，又加利为四万五千三百九十钱八分。⑪ 除第五返归留，合一万，余三万五千三百九十钱八分，⑫ 故曰多。

又术⑬：置后返归一万，以十乘之，十三而一，即后所持之本。⑭ 加一万一千，又以十乘之，十三而一，即第四返之本。⑮ 加一万二千，又以十乘之，十三而一，即第三返之本。⑯ 加一万三千，又以十

---

① 　如果本钱为 30000，那么，初返本与利之和为：$30000\left(1+\dfrac{3}{10}\right)=39000$。

② 　除是减去的意思，初即第 1 次。依式（11-2），则第 2 次所返本与利之和为：$(39000-14000)\times\left(1+\dfrac{3}{10}\right)=32500$。

③ 　第 3 次所返本与利之和为：$(32500-13000)\times\left(1+\dfrac{3}{10}\right)=25350$。

④ 　第 4 次所返本与利之和为：$(25350-12000)\times\left(1+\dfrac{3}{10}\right)=17355$。

⑤ 　第 5 次所返本与利之和为：$(17355-11000)\times\left(1+\dfrac{3}{10}\right)=8261\dfrac{1}{2}$。

⑥ 　不足为：$10000-8261\dfrac{1}{2}=1738\dfrac{1}{2}$。

⑦ 　如果本钱为 40000，那么，初返本与利之和为：$40000\left(1+\dfrac{3}{10}\right)=52000$。

⑧ 　第 2 次所返本与利之和为：$(52000-14000)\times\left(1+\dfrac{3}{10}\right)=49400$。

⑨ 　第 3 次所返本与利之和为：$(49400-13000)\times\left(1+\dfrac{3}{10}\right)=47320$。

⑩ 　第 4 次所返本与利之和为：$(47320-12000)\times\left(1+\dfrac{3}{10}\right)=45916$。

⑪ 　第 5 次所返本与利之和为：$(45916-11000)\times\left(1+\dfrac{3}{10}\right)=45390\dfrac{8}{10}$。

⑫ 　盈为：$45390\dfrac{8}{10}-10000=35390\dfrac{8}{10}$。

⑬ 　即还原算法。

⑭ 　第 5 次所返之本钱：$10000\times\left(10\times\dfrac{1}{13}\right)=7692\dfrac{4}{13}$ 钱。

⑮ 　第四返之本即第 4 次所返之本钱为：$\left(7692\dfrac{4}{13}+11000\right)\times\left(10\times\dfrac{1}{13}\right)=14378\dfrac{118}{169}$ 钱。

⑯ 　第三返之本即第 3 次所返之本钱为：$\left(14378\dfrac{118}{169}+12000\right)\times\left(10\times\dfrac{1}{13}\right)=20291\dfrac{673}{2197}$ 钱。

乘之,十三而一,即第二返之本。① 加一万四千,又以十乘之,十三而一,即初持之本。② 并五返之钱以减之,即利也。③

此问先得利而收钱返归,四返皆存。余钱生利,首尾相接,故以五返钱数乘本利十三。并而为实,以五返本利自乘为法,即取用互换之术也。

互换术草:以所有五返本利钱数。列置一万四千、一万三千至一万。乘所求率为实。以一十三乘一万四千,以十乘一万二千,并之十三,乘得四百五万六千,以百乘一万二千,并之十三,乘得六千八百三十二万八千。以千乘一万一千,并之十三乘之,得十亿三千一百二十六万四千。以万乘一万为一亿,并之,共得十一亿三千一百二十四万四千。以所求率为法。五位十三自乘,得三十七万一千二百九十三。实如法而一。④

盈、不足术曰:假令本钱三万,不足一千七百三十八钱五分。本钱三万,并利三万九千,除初返归一万四千。余,加利为三万二千五百,除第二返归一万三千。余,加利为二万五千三百五十,除第三返一万二千。余,加利为一万七千三百五十五,除第四返一万一千。余,加息为八千二百六十一钱半,除第五返归钱一万,故曰不足。令之四万,多三万五千三百九十钱八分。四万并利五万二千,除初返一万四千。余,加利为四万九千四百,除第二返一万三千。余,加利为四万七千三百二十,除第三返一万二千。余,加利为四万五千九百十六,除第四返一万一千。余,加利为四万五千三百九十钱八分,除第五返一万。余三万五千三百九十钱八分,故曰多也。⑤

草曰:列所出率,盈、不足。三万,不足一千七百三十八钱五分;四万,多三万五千三百九十钱八分。维乘所出率。并之为实,并盈、不足为法。除之,得本减五返本息,共六万,余为利息,合问。

(4)今有漆三得油四,油四和漆五。今有漆三斗,欲令分以易油,还自和余漆。

----

① 第二返之本即第2次所返之本钱为:$\left(20291\frac{673}{2197}+13000\right)\times\left(10\times\frac{1}{13}\right)=25608\frac{19912}{28561}$钱。

② 初持之本为:$\left(25608\frac{19912}{28561}+14000\right)\times\left(10\times\frac{1}{13}\right)=30468\frac{84876}{371293}$钱。

③ 因"五返之钱"为:$14000+13000+12000+11000+10000=60000$。所以,利钱$=60000-30468\frac{84876}{371293}=29531\frac{286417}{371293}$钱。

④ 依题意,求本钱则有下面的数学式:

$$\left(\left\{\left[\left(10000\times\frac{10}{13}+11000\right)\frac{10}{13}+12000\right]\frac{10}{13}+13000\right\}\frac{10}{13}+14000\right)\times\frac{10}{13}=\frac{11312640000}{37129\frac{3}{10}}=30468\frac{84876}{371293}$$钱。

⑤ 用盈不足术求之,设:$x_1=30000$ 钱,$y_1=$(不足)$1738\frac{1}{2}$;$x_2=40000$ 钱,$y_2=$(盈)$35390\frac{8}{10}$。本钱为 p。则 $p=\begin{vmatrix}x_1&x_2\\y_1&y_2\end{vmatrix}=\begin{vmatrix}30000&40000\\1738\frac{1}{2}&35390\frac{8}{10}\end{vmatrix}=\dfrac{40000\div1738\frac{1}{2}+30000\times35390\frac{8}{10}}{35390\frac{8}{10}+1738\frac{1}{2}}=30468\frac{84876}{371293}$钱

利钱$=60000-30468\frac{84876}{371293}=29531\frac{286417}{371293}$钱。

问：出漆、得油、和漆各几何？

答曰：出漆一斗一升四分升之一，得油一斗五升，和漆一斗八升四分升之三。[①]

术曰：假令出漆九升，不足六升。令之出漆一斗二升，有余二升。按：此术三斗之漆，出九升，得油一斗二升，可和漆一斗五升。余有二斗一升，即六升无油可和，故曰不足六升。令之出漆一斗二升，即易得油一斗六升，可和漆二斗。于三斗之中已出一斗二升，余有一斗八升。见在油合和得漆二斗，即是有余二升。以盈、不足维乘之为实，并盈、不足为法，实如法而一。得出漆升数。求油及和漆者，四、五各为所求率，三、四各为所有率，而今有之，即得也。[②]

此题互换，借盈、不足为法。

互换草曰：有漆三斗，出漆率三，易油率四，和漆率五。以所有漆。三斗。乘所求出漆率。得九。易油率。四得十二。和漆率。五得十五。各自为实，并出漆率。三。和漆率。五。为法，得八，除之，合问。[③]

盈、不足术曰：假令出漆九升，不足六升。置九升以四因得三十六；以三除得油一斗二升，乃五因得六十。却四除得和漆一斗五升，今于三斗之内，既出九升，止余二斗一升。令和一斗五升，今于三斗之内，既出九升，止余二斗一升。令和一斗五升，于二十一升内，六升无油可和，故曰不足也。令之出漆一斗二升，有余二升。置一斗二升以四因得四十八，以三除得一斗六升，乃五因得八十。以四除得二斗，乃于三斗之内，出一斗二升，余一斗八升，既易油、和漆二斗，只有余漆一斗八升，是多二升，故曰有余二升。

草曰：置所出率，盈、不足

出漆九升	不足六升
一斗二升	有余二升

---

① "漆三得油四，油四和漆五"是指 3 份漆可得 4 份油，4 份油可调和 5 份漆。故依题意，1 斗＝10 升，设出漆为 x 升，而余漆为 $(30-x)$ 升，得油为 $\frac{4}{3}x$；然后，出漆由下面方程解得：$\frac{30-x}{\frac{4}{3}x}=\frac{5}{4}$，$x=11\frac{1}{4}$ 升。得油＝ $11\frac{1}{4}$ 升 $\times\frac{4}{3}=15$ 升，和漆＝15 升 $\times\frac{5}{4}=\frac{75}{4}=18\frac{3}{4}$ 升。

② 此题依术文，假令出漆 $x_1=9$ 升，得油 $9\times\frac{4}{3}=12$ 升，和漆 $12\times\frac{5}{4}=15$ 升，课于 3 斗，不足 $y_1=(9+15)-30=-6$ 升；假令出漆 $x_2=12$ 升，得油 $12\times\frac{4}{3}=16$ 升，和漆 $16\times\frac{5}{4}=20$ 升，课于 3 斗，盈 $y_2=(12+20)-30=2$ 升。将其代入盈不足公式，出漆＝ $\frac{x_1y_2+x_2y_1}{y_1+y_2}=\frac{9\times2+12\times6}{6+2}=\frac{90}{8}=11\frac{1}{4}$ 升，由之，则得油＝ $11\frac{1}{4}$ 升 $\times\frac{4}{3}=15$ 升，和漆＝15 升 $\times\frac{5}{4}=\frac{75}{4}=18\frac{3}{4}$ 升。

③ 出漆＝ $\frac{3\times3}{3+5}=\frac{3\times4}{3+5}=\frac{3\times5}{3+5}=1.125$ 斗＝10 升 $\times1.125$ 斗＝11.25 升，得油＝11.25 升 $\times\frac{4}{3}=15$ 升，和漆＝15 升 $\times\frac{5}{4}=18\frac{3}{4}$ 升。

维乘出率，并之。得九斗。为实，并盈、不足为法。八升。实如法而一。① 得出漆一斗一升四分升之一，以减三斗，余一斗八升四分升之三，为和漆，并之折半，得易油数，合问。

（5）今有垣高九尺，瓜生其上，蔓日长七寸。瓠生其下，蔓日长一尺。问：几何日相逢？瓜瓠各长几何？

答曰：五日十七分日之五，瓜长三尺七寸一十七分寸之一，瓠长五尺二寸一十七分寸之一十六。②

术曰：假令五日，不足五寸；令之六日，有余一尺二寸。按：假令五日不足五寸者，瓜生五日，下垂蔓三尺五寸；瓠生五日，上延蔓五尺。课③于九尺之垣，是为不足五寸。令之六日，有余一尺二寸者，若使瓜生六日，下垂蔓四尺二寸；瓠生六日，上延蔓六尺。课于九尺之垣，是为有余一尺二寸。以盈、不足维乘假令之数者，欲为齐同之意。实如法而一，即设差不盈不朒之正数，即得日数。以瓜、瓠一日之长乘之，故各得其长之数也。④

解题：合率⑤、商除，借盈、不足为问。

合率术草曰：以垣高为实。九尺。并瓜、瓠蔓长为法。一尺七寸。实如法而一。除之合问。⑥

盈、不足率草曰：假令五日不足五寸，令之六日有余一尺二寸。维乘并日数为实。九尺。并盈、不足为法。一尺七寸。实如法而一⑦，合问。

----

① 设 $x_1 = 9$ 升，（盈）$y_1 = 6$ 升，$x_2 = 12$ 升，（不足）$y_2 = 2$ 升，出漆为 p，则 $p = \begin{vmatrix} 9 & 12 \\ 6 & 2 \end{vmatrix}$ 维乘 $\longrightarrow$

$\begin{vmatrix} 9 \times 2 & 12 \times 6 \\ 6 & 2 \end{vmatrix}$ 并维乘为实，并盈、不足为法 $\longrightarrow \dfrac{9 \times 2 + 12 \times 6}{6 + 2}$ 实如法而一 $\longrightarrow 11\dfrac{1}{4}$

② 根据题中已知条件，则依照一元一次方程的解法，设 x 日相逢，瓜蔓长 $7x$ 寸，瓠蔓长 $10x$ 寸，列方程式如下：$7x + 10x = 90$

解方程，得 $x = \dfrac{90}{17} = 5\dfrac{5}{17}$ 日。将 $5\dfrac{5}{17}$ 代入 $7x$，就得瓜蔓长 $x = 7 \times 5\dfrac{5}{17} = 37\dfrac{1}{17}$ 寸。再将 $5\dfrac{5}{17}$ 代入 $10x$，得瓠长 $x = 10 \times 5\dfrac{5}{17} = \dfrac{900}{17} = 52\dfrac{16}{17}$ 寸。

③ 用"假令"来进行检验考核的过程。

④ 依题意，把非盈不足问题转换为盈不足问题，有两种假设：第一种假设，以尺为单位。设生长了 5 日，瓜瓠共长了 $(0.7 + 1) \times 5 = 8.5$ 尺，距 9 尺还差 5 寸，再设生长了 6 日，瓜瓠共长了 $(0.7 + 1) \times 6 = 10.2$ 尺，比 9 尺又多出了 1.2 尺。第二种假设，以寸为单位。设 5 日之后，瓜蔓长 $5 \times 7 = 35$ 寸，瓠蔓长 $10 \times 5 = 50$ 寸，90 寸－$(35$ 寸$+50$ 寸$) = 5$ 寸，即还差 5 寸相遇；6 日之后，瓜蔓长 $6 \times 7 = 42$ 寸，瓠蔓长 $10 \times 6 = 60$ 寸，$(42$ 寸$+60$ 寸$) -90$ 寸$= 12$ 寸，即多余 12 寸。这样，原来的问题就变成了一个盈不足问题。

设：$x_1 = 5$ 日，$x_2 = 6$ 日，$y_1 = 5$ 寸，$y_2 = 12$ 寸。p 为相逢日数，则 $p = \dfrac{x_1 y_2 + x_2 y_1}{y_1 + y_2} = \dfrac{5 \times 12 + 6 \times 5}{5 + 12} = 5\dfrac{5}{17}$，瓜蔓长 $7 \times 5\dfrac{5}{17} = 37\dfrac{1}{17}$ 寸，瓠蔓长 $12 \times 5\dfrac{5}{17} = 52\dfrac{16}{17}$ 寸。

⑤ 郭书春释："合率"有三法、二十问，包括《九章算术》中的少广章少广术及其例题、均输章凫雁类问题。

⑥ 依题意，则 90 寸 $\div$ 17 寸 $= \dfrac{（实）90}{（法）17}$。

⑦ 依题意，则 $\begin{vmatrix} 5 & 6 \\ 5 & 12 \end{vmatrix}$ 维乘 $\longrightarrow \begin{vmatrix} 5 \times 12 & 6 \times 5 \\ 5 & 12 \end{vmatrix}$ 维乘并日数为实，并盈、不足为法 $\longrightarrow \dfrac{60 + 30}{5 + 12}$。

比类：出钱一十贯，买铜一斤九文，买锡一斤七文，欲共斤数相等。问：几何？

答曰：各重六百二十五斤，铜价五贯六百二十五，锡价四贯三百七十五。

术草曰：并铜锡价十六为法，以出钱十贯为实，实如法而一。[①]

（6）今有玉方一寸，重七两；石方一寸，重六两。今有石立方三寸，中有玉，并重一十一斤。问：玉石重各几何？

答曰：玉一十四寸，重六斤二两；石一十三寸，重四斤一十四两。[②]

术曰：假令皆玉，多十三两；令之皆石，不足十四两。不足为玉，多为石。各以一寸之重乘之，得玉、石之积重。立方三寸是一面之方，计积二十七寸。玉方一寸重七两，石方一寸重六两，是为玉、石重差一两。假令皆玉，合有一百八十九两。课于一十一斤，有余一十三两。玉重而石轻，故有此多。即二十七寸之中有十三寸，寸损一两即以为石重，故言多以为石。言多之数出于石以为玉。假令皆石，合有一百六十二两。课于十一斤，少十四两，故曰不足。此不足即以重为轻，故令减少数于石重，即二十七寸之中有十四寸，寸增一两也。石则以为玉重也。[③]

解题：贵贱分率之问，借盈、不足为问。

分率术曰：置共物。立方三寸。积寸。再自乘得二十七寸。积两。十一斤，积一百七十六两。为实，以贵率。玉重七两。乘共物。二十七寸，得一百八十九。减都重。一百七十六两。余为贱实。石十三。贵贱率六七相减。一两。为法，实如法而得一物。石十三寸。以减都率。二十七寸。余为贵物。玉十四寸。以贵贱两数为法，各乘本率。玉七两乘十四寸，石六两乘十三寸。求之。[④]

术曰：假令皆玉，多十三两。令之皆石，少十四两。以少为玉，多为石。皆玉者，暗以贵乘之；皆石者，暗以贱乘之。乃分率之本术。石、玉差一无二价，相减之句却非盈、朒之法也。

---

① 设各买相等斤数为 x，铜价为 $9x$，锡价为 $7x$，则 10×1000 文 $=9x+7x$，解方程：$x=\dfrac{10000}{16}=625$ 斤。将 625 斤代入 $9x$，铜价 $=5625$ 文；将 625 斤代入 $7x$，锡价 $=4375$ 文。

② "方一寸"$=(1$ 寸$)^3$，"立方三寸"$=(3$ 寸$)^3$ 则依题意，1 斤 $=16$ 两，设"立方三寸"中有玉 x 寸^3，有石 y 寸^3，立二元一次方程式 $\begin{cases} x+y=27 \\ 7x+6y=11\times16 \end{cases}$，解得 $y=27-x$，将其代入 $7x+6y=11\times16$ 中，即得 $x=14$ 寸，$y=13$ 寸。

已知石 1 方寸的比重为 6 两，那么，13 寸$\times6=78$ 两 $=4$ 斤 14 两；又，已知玉 1 方寸的比重为 7 两，那么，14 寸$\times7=98$ 两 $=6$ 斤 2 两。

③ 此题用"鸡兔同笼"术来解，其步骤是：由正方体混合料的棱长 3 寸，知其体积为 $3\times3\times3=27$ 寸^3；假令 27 寸^3 皆为玉，其重量应为 7 两$\times27=189$ 两。已知混合料的重量是 11 斤，那么，189 两较实际重量 176 两多 13 两。此间，每将 1 寸^3 的石假令是 1 寸^3 的玉，其总量就会多出 7 两 -6 两 $=1$ 两，这样，石的重量为 6 两$\times13=78$ 两，而玉的重量为 176 两 -78 两 $=98$ 两。

④ 用"贵贱分率"解此题，则设混合石料的体积为 $3\times3\times3=27$ 寸^3，混合石料的重量为 11 斤$\times16$ 两/斤 $=176$ 两。若以混合石料为玉计，则贵率即玉重$\times$体积 $=7\times27=189$。石重 189 两 -176 两 $=13$ 两，贵贱率为 7 两 -6 两 $=1$ 两。在此，13 两中含有多少个 1 两，石料的体积就是多少立方寸，即 $\dfrac{13}{1}=13$ 寸^3。而玉的体积为 27 寸$^3-13$ 寸$^3=14$ 寸^3。石重为 6 两$\times13=78$ 两，玉重为 7 两$\times14=98$ 两。

各以一寸之重乘之。玉七两乘十四寸,石六两乘十三寸。合问。①

两不足术曰:假令玉十寸,石十七寸,不足四两。共二十七寸,积一百七十四两。令之玉五十二寸,石十五寸,不足二两。其草曰:列置玉石不足,维乘得玉二十寸,石三十四寸,少四两。玉四十八寸,石六十寸,少二两。以少减多,玉得二十八寸,石得二十六寸为实,不足二两为法,除得玉石寸积,各以寸重乘之,合问。只求玉者,以三玉与两不足互乘,相减;只求石者,以二石与两不足互乘,相减。②

(7) 今有醇酒一斗,直钱五十;行酒一斗,直钱一十。今将钱三十,得酒二斗。问:醇、行酒③各得几何?

答曰:醇酒二升半,行酒一斗七升半。④

术曰:假令醇酒五升,行酒一斗五升,有余一十;令之醇酒二升,行酒一斗八升,不足二。⑤ 按:醇酒五升,直钱二十五;行酒一斗五升,直钱一十五;课于三十,是为有余十。据醇酒二升,直钱一十;行酒一斗八升,直钱一十八;课于三十,是为不足二。以盈、不足术求之。此问已有重设及其齐同之意也。

术曰:假令皆醇酒多七十,令之皆行酒多一十,以二价相减,余为法除之。⑥

---

① 假设整块石都是玉,则它的重量为 27×7 两 $= 189$ 两,较 11 斤 $= 11 \times 16$ 两 $= 176$ 两,多了 13 两。再假设整块都是石,则它的重量为 27×6 两 $= 162$ 两,较 11 斤 $= 11 \times 16$ 两 $= 176$ 两,少了 14 两。在此,多出来的是石的重量,暗以贱乘之即 13×6 两 $= 78$ 两,而少出来的则是玉的重量,暗以贵乘之即 14×7 两 $= 98$ 两。然后,各以 1 寸³乘之,就得到了玉、石的体积和重量。其中玉的体积为 14×1 寸³ $= 14$ 寸³,重量为 98 两 $= 98 \div 16$ 两 $= 6$ 斤 2 两;石的体积为 13×1 寸³ $= 13$ 寸³,重量为 78 两 $= 78 \div 16$ 两 $= 4$ 斤 14 两,与题的答案一致。

② 用两不足术解。设 $x_1 = 10$ 寸,$y_1 = 4$ 两;$x_2 = 12$ 寸,$y_2 = 2$ 两。玉的体积为 P_1,则 $P_1 = \begin{vmatrix} 10 & 12 \\ 4 & 2 \end{vmatrix} \xrightarrow{\text{维乘}} \begin{vmatrix} 20 & 48 \\ 4 & 2 \end{vmatrix} \xrightarrow[\text{实如法而一}]{\text{以少减多}} \frac{28}{2} = 14$ 寸³。

石的体积为 27 寸³ $- 14$ 寸³ $= 13$ 寸³。玉的重量 $= 14 \times 7$ 两 $= 98$ 两,石的重量 $= 172$ 两 $- (98 - 4) = 78$ 两。

依此,设 $x_1 = 17$ 寸,$y_1 = 4$ 两;$x_2 = 15$ 寸,$y_2 = 2$ 两。石的体积为 P_2,则 $p_2 = \begin{vmatrix} 17 & 15 \\ 4 & 2 \end{vmatrix} \xrightarrow{\text{维乘}} \begin{vmatrix} 34 & 60 \\ 4 & 2 \end{vmatrix} \xrightarrow[\text{实如法而一}]{\text{以少减多}} \frac{26}{2} = 13$ 寸³

玉的体积为 27 寸 $- 13$ 寸 $= 14$ 寸。石的重量 $= 13 \times 6$ 两 $= 78$ 两,玉的重量 $= 172$ 两 $- (78 - 4) = 98$ 两。

③ 劣质酒。

④ 此题用二元一次方程求解。设醇酒为 m 斗,行酒为 n 斗,则由题中已知条件列方程 $\begin{cases} 50m + 10n = 30 \\ m + n = 2 \end{cases}$,解得 $m = \frac{1}{4}$ 斗 $= \frac{1}{4} \times 10$ 升 $= 2\frac{1}{2}$ 升,$n = 2 - \frac{1}{4}$ 斗 $= \frac{7}{4} \times 10$ 升 $= 17\frac{1}{2}$ 升。

⑤ 本题非常巧妙地利用两次假设,遂构成了一个比较标准的盈不足模型:任意假令有醇酒 5 升,行酒 15 升,共值钱 $5 \times 5 + 15 \times 1 = 40$,然题中仅有钱 30,故盈钱 30;假令醇酒有 2 升,行酒 18 升,共值钱 $2 \times 5 + 18 \times 1 = 28$,然题中仅有钱 30,故不足钱为 2。

⑥ 此术不是盈不足解法,而是鸡兔同笼问题解法。按:鸡头数 $=$(兔头数 $\times$ 总头数 $-$ 实际脚数)$\div$(兔脚数 $-$ 鸡脚数)。根据题中术文,设酒总量为 $a = 20$ 升,醇酒钱 $b = 70$,行酒钱 $c = 10$,实际钱数 $d = 50$,则醇酒量 $= \frac{a \times c - d}{b - c} = (20 \times 10 - 50) \div (70 - 10) = 150 \div 60 = 2.5$ 升,行酒量 $= 15$ 升 $+ 2.5$ 升 $= 17.5$ 升。

分率术①曰：置共物。二斗。乘贵价。五十。减都钱。三十。余七十为实，以贱价。一十。减贵价。五十。余四十为法，除之得行酒。一斗七升五合。减共物。二斗。余。二升五合。为醇酒贵价。②

盈、不足术曰：假令醇酒五升，行酒一斗五升，有余十文。假令醇酒五升，直钱二十五；行酒一斗五升，直钱十五。并得四十，是多一十文，故曰有余。令之醇酒二升，行酒一斗八升，不足二文。令之醇酒二升，直钱十；行酒一斗八升，直钱一十八。并之得二十八，是少二文，故曰不足。有余、不足。醇酒五升，有余一十；醇酒二升，不足二文。互乘醇酒，求之得。一十、二十。并之得。三十。为实，并盈、不足得。十二。为法，除之乃得醇酒。二升五合。以减共物。二斗。余。一斗七升半。为行酒数③，合问。

（8）今有黄金九枚，白银一十一枚，称之重适等。交易其一金，轻十三两。问：金、银一枚，各重几何？

答曰：金重二斤三两一十八铢，银重一斤一十三两六铢④。

术曰：假令黄金三斤，白银二斤一十一分斤之五，不足四十九，于右行。令之黄金二斤，白银一斤一十一分斤之七，多一十五，于左行。以分母各乘其行内之数。以盈、不足维乘所出率，并以为实。并盈、不足为法。实如法，得黄金重。分母乘法以除，得银重。约之得分也。按：此术假令黄金九，白银一十一，俱重二十七斤。金，九约之，得三斤；银，一十一约之，得二斤一十一分斤之五；各为金、银一枚重数。就金重二十七斤之中减一金之重，以益银，银重二十七斤之中减一银之重，以益金，即金重二十六斤一十一分斤之五，银重二十七斤一十一分斤之六。以少减多，则金轻一十七两一十一分两之五。课于十三两，多四两一十一分两之五。通分内子言之，是为不足四十九。又令之黄金九，一枚重二斤，九枚重一十八斤；白银一十

---

① ① 在中古算法里，鸡兔同笼一类问题的解法，通常需要把两种物的数量分辨出来，故算家称其为"分率术"。

② 设酒总量为 $a=2$ 斗，醇酒钱即贵价 $b=50$，行酒钱即贱价 $c=10$，实际钱数 $d=30$，则按照鸡兔同笼问题解法的通式，有行酒量 $=\dfrac{a\times b-c}{b-c}=(2\times50-30)\div(50-10)=70\div40=1.75$ 斗 $=17.5$ 升，醇酒量 $=$ 酒总量 $-$ 行酒量 $=20$ 升 -17.5 升 $=2.5$ 升。

③ 对于醇酒，依盈不足公式，设：$x_1=5$，（盈）$y_1=10$；$x_2=2$，（不足）$y_2=2$。醇酒量为 P。则 $P=\dfrac{x_1y_2+x_2y_1}{y_1+y_2}=\dfrac{5\times2+2\times10}{10+2}=2.5$ 升。另，对于行酒，依盈不足公式，设 $x_1=15$，（盈）$y_1=10$；$x_2=18$，（不足）$y_2=2$。行酒量为 P。则 $p=\dfrac{x_1y_2+x_2y_1}{y_1+y_2}=\dfrac{15\times2+18\times10}{10+2}=17.5$ 升。

④ 用现代的代数解法，设金一枚为 x 两，银一枚为 y 两，则依题意有下列二元一次联立方程式 $\begin{cases}9x=11y & (1)\\8x+y+13=19y+x & (2)\end{cases}$

将式（1）代入式（2），得：$88y+9y-90y-11y=-117$，$y=\dfrac{117}{4}=29.25$ 两 $=1$ 斤 13 两 6 铢；$x=\dfrac{11}{9}\times\dfrac{117}{4}=\dfrac{1287}{36}=35.75$ 两 $=2$ 斤 3 两 18 铢。

一,亦合重一十八斤也。乃以一十一除之,得一枚一斤一十一分斤之七,为银一枚之重数。今就金重一十八斤之中减一枚金,以益银;复减一枚银,以益金,即金重一十七斤一十一分斤之七,银重一十八斤一十一分斤之四。以少减多,即金轻一十一分斤之八。课于一十三两,少一两一十一分两之四。通分内子言之,是为多一十五。以盈、不足为之,实如法,得金重。分母乘法以除者,为银两分母同,须通法而后乃除,得银重。余皆约之者,术省故也。①

术草曰:求金、银差数。不知金、银之重,以互易一金一银为二,除金轻十三两,得差六两半。以乘金数。六两半乘金九,得五十八两半。二物。九金与十一银。相减,余。二。为法。金之差重则银之差实也。实如法而一,得银重。

盈、不足术曰:假令金三斤,银二斤十一分斤之五,不足四十九。金一枚三斤,其九枚共重二十七斤。上问:金、银之重适等,则银十一,亦合重二十七斤。其一枚合二斤一十一分斤之五。列金、银数各二十七斤,交易一枚,其八金一银重二十六斤十一分斤之五。其一金十银重二十七斤十一分斤之六,以少减多,则一金十银多一斤十一分斤之一,通分内子,是为十二。以斤法十六两乘,为一百九十二。又置金轻十三两,以分母十一通为一百四十三,以减上余四十九,故曰不足。)今之金二斤,银一斤十一分斤之七,多十五。金一枚重二斤,共九枚共重一十八斤,其银十一枚,亦合等重一十八斤。凡一枚得重一斤十一分斤之七,列金银数各十八斤。交易一枚,其八金一银重十七斤十一分斤之七。其一金十银,得十八斤十一分斤之四,以少减多,则一金十银,多十一分斤之八,以斤法十六乘,得一百二十八。置金轻十三两,以分母十一通为一百四十三,课于上余一十五,故曰多也。

草曰:列置所出率,盈、不足仍以母分通其银。金三斤,银二十七,少四十九;金二斤,银十八,多一十五。维乘出金银率,并金。得一百四十三。并银。得一千二百八十七两。为实,并盈、不足。得六十四。为法,除之。先除金,得二斤,不尽十五。以十六为乘,仍用故法,除得三两,不尽四十八。以二十四铢乘,仍用故法。除得一十八铢,合问。后除银者,以原母十一乘法六十四,得七百四,除实一千二百八十七。先得一斤,不尽五百八十三。以十六两乘之,仍

---

① 假设黄金1枚重3斤,则9枚黄金重27斤;白银1枚重$\frac{27}{11}$斤。若在金重27斤中减一金之重以益银,则金重$=(27-3)+\frac{27}{11}=26\frac{5}{11}$;若在银重27斤之中减一银之重以益金,则银重$=\left(27-\frac{27}{11}\right)+3=27\frac{6}{11}$。在这样的条件下,金轻$27\frac{6}{11}-26\frac{5}{11}=\frac{12}{11}$斤,按:1斤=16两,1两=24铢。金轻$=\frac{12}{11}$斤×16两$=\frac{192}{11}$两,较题目所给出的13两多了:$\frac{192}{11}-13=\frac{49}{11}$两。假设黄金1枚重2斤,则9枚黄金重18斤,白银1枚重$\frac{18}{11}$斤。交易其一,即在金重18斤中减一金之重以益银,则金重$=(18-2)+\frac{18}{11}=17\frac{7}{11}$斤;在银重18斤中减一银之重以益金,则银重$=\left(18-\frac{18}{11}\right)+2=18\frac{4}{11}$斤。按照上述的计算步骤,此处金轻为$11\frac{7}{11}$两,较题目所给出的13两少了$\frac{15}{11}$两。以下用盈不足术计算即可。

用故法,得十三兩,不盡一百七十六。以二十四銖乘,仍用故法,七百四除得六銖,合問。[①]

（9）今有善田一畝,價三百;惡田七畝,價五百。今並買一頃,價錢一萬。問:善、惡田各幾何?

答曰:善田一十二畝半,惡田八十七畝半。[②]

術曰:假令善田二十畝,惡田八十畝,多一千七百一十四錢七分錢之二;令之善田一十畝,惡田九十畝,不足五百七十一錢七分錢之三。按:善田二十畝,直錢六千;惡田八十畝,直錢五千七百一十四、七分錢之二。課於一萬,是多一千七百一十四、七分錢之二。令之善田十畝,直錢三千;惡田九十畝,直錢六千四百二十八、七分錢之四。課於一萬,是為不足五百七十一、七分錢之三。以盈、不足術為之也。[③]

草曰:數有分子,宜互乘求齊,列置善惡畝價互乘可也。

善一畝	惡七畝	共一百畝
價三百	價五百	價十貫

互乘得善田二貫一百,惡田五百,共價七十貫。用分率術[④]:以貴率。二貫一百。乘共畝。得二百一十貫。減都價。七十貫文。餘為賤實。餘一百四十貫。貴賤相減,餘為

---

①　在此,《九章算術》直接取整數數據代入盈不足公式,省略了分數運算,竟也得出了正確結果:1枚黃金重$=(3×15+2×49)÷(15+49)=\frac{143}{64}$斤$=2\frac{15}{64}$斤,按1斤$=16$兩,則$\frac{15}{64}$斤$×16$兩$=3\frac{48}{64}$兩,按1兩$=24$銖,則$\frac{48}{64}$兩$×24$銖$=\frac{3×24}{4}=18$銖,即1枚黃金重2斤3兩18銖,與題目一致。同理,白銀11枚的重量為:$(27×15+18×49)÷(15+49)=\frac{1287}{64}$斤,因此,1枚白銀的重量$=\frac{1287}{64}$斤$÷11=1\frac{583}{704}$斤,依上述兩和銖的換算步驟,則$\frac{583}{704}$斤$×16$兩$=13\frac{176}{704}$兩　$\frac{176}{704}$兩$×24$銖$=\frac{4224}{704}=6$銖,即1枚白銀重1斤13兩6銖。

②　依題意,按照現代的代數解法,設所購善田為x畝,惡田為y畝,則有下列二元一次聯立方程 $\begin{cases} x+y=100 & ① \\ 300x+\frac{500}{7}y=10000 & ② \end{cases}$。將$x=100-y$代入式②,解得:$(2100-500)y=140000$,$y=87.5$畝;$x=100-87.5=12.5$畝。

③　設$x_1=20$畝,$y_1=$(盈)$1714\frac{2}{7}$;$x_2=10$畝,$y_2=$(不足)$571\frac{3}{7}$。善田為p,則$p=\frac{x_1y_1+x_2y_2}{y_1+y_2}=$ $\frac{20畝×571\frac{3}{7}錢+10畝×1714\frac{2}{7}錢}{1714\frac{2}{7}錢+571\frac{3}{7}錢}=12\frac{1}{2}$畝。

④　分率術即《九章算術》中的"其率術"和"反其率術"。

法。五百减二贯一百,余一贯六百。**实如法而一。**先得贱率,余求贵价。①

其一术曰:假令皆善田,多二十贯;令之皆恶田,不足二贯八百五十七钱、七分钱之一。以少为善田,多为恶田,各为实。二价相减。善田一亩三百,恶田一亩七十一钱、七分钱之三。余为法。二百二十八钱、七分钱之四。**实如法而一,**有分者通之。②

盈、不足术曰:假令善田二十亩,恶田八十亩,多一千七百一十四钱七分钱之二。令之善田十亩,恶田九十亩,不足五百七十一钱七分钱之三。

草曰:列置盈、不足,先求善田。善十亩,不足五百七十一钱七分钱之三。善二十亩,盈一千七百十四钱七分钱之二。维乘并上为实,并不足为法,除之。列置盈、不足,次求恶田。恶田八十亩,多十二贯;恶田九十亩,不足四贯。维乘并上为实,并盈、不足为法,除之。③

(10) 今有大器五,小器一,容三斛;大器一,小器五,容二斛。问:大、小器各容几何?

答曰:大器容二十四分斛之十三,小器容二十四分斛之七。④

术曰:假令大器五斗,小器亦五斗,盈一十斗;令之大器五斗五升,小器二斗五升,不足二斗。按:大器容五斗,大器五,容二斛五斗。以减三斛,余五斗,即小器一所容,故曰小器亦五斗。小器五,容二斛五斗,大器一容五斗,合为三斛。课于两斛,乃多十斗。令之大器五斗五升,大器五,合容二斛七斗五升。以减三斛,余二斗五升,即小器一所容。故曰小器二斗五升。大器

---

① 其算式如下:第一步,列式

	1 亩善田	7 亩恶田	共有 100 亩
田数			
田价	300 文钱	500 文钱	共 10000 文钱

第二步,利用齐同术,求得

	7 亩善田	7 亩恶田	共有 700 亩
田数			
田价	2100 文钱	500 文钱	共 70000 文钱

假设 700 亩都为善田,则田价为 210000 文钱;而 700 亩善恶田的田价本来是 70000 文(即 70 贯文),所以 210000−70000 系将其中的恶田改变为善田之后所产生的增值。因此,恶田数应当是(210000−70000)÷(善田价−恶田价)=87.5 亩。

② 假设 100 亩均为善田,则田价为 30000 文钱,较善恶混田的价格增加了 20000 文;假设 100 亩均为恶田,则田价为 $7142\frac{6}{7}$ 文,较善恶混田的价格减少了 $2857\frac{1}{7}$ 文。这样,善田与恶田的差价为每亩 $300-\frac{500}{7}$。依题意,得恶田 $=(30000-10000)÷\left(300-\frac{500}{7}\right)=20000×\frac{7}{1600}=87.5$ 亩,善田 $=\left(10000-7142\frac{6}{7}\right)÷\left(300-\frac{500}{7}\right)=200÷16=12.5$ 亩。

③ 设恶田为:$x_1=80$ 亩,$y_1=$(盈)12 贯;$x_2=90$ 亩,$y_2=$(不足)4 贯。恶田为 P,则代入盈不足术公式,$P=\dfrac{80\ 亩×4\ 贯+90\ 亩×12\ 贯}{4\ 贯+12\ 贯}=1400\ 亩÷16\ 贯=87.5\ 亩$。求善田方法见前。

④ 根据题意,设一个大桶能盛米 x 斛,一个小桶能盛米 y 斛,则立两元一次方程如下 $\begin{cases}5x+y=3\\x+5y=2\end{cases}$ 解得 $x=\dfrac{13}{24},y=\dfrac{7}{24}$。

一,容五斗五升;小器五,合容一斛二斗五升,合为一斛八斗。课于二斛,少二斗,故曰不足二斗。以盈、不足维乘之,各并为实,并盈、不足为法,除之。①

解题:本题方程,借盈、不足为问。

方程术草曰:置盈、不足

大五	小一	三石
大一	小五	二石

以所求率五互乘,邻行。左行。以少。右行。减多。五度。减之

大五	小一	容三石
空	二十四	容七石

以小器二十四石乘右行,以左行减之,余石数为实,器数为法,除之②,合问。

大百二十	空	六十五
空	小二十四	容七石

盈、不足术曰:假令大器一,容五斗;小器五,亦容五斗,多一石。令之大器一,容五斗五升;小器五,亦各容二斗五升,不足二斗。盈、朒为术者,以上题考之,求为下题之数。上云:大器五,小器一,容三石。当以三石均容六器,且如大器五,各容五斗;小器一,容五斗。适足又云:大器五,各容五斗五升,余二斗五升,为小器一之所容也,是亦满三石。以下又大器一,小器五,容二石。令之大器容五斗,小器各容五斗,共三石。较之下题二石,是多一石。又令大器容五斗五升,小器各容二斗五升,共计一石八斗,较之原题二石,是少二斗。即造术之本意也。置位

大器五斗	小器五斗	盈一石
大器五斗五升	小器二斗五升	不足二斗

盈、不足之数维乘头位,大器并得六十五为实,小器并得三十五,亦为实。并盈、

---

① 用盈不足术求解,假令每个大器容量为5斗,大器5个共2.5斛,3斛－2.5斛＝5斗为小器的容量。因此,1个大器和5个小器共容$1×5+5×5=30$斗＝3斛,比2斛多10斗。再假令每个大器容5.5斗,每个小器容$30-5×5.5=2.5$,因此,1个大器和5个小器共容$1×5.5+5×2.5=18$斗＝1.8斛,比2斛少2斗。

对于大容器,设$x_1=50$升,$x_2=55$升;$y_1=$(盈)$100,y_2=$(不足)20。大器容为P。则 $\begin{vmatrix} 50 & 55 \\ 100 & 20 \end{vmatrix}$ $\xrightarrow{\text{维乘}}$ $\begin{vmatrix} 50×20 & 55×100 \\ 100 & 20 \end{vmatrix}$ $\xrightarrow{\text{相并、相除}}$ $\frac{50×20+55×100}{100+20}=\frac{325}{6}$升。

按1升$=\frac{1}{10}$斗$=\frac{1}{100}$斛,于是得$\frac{325}{6}$升$×\frac{1}{100}$斛$=\frac{325}{600}$斛$=\frac{13}{24}$斛,小器容$=3-\frac{13}{24}$斛$×5=\frac{7}{24}$斛。

② 依照术文,则有下面行列式:$\begin{vmatrix} 1 & 5 \\ 5 & 1 \\ 2 & 3 \end{vmatrix}$ $\xrightarrow{\text{左×5-右}}$ $\begin{vmatrix} 0 & 5 \\ 2 & 1 \\ 7 & 3 \end{vmatrix}$ $\xrightarrow{\text{右×24-左}}$ $\begin{vmatrix} 0 & 120 \\ 24 & 0 \\ 7 & 65 \end{vmatrix}$。其中,大器数为120,斛数为65,用斛数除大器数,即大器容$=\frac{65}{120}=\frac{13}{24}$斛。小器数为24,斛数为7,用斛数除大器数,即小器容$=\frac{7}{24}$斛。

不足得百二十为法，二实皆如一法而一，各不尽。凡三数俱倍而命之，得合问。①

　　比类：绫三尺，绢四尺，直二百八十。又绫七尺，绢二尺，直四百二十六。问：二价各几何？

　　答曰：绫一尺直五十二，绢一尺直三十一。②

　　此题本是应用算法方程之问，今作盈、不足验术。

　　盈、不足术曰：假令绫每尺四十四，绢每尺三十七，多四十四；令之绫每尺七十二，绢每尺一十六，不足一百十。

　　草曰：置盈、不足

绫四十四	绢三十七	多四十四
绫七十二	绢一十六	少一百一十

　　以盈、不足之数维乘，并绫得八贯八文，并绢得四贯七百七十四文，各自为实，并盈、不足得一百五十四为法，除之③，合问。

　　(11) 今有牛五，羊二，直金十两。牛二、羊五，直金八两。问：牛、羊各直金几何？

　　答曰：牛一，直金一两二十一分两之一十三④；羊一，直金二十一分两之二十。

　　术曰：如方程。假令为同齐，头位为牛，当相乘。左右行定，更置右行牛十，羊四，直金二十两；左行：牛十，羊二十五，直金四十两。牛数等同，金多二十两者，羊差二十一使之然也。以少行减多行，则牛数尽，惟羊与直金之数见，可得而知也。以小推大，虽四五行不异也。⑤

　　草曰：列所求数

牛五	羊二	金十两
牛二	羊五	金八两

　　先求存牛，以多数(五牛)遍乘左行。讫以右行两度对减。

---

　　① 即先把题中的计量单位都换算为"升"，然后，对于大器则设：$x_1=50$ 升，$y_1=100$ 升；$x_2=55$ 升，$y_2=20$ 升。大器容为 P_1，代入盈不足公式，得 $P_1=\dfrac{x_1y_2+x_2y_1}{y_1+y_2}=\dfrac{50\times20+55\times00}{100+20}=\dfrac{325}{6}$ 升 $\times\dfrac{1}{100}$ 石 $=\dfrac{13}{24}$ 石。

　　对于小器则设：$x_1=50$ 升，$y_1=100$ 升；$x_2=25$ 升，$y_2=20$ 升。小器容为 P_2，代入盈不足公式，得 $P_2=\dfrac{x_1y_2+x_2y_1}{y_1+y_2}=\dfrac{50\times20+25\times00}{100+20}=\dfrac{175}{6}$ 升 $\times\dfrac{1}{100}$ 石 $=\dfrac{7}{24}$ 石。

　　② 此题用二元一次方程解之，设绫价为 x，绢价为 y，依题中已知条件，则 $\begin{cases}3x+4y=280\\7x+2y=426\end{cases}$，解得 $y=213-\dfrac{7}{2}x$，代入式 $3x+4y=280$，得 $x=\dfrac{572}{11}=52$ 文，$y=213-\dfrac{7}{2}\times52=31$ 文。

　　③ 依盈不足术，设：绫 $x_1=44$ 文，$y_1=44$ 文；$x_2=72$ 文，$y_2=110$ 文。绫价为 P_1，则 $P_1=\dfrac{x_1y_2+x_2y_1}{y_1+y_2}=\dfrac{44\times110+72\times44}{44+110}=\dfrac{4004}{77}=52$ 文。

　　④ "一十三"误，应为"四十三"。

　　⑤ 设牛一头值金为 x，羊一只值金为 y，依术文知 $\begin{cases}5x+2y=10 & (1)\\2x+5y=8 & (2)\end{cases}$。式(1)×2，式(2)×5，得式(3)和式(4)：$\begin{cases}10x+4y=20 & (3)\\10x+25y=40 & (4)\end{cases}$。由式(4)减式(3)得：$21y=20$ 两。代入式(1)或式(2)，求得 $x=1\dfrac{13}{21}$ 两。

| 牛五 | 羊二 | 金十两 |
| | 羊二十一 | 金二十两 |

求出二十一羊,直金二十两,以金为实,羊为法,除之。羊得二十一分两之二十,却以分母乘右行,金十两为二百一十减二羊之价四十,余一百七十。以分母二十一乘五牛,除之得价一两,余分约为二十一之一十三。①

(12)今有勾五步,股一十二步。问:勾中容方几何?

答曰:方三步十七分步之九。

术曰:并勾、股为法,勾、股相乘为实。实如法而一,得方一步。②勾、股相乘为朱、青、黄幂各二。令黄幂裹于隅中,朱、青各以其类,令从其两径,共成修幂:中方黄为广,并勾、股为裹。故并勾、股为法。③幂图:方在勾中,则方之两廉各自成小勾股,而其相与之势不失本率也。勾

---

① 列方程求解,则有

	左行	右行
牛	2	5
羊	5	2
实	8	10

→ 互乘,即左行×5,右行×2 →

10	10
25	4
20	20

→ 相消,即左行−右行 →

	10
21	4
20	20

→ 约简,即右行遍除2 →

	5
21	2
20	10

→ 互乘(用下禾),即左行×2,右行×21 →

	105
42	42
40	210

→ 相消,即用右行减左行 →

	105
42	
40	170

→ 遍约,即左行除42,右行除105 →

	1
1	
20	34
$\frac{20}{21}$	$\frac{34}{21}$

。因此,一头牛值金$\frac{34}{21}$两,一只羊值金$\frac{20}{21}$两。

② 已知勾、股,求勾股形之内接正方形之边长,则

$$方=\frac{勾\times股}{勾+股}=\frac{5\times12}{5+12}=3\frac{9}{17}步$$

③ 李继闵、郭书春等依出入相补法解释如下:

如图11-1(a)所示,勾股形所容正方形称为黄方,余下两勾股形,大的为青幂,小的为朱幂。另作图11-1(b)和图11-1(c),以勾、股为边长的长方形,其面积为ab。然后,将其分割为2朱幂、2青幂、2黄幂。这样,再把它们重新拼成一个长方形:2黄幂位于两端,朱、青各从其类。可见,它的广就是所容正方形的边长d,裹就是勾股和$a+b$,其面积为ab。所以$d=\frac{ab}{a+b}$。由图11-1(d)知,黄方乙积=黄方甲积,即青股×朱勾=朱股×青勾。用比率关系表示,为青股:青勾=朱股:朱勾=大股:大勾。这就是"勾股不失本率原理"。

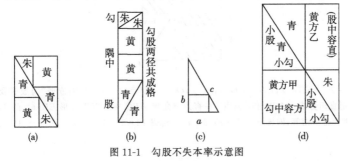

图 11-1 勾股不失本率示意图

面之小股，股面之小勾，纵横相连，合而成中方。令股为中方率，并勾、股为广率，据见勾五步而今有之，得中方也。复令勾为中方率，以并勾、股为衰率，据股十二步而今有之，则中方又可知。此则虽不效而法，实有由生矣。下容圆率而以今有、衰分言之，可以见之也。①

勾股旁要法曰：直田斜解勾股二段，其一容直，其一容方，二积相等，余勾、余股相乘，亦得容积之数。勾股相乘为实，并勾、股为法，除之，得勾中容方。积内有一容，直故用勾除横积，并股除直积，所容方也。以容直或方外，余勾、股相乘，得容积之实。勾、股、中直积一段，答勾、股一段，小勾、股一段。如余勾而一，得股长，如余股而一，得勾阔。②

---

① 钱宝琮《算经十书·九章算术》校本作"下容圆术以今有衰分言之，可以见之也"。

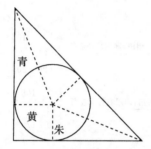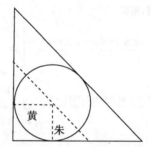

此处"下容圆术"的解题思路是：勾内朱幂与股内青幂必交会于圆心，然后过圆心处纵横作勾、股垂线，与勾、股围成小正方形。过内切圆作平行于弦的线段（即中弦），则与勾、股边各组成小勾股形。勾边小勾股形的小股，股边小勾股形的小勾，既是内切圆的半径，又是小正方形的一边。由于小勾股形相似与原勾股形，其数可用衰分术计算。以勾、股、弦之数作为列衰。在一边将其相加，取其和为除数，以勾乘未加前之数分别为被除数，相除之后勾边上小勾股形的小股可以求得。以股乘未加前之列衰分别为被除数，相除后股边上小勾股形的小勾亦可得知。（参见李迪：《中华传统数学文献精选导读》，武汉：湖北教育出版社，1999：115.）

② 依题意作图如下。

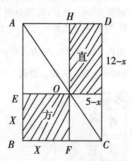

设 $BF=FO=OE=EB=x$，$DG=HO=12-x$，$OG=HD=5-x$，韩祥临依据"勾股旁要法"证得：直田 $ABCD$ 的对角线把直田分成 $\triangle ACD$ 和 $\triangle ABC$，在直角三角形 ABC 中容有正方形 $EBFO$，而在 $\triangle ACD$ 中则容有矩形 $HOGD$，两者面积相等，即 $x^2=(12-x)(5-x)$。解得 $12\times5-12x-5x+x^2=x^2$，$12\times5-(5+12)x=0$，$x=5\times\dfrac{12}{12+5}=3\dfrac{9}{17}$ 步。

详解九章算法·纂类

《黄帝九章》古序云:国家尝设算科取士,选九章以为算经之首。盖犹儒者之六经,医家之难、素,兵法之孙子欤!昔圣宋绍兴戊辰算士荣棨谓:靖康以来,罕有旧本,间有存者,狃于末习。向获善本得其全经,复起于学,以魏景元元年刘徽等、唐朝义大夫行太史令上轻车都尉李淳风等注释圣宋右班直贾宪撰草,辉尝闻学者谓《九章》题问颇隐,法理难明,不得其门而入。于是,以答参问,用草考发,因法推类,然后知斯文非古之全经也。将后贤补赘之文,修前代已废之法,删立题术。又纂法问,详著于后。倘得贤者改而正诸,是所愿也。

《九章》互见目录

杨辉窃见《九章》旧本作,立题法遗阙。古序云:"靖康以来,罕有旧本,间有存者,狃于末习,不循本意,以至真术淹废,伪本滋兴。"此说固然,殊不知所传之本,亦不得其真矣。如粟米章之互换,少广章之求由开方。皆重叠无谓而作者,题问不归章次亦有之。今作纂类互见目录,以辩其讹。后之明者,更为详释,不亦善乎!

古本二百四十六问:方田三十八问(并乘除问),粟米四十六问(乘除六问,互换三十一,分率九问),衰分二十问(互换十一,衰分九问),少广二十四问(合率十一,勾股十三),商功二十八问(叠积二十七,勾股一问),均输二十八问(互换十一,合率八问,均输九问),盈不足二十问(互换三问,分率四问,合率一问,盈朒十一问,方程一问),方程一十八问(并本草问),勾股二十四问(并本草问)。

类题:以物理分章有题法,又互之讹。今将二百四十六问,分别门例,使后学亦可周知也。

乘除四十一问(方田三十八,粟米三问),除率九问(粟米五问,盈不足四),合率二十问(少广章十一,均输章八问,盈不足一问),互换六十三问(粟米三十八,衰分十一,均输十一,盈朒三问),衰分一十八问(本章九问,均输九问),叠积二十七问(并商功章),盈不足十一问(并本章),方程一十九问(盈朒一问,本草一十八问),勾股三十八问(少广十三,商功一问,本章二十四)。

题兼二法者十二问:衰分,方程(九节竹),互换,盈朒(故问粝米、持钱之属,油自和漆),合率,盈朒(瓜瓠求逢),分率,盈朒(玉石隐互,二酒求价,金银易重,善恶求田),方程,盈朒(二器求容,牛羊直金),勾股,合率(勾中容方)。前术问已注,今将讹舛以法问浅深,资次类章,更不重法。

乘 除 第 一

四十一问（今考该四十问）：方田三十八，粟米二问，一十五法（方田十四，粟米一）。

直田法曰：广、从相乘为实（或为积）如亩法而一。

广十五步，从十六步。问为田几何？答曰：一亩。广十二步，从十四步。问为田几何？答曰：一百六十八步。

里田方田法曰：方自乘为积，里以一里之积三百七十五亩乘之。

方田，一里，问为田几何？答曰：三顷七十五亩。广二里，从三里。问为田几何？答曰：二十二顷五十亩。

圭田法曰：半广以乘正从，或半正从以乘广。

圭田，广十二步，正从二十一步，问：为田几何？

答曰：一百二十六步。

圭田，广五步二分步之一，从八步三分步之二，问：为田几何？

答曰：二十三步六分步之五。

斜田法曰：并两斜，半之，以乘正从；或并两广乘半从；或并两广乘从，折半。

斜田，南广三十步，北阔四十二步，从六十四步。问：为田几何？

答曰：九亩一百四十四步。

斜田，正从六十五步，一半从一百步，一半从七十二步。问：几何？

答曰：二十三亩七十步。

箕田，舌广二十步，踵广五步，正从三十步，问：田几何？

答曰：一亩一百三十五步。

箕田，舌广一百一十七步，踵广五十步，正从一百三十五步，问：田几何？

答曰：四十六亩二百三十二步半。

箕田与斜田法同。

圆田法曰：半周、半径相乘；半周自乘三而一；周自乘十二而一，径自乘三之四而一；周径相乘四而一，半径自乘三之；密率，周自乘，又七因之，如八十八而一；徽术，周自乘，又二十五乘三百一十四而一。

四周三十步，径一十步，问：田几何？

古术答曰：七十五步；密率答曰：七十一步二十三分步之一十三；徽术答曰：七十一步一百五十七分步之一百三。

四周一百八十一步，径六十步三分步之一，问：田几何？

古术答曰：十一亩九十步十二分步之一；密率答曰：一十亩二百五步八十八分之八十七；刘徽术答曰：一十亩二百八步三百一十四分步之一百一十三。

宛田法曰：周径相乘四而一。

宛田，下周三十步，径十六步。问：为田几何？

答曰：一百二十步。

宛田,下周九十九步,径五十一步。问:为田几何?

答曰:五亩六十二步四分步之一。

弧田法曰:弧矢相乘,矢自乘,并之,如二而一。弧矢相并,乘矢半之。

弧田,弦二(三)十步,矢十五步。问:田几何?

答曰:一亩九十七步半。

弧田,弦七十八步二分步之一,矢十三步九分步之七。问:田几何?

答曰:二亩一百五十五步八十一分步之五十六。

环田法曰:并中外周而半之,以径乘之;外周自乘,以中周自乘减之,余十二而一。

环田,中周九十二步,外周一百二十二步,径五步。问:田几何?

答曰:二亩五十五步。

环田,中周六十二步四分步之三,外周一百一十三步二分步之一,径十二步三分步之二。问:田几何?

答曰:四亩一百五十六步四分步之一。古注:田环而不通匝,过周三径一之率,故径十二步三分步之二;李淳风等按:依周三径一考之,合径八步二十四分步之一十一,为田三亩二十五步六十四分步之二十五;依密率,合径八步一百七十六分步之一十三,为田二亩二百三十一步一千四百八分步之七百一十七。按徽术:当径八步六百二十八分步之五十一,为田二亩二百三十二步五千二百一十四分步之七百八十七。

约分法曰:可半者半之,不可半者副置分母子之数,以少减多,更相减损,求等约之。

十八分之十二,问:约之得几何?

答曰:三分之二。

九十一分之四十九,问:约之得几何?

答曰:十三分之七。

合分法曰:母互乘子,并以为实;母相乘为法。实如法而一,不满法者,以法命之,其母同者,直相从之。

二分之一、三分之二、四分之三、五分之四,合之得几何?

答曰:得二、六十分之四十三。

三分之一、五分之二。问:合之得几何?

答曰:一十五分之十一。

三分之二,七分之四,九分之五。问:合之得几何?

答曰:得一余六十三分之五十。

课分法曰:母互乘子,以少减多,余为实,母相乘为法,实如法而一,即余亦曰相多也。

九分之八,减其五分之一。问:余几何?

答曰:四十五分之三十一。

四分之三,减其三分之一。问:余几何?

答曰:十二分之五。

八分之五比二十五分之十六。问:孰多? 多几何?

答曰:二十五分之十六多,多二百分之三。

九分之八比七分之六。问:孰多? 多几何?

答曰:九分之八多,多六十三分之二。

二十一分之八比五十分之十七。问:孰多? 多几何?

答曰:二十一分之八多,多一千五十分之四十三。

平分法曰:母互乘子,副并为平实,母相乘为法。以列数乘未并分子各自为列实。亦以列数乘法,以平实减列实,余为所减,以列实减平实。余为所益并所减以益少,以法命平实,各其平也。

二分之一,三分之二,四分之三,减多益少几何而平?

答曰:减四分之三求之者四,减三分之二求之者一,益二分之一求之者五,各平于三十六分之二十三。

三分之一,三分之二,四分之三。问:减多益少几何而平?

答曰:减四分之三求之者二,减三分之二求之者一,并以益原问三分之一,各平于十二分之七。

乘分法曰:分母各乘其全,分子从之。相乘为实,分母相乘为法,实如法而一。无平步者,子相乘为实,母相乘为法,实如法而一。

田广七步四分步之三,从十五步九分步之五。问:为田几何?

答曰:一百二十步九分步之五。

田广十八步七分步之五,从二十三步十一分步之六。问:为田几何?

答曰:一亩二百步十一分步之七。

田广三步三分步之一,从五步五分步之二。问:为田几何?

答曰:十八步。

田广步下五分步之四,从步下九分步之五,问:为田几何?

答曰:九分步之四。

田广九分步之七,从十一分步之九。问:为田几何?

答曰:十一分步之七。

田广七分步之四,从五分步之三。问:为田几何?

答曰:三十五分步之一十二。

除分法曰:以人数为法,钱数为实。有分者通之,实如法而一(此术载于方田)。

七人,均八钱三分钱之一。问:人得几何?

答曰:人得一钱二十一分钱之四。

三人,三分人之一,均六钱三分钱之一,四分钱之三。问:人得几何?

答曰:人得二钱八分钱之一。

经率法(俗名商除)曰:钱数为实,以所买率为法,实如法而一。(原载粟米章)

钱一百六十文,买瓴甓十八枚。问:枚价几何?

答曰:一枚八钱九分钱之八。

钱十三贯五百,买竹二千三百五十个。问:个价?

答曰:一个五钱四十七分钱之三十五。

互 换 第 二

五十六问(今考该五十五问:粟米三十一,衰分十一,均输十一,盈朒二),二法(互换,取用)。

互换乘除法曰:以所求率乘所有数为实,以所有率为法。实如法而一。置位草曰:钱钱物物,数数率率,依本色对列其各物,原率随而下布立式如后。

今有数(粟二斗一升)乘所有粟率五十为法,乘所求率(粺米率二十七)为实。

粟二斗一升,问:粺米几何?

答曰:一斗一升五十分升之十七。

粟三斗六升,问:为粺饭几何?

答曰:三斗八升二十五分升之二十二。

粟八斗六升,问:为糳饭几何?

答曰:八斗二升二十五分升之一十四。

粟九斗八升,问为御饭几何?

答曰:八斗二升二十五分升之八。

粟七斗八升,问:为鼓几何?

答曰:为鼓九斗八升二十五分升之七。

粟五斗五升,问:为飧几何?

答曰:九斗九升。

粟四斗,问:为熟菽几何?

答曰:八斗二升五分升之四。

粟二斗,问:为蘖几何?

答曰:七斗。

粟三斗,少半升,问:为菽几何?

答曰:二斗七升一十分升之三。

粟四斗一升太半升,问:为荅几何?

答曰:三斗七升半。

粟五斗太半升,问:为麻几何?

答曰:四斗五升五分升之三。

粟一斗,问:为粝米几何?

答曰:六升。

粟四斗五升,问:为糳米几何?

答曰:二斗一升五分升之三。

粟七斗九升,问:为御米几何?

答曰:三斗三升五十分升之九。

粟一斗,问:为小䕩几何?

答曰:二升一十分升之七。

粟九斗八升,问:为大麴几何?

答曰:一石五升二十五分升之二十一。

粟二斗三升,问:为粝饭几何?

答曰:三斗四升半。

粟十斗八升五分升之二,问:为麦几何?

答曰:九斗七升二十五分升之一十四。

粟七斗五升七分升之四,问:为稻几何?

答曰:九斗三十五分升之二十四。

粝米十五斗五升五分升之二,问:为粟几何?

答曰:二十五斗九升。

粺米二斗,问:为粟几何?

答曰:三斗七升二十七分升之一。

糳米三斗少半升,问:为粟几何?

答曰:六斗三升三十六分升之七。

御米十四斗,问:为粟几何?

答曰:三十三斗三升少半升。

稻谷十二斗六升十五分升之一十四,问:为粟几何?

答曰:十斗五升九分升之七。

粝米十九斗二升七分升之一,问:为粺米几何?

答曰:十七斗二升一十四分升之一十三。

粝米六斗四升五分升之三,问:为粝饭几何?

答曰:一十六斗一升半。

粝饭七斗六升七分升之四,问:为飧几何?

答曰:九斗一升三十五分升之三十一。

菽一斗,问:为熟菽几何?

答曰:二斗三升。

菽二斗,问:为豉几何?

答曰:二斗八升。

麦八斗六升七分升之三,问:为小麴几何?

答曰:二斗五升一十四分升之一十三。

麦一斗,问为大麴几何?

答曰:一斗二升。

丝一斤,价三百四十五。今有七两一十二铢,问:钱?

答曰:一百六十一钱三十二分钱之二十三。

缣一丈,价一百二十八。今有一匹九尺五寸,问:钱?

答曰:六百三十三钱五分钱之三。

布一匹,价一百二十五。今有布二丈七尺,问:钱几何?

答曰:八十四钱分钱之三。

田一亩,收粟六升、太半升。今有一顷二十六亩一百五十九步,问:收粟几何?

答曰:收粟八石四斗四升十二分升之五。

取保一岁三百五十四日,价钱二贯五百。今先取一贯二百,问:当几日?

答曰:一百六十九日二十五分日之二十三。

素一匹一丈,价六百二十五。今有钱五百,问:得素几何?

答曰:得素一匹。

丝一十四斤,约得缣一十斤。今与丝四十五斤八两,问:缣几何?

答曰:三十二斤八两。

丝一斤,耗七两。今有丝二十三斤五两,问:耗几何?

答曰:耗一百六十三两四铢半。

生丝三十斤,干之,耗三斤十二两。今有干丝一十二斤,问:生丝几何?

答曰:一十三斤一十一两一十铢七分铢之二。

先取用而求互换

善行者一百步,拙行者六十步。今拙者先行一百步,问:善行者几步追及?

答曰:二百五十步。

善行一百步,拙行六十步,相减,余四十步为法。善行一百步乘拙先行一百步为实,善多四十为法。

迟者先往一十里,疾者追一百里,而过迟者二十里。问:疾者几何里而及之?

答曰:三十三里少半里。

先行十里,乘疾者百为实。法三十里。

兔先一百步,犬追二百五十步,不及三十步而止。问:犬不止,更追几何步及之?

答曰:一百七步七分步之一。

兔先一百减犬及三十,兔先七十步为法。兔多三十步乘犬追二百五十步为实,法七十步。

枥米一十斗,日中不知原数,添粟满而舂之,得米七斗。问:新米几何?

答曰:四斗五升。

枥率三十减粟率五十,余二十为糠率。米七斗减十斗,余三斗为糠数,以枥乘之。枥米三十乘糠数三斗为实,糠率二十为法。

金九银十一,其重适等交易。其一则金轻一十三两,问:金银一块各重几何?

答曰:金重二斤三两十八铢,银重一斤一十三两六铢。

取佣负盐二石,行一百里,与钱四十。今负盐一石七斗三升少半升,行八十里。问:与钱几何?

答曰:二十七钱一十五分钱之十一。

负盐二石乘行一百里为法。今负一石七斗三升少半升乘行八十里乘钱四十为实。

负笈重一石一十七斤,行七十六步五十返。今负笈重一石,行一百步,问:返几何?

答曰:五十七返二千六百三分返之一千六百二十九。

原负一石一十七斤乘七十六步为法。今负笈重一石,行一百步乘五十返为实。

丝一斤,直二百四十。今有一千三百二十八文,问:为丝几何?

答曰:五斤八两一十二铢五分铢之四。

贷钱一贯,月息三十。今贷七百五十,于九日归之。求息几何?

答曰:六钱四分钱之三。

络丝一斤为练丝一十二两,练丝一斤为青丝一斤一十二铢。今有青丝一斤,问:络丝几何?

答曰:一斤四两十六铢三十三分铢之十六。

客马日行三百里,去忘持衣,主觉日已三分之一。备马追及而还,视日四分之三。问:主马不休,日行几何?

答曰:七百八十里。

恶粟二十斗,春得粝米九斗。今欲为粺米十斗,问:用恶粟几何?

答曰:二十四斗六升八十一分升之七十四。

持金出关,凡五税:初税二分之一,次税三分之一,次税四分之一,次税五分之一,次税六分之一,共重一斤。问:原持金几何?

答曰:一斤三两四铢五分铢之四。

持米出三关,外关三分税一,中关五分税一,内关七分税一,余存米五斗。问:原米几何?

答曰:一十斗九升八分升之三。

金税十分之一。今持金十二斤税过二斤贴还钱五贯,问:金斤价几何?

答曰:六贯二百五十文。

合 率 第 三

二十问(少广十一,均输八,盈不足一)、三法(少广,反合分,并率)。

设诸分母子并而为广,借田求纵立少广章,易合分之术而为之法。用副置分母自乘,以乘全步及诸子,各以本母除其子而并之。免互乘之繁,又得此术兼助合分使法术,引申不亦善乎。

少广法曰:列置全步及分母子,而副置分母自乘以全步及子各以本母除子,并之为法。以全步积分乘母步为实。实如法而一。

田一亩,广一步半。问:从?

答曰:一百六十步。

田一亩,广一步半三分步之一。问:从?

答曰:一百三十步一十一分步之一十。

田一亩,广一步半,三分步之一,四分步之一。问:从?

答曰:一百一十五步五分步之一。

田一亩,广一步半,三分步之一,四分步之一,五分步之一。问:从?

答曰:一百五步一百三十七分步之一十五。

田一亩,广一步半,三分步之一,四分步之一,五分步之一,六分步之一。问:从?

答曰:九十七步四十九分步之四十七。

田一亩,广一步半,三分步之一,四分步之一,五分步之一,六分步之一,七分步之一。问:从?

答曰:九十二步一百二十一分步之六十八。

田一亩，广一步半，三分步之一，四分步之一，五分步之一，六分步之一，七分步之一，八分步之一。问：从？

答曰：八十八步七百六十一分步之二百三十一。

田一亩，广一步半，三分步之一，四分步之一，五分步之一，六分步之一，七分步之一，八分步之一，九分步之一。问：从？

答曰：八十四步七千一百二十九分步之五千九百六十四。

田一亩，广一步半，三分步之一，四分步之一，五分步之一，六分步之一，七分步之一，八分步之一，九分步之一，十分步之一。问：从？

答曰：八十一步七千三百八十一分步之六千九百三十九。

田一亩，广一步半，三分步之一，四分步之一，五分步之一，六分步之一，七分步之一，八分步之一，九分步之一，十分步之一，十一分步之一。问：从？

答曰：七十九步八万三千七百一十一分步之三万九千六百三十一。

田一亩，广一步半，三分步之一，四分步之一，五分步之一，六分步之一，七分步之一，八分步之一，九分步之一，十分步之一，十一分步之一，十二分步之一。问：从？答曰：七十七步八万六千二十一分步之二万九千一百八十三。

反用合分术曰：母互乘子为法，母相乘为实。实如法而一。

空车日行七十里，重车日行五十里，今载粟至仓五日，三返。问：远几何？

答曰：四十八里十八分里之十一。

兔起南海，七日至北海；鹂起北海，九日至南海。今兔鹂俱起。问：何日相逢？

答曰：三日十六分日之十五。

一人日造花瓦三十八枚，一人日造素瓦七十六枚。今令一人日作花、素瓦，问：共造几何？

答曰：二十五枚三分枚之一。

造箭，一人为笴三十支，一人为羽五十支，一人为镞十五支。今令一人一日自造笴、羽、镞，问：成箭几何？

答曰：八矢、少半矢。

假田，初岁三亩一钱，次年四亩一钱，后年五亩一钱。凡三岁收息一百，问：田几何？

答曰：一顷二十七亩四十七分亩之三十一。

程耕，凡一人发七亩，一人日耕三亩，其一人日种五亩。今令一人一日自发、耕、种之，问：治田几何？

答曰：一亩一百一十四步七十一分步之六十六。

池积水，通五渠。开甲渠，少半日而满；若开乙渠，则一日而满；开丙渠，二日半而满；开丁渠，三日而满；开戊渠，五日而满。问：五渠齐开，几日可满？

答曰：七十四分日之十五。

甲发长安，五日至齐；乙发齐，七日至长安。今乙发已先二日，甲乃发长安。问：几何日相逢？

答曰：二日十二分日之一。甲、乙之本程。

并率除术曰：以积为实，并所求率为法。实如法而一。

垣高九尺。瓜生其上，蔓日长七寸。瓠生其下，蔓日长一尺。问：几日相逢？

答曰：五日十七分日之五。瓜蔓长三尺七寸十七分寸之一，瓠蔓长五尺二寸十七分寸之十六。

分率第四

十三问(今考除重复互见四问外,该一十七问:(粟米十一,盈朒六)、三术(贵贱术,分率,反其率)。

贵贱率除法曰:以出钱数为实,所买物数为法。实如法而一;实不满法者,以数为贵率,以实减法为贱率也。

出钱五百七十六文,买竹七十八个。欲其大小率之,问:各几何?

答曰:其四十八个,个七钱。其三十个,个八钱。

出钱一贯一百二十文,买丝一石二钧十八斤。欲其贵贱斤率之,问:各几何?

答曰:其二钧八斤,斤五钱。其一石一十斤,斤六钱。

出钱一三贯九百七十文,买丝一石二钧二十八斤三两五铢。欲其贵贱石率之,问:各几何?

答曰:其一钧九两一十二铢,石、八千五十一钱。其一石一钧二十七斤九两一十七铢,石、八千五十二钱。

出钱一十三贯九百七十文,买丝一石二钧二十八斤三两五铢。欲其贵贱斤率之,问:各几何?

答曰:二十斤九两一铢,每斤六十八钱。其一石二钧七斤十两四铢,每斤六十七钱。

出钱一十三贯九百七十文,买丝一石二钧二十八斤三两五铢。欲其贵贱两率之,问:各几何?

答曰:其一钧十斤五两四铢,每两五文;其一石一钧一十七斤十四两一铢,每两四文。

出钱一十三贯九百七十文,买丝一石二钧二十八斤三两五铢。欲其贵贱铢率之,问:各几何?

答曰:其一钧二十斤六两十一铢,五铢一钱;其一石一钧七斤十二两十八铢,六铢一钱。

反其率法曰:以所有物数为法,所有钱数为实。实如法而一;实不满法者,以实为贱率,以实减法,余为贵率。各乘出物求之。

出钱六百二十文,买羽二千一百翭。欲其贵贱率之,问:各几何?

答曰:其一千一百四十翭,三翭一文。其九百六十翭,四翭一文。

分率术曰:置共物为贵,以贵率乘之,减都重。余为贱实,贵贱率相减,余为法,实如法而一,得贱以减都率。余为贵,以贵贱各乘本率求之。

玉方一寸,重七两;石方一寸,重六两。今石有玉立方三寸,共重十一斤。问:玉、石重各几何?

答曰:玉一十四寸,重六斤二两。石一十三寸,重四斤十四两。

醇酒一斗,直钱五十;行酒一斗,值一十文。以钱三十,买醇行酒二斗。问:各几何?

答曰:醇酒二升半,行酒一斗七升半。

善田一亩,直三百;恶田七亩,直五百。今买一百亩,共价实贯。问:各几何?

答曰:善田一十二亩半,恶田八十七亩半。

金九,银十一,其重适等。交易其一则金轻十三两。问:各重几何?

答曰:金重三十五两七钱半,银重二十九两二钱半。

漆三得油四,油四和漆五。今有漆三斗,欲令分以易油,还自和余漆。问:出漆、得油、和漆各几何?

答曰:出漆一斗一升四分升之一,得油一斗五升,和漆一斗八升四分升之三。

持钱之蜀,贾利十三。初返归一万四千,次返归一万三千,次返归一万二千,次返归一万一千,后返归一万。凡五返归钱,本利俱尽。问:本、利各几何?

答曰:本三万四百六十八钱、三十七万一千二百九十三分钱之八万四千八百七十六。利二万九千五百三十一钱、三十七万一千二百九十三分钱之二十八万六千四百一十七。

以匹、丈、斗、石、斤、两为率求者,亦是互换。

钱七百二十,买缣一匹二丈一尺,问:丈价?

答曰:一丈,一百一十八钱六十一分钱之二。

钱二贯三百七十,买布九匹二丈七尺。欲匹率之,问:价几何?

答曰:一匹,二百四十四钱一百二十九分钱之一百二十四。

钱一三贯六百七十,买丝一石二钧一十七斤。欲石率之,问:石价几何?

答曰:八贯三百二十六钱一百九十七分钱之一百七十八。

钱五贯七百八十五,买漆一斛六斗七升、太半升。欲斗率之,问:斗价几何?

答曰:一斗,三百四十五钱五百三分钱之一十五。

贵贱率入互换。

出钱一三贯九百七十文,买丝一石二钧二十八斤三两五铢。欲其贵贱石率之,问:各几何?

答曰:其一钧九两一十二铢;石,八千五十一钱。其一石一钧二十七斤九两一十七铢,石八千五十二钱。

出钱一三贯九百七十文,买丝一石二钧二十八斤三两五铢。欲其贵贱斤率之,问:各几何?

答曰:二十斤九两一铢,每斤六十八钱。其一石二钧七斤十两四铢,每斤六十七钱。

出钱一三贯九百七十文,买丝一石二钧二十八斤三两五铢。欲其贵贱铢率之,问:各几何?

答曰:一钧一十斤五两四铢,每两五文。其一石一钧十七斤十四两,一铢每两四文。

互换机轴全要,识题之主意,明入出之所用。主意谓本有之总数;入者,谓今求之率。用乘总数以为实。出者,乃旧有之率,即是比附之数,可出之为除也。

衰 分 第 五

一十八问(衰分九问,均输九问)、二法(衰分,均输)。

衰分机轴志:欲谨初妙在差率之内,或立率失中,则答说必失矣。谨初者,切详题初问意,且如五爵分鹿,题以爵次均之。当以五、四、三、二、一为差率,如牛、马、羊食人苗,偿粟五斗。题云:牛食马之半,马食羊之半。今欲衰偿之。当倍而用四、二、一为差率。如三乡发徭,备有各乡人数。便以为差率,不必取用,大意不过切题用意,其余体此。

衰分法曰:各列置衰列相与率也,重则可约副并为法,以所分乘未并者,各自为列实,以法除之。不满法者,以法命之。

大夫、不更、簪裹、上造、公士,凡五人,以爵次高下均分五鹿,问:各几何?

答曰:大夫一鹿三分鹿之二,不更一鹿三分鹿之一,簪裹一鹿,上造鹿三分之二,公士鹿三分之一。

大夫、不更、簪裹、上造、公士,凡五人,依爵次支粟一十五斗。后添大夫,亦支五斗。仓无粟,欲以六人依爵次均之。答曰：大夫二人各出一斗四分斗之一，不更一斗，簪袅四分斗之三，上造四分斗之二，公士四分斗之一。

问：牛、马、羊食人苗。苗主责之粟五斗。牛食马之半，马食羊之半。欲衰偿之。

答曰：牛二斗八升分升之四，马一斗四升七分升之二，主七升七分升之一。

女子善织，日自倍，五日织五尺。问：日织几何？

答曰：初日织一寸三十一分寸之十九，二日三寸三十一分寸之七，三日六寸三十一分寸之十四，四日一尺二寸三十一分寸之二十八，五日二尺五寸三十一分寸之二十五。

问：禀粟五石，欲令三人得三，二人得二。

答曰：三人，人得一石一斗五升十三分升之五。二人，七斗六升十三分升之十二。

问：甲持钱五百六十，乙持钱三百五十，丙持钱一百八十。出门共税百钱。以持钱衰之。

答曰：甲五十一钱一百九分钱之四十一，乙三十二钱一百九分钱之一十二，丙一十六钱一百九分钱之五十六。

问：北乡算八千七百五十八，西乡算七千二百三十六，南乡算八千三百五十六，凡三乡，发徭三百七十八人。以算数多少衰出之。

答曰：北乡一百三十五人一万二千一百七十五分人之一万一千六百三十七。西乡一百一十二人一万二千一百七十五分人之四十四。南乡一百二十九人一万二千一百七十五分人之八千七百九。

问：大夫、不更、簪袅、上造、公士五人，均钱一百，欲令大夫出五分之一，不更出四分之一，簪袅出三分之一，上造出二分之一，公士出一分之一。各几何？

答曰：大夫八钱一百三十七分钱之一百四，不更十钱分钱之一百三十，簪袅一十四钱分钱之八十二，上造二十一钱分钱之一百二十三，公士四十三钱分钱之一百。

问：甲持粟三升，乙持粝米三升，丙持粝饭三升。欲令合而分之。

答曰：甲二升十分升之七，乙四升十分升之五，丙一升十分升之八。

均输法曰：各以里僦相乘，并粟、石价约县户为衰。各列置衰副并为法，以赋粟乘未并者，各自为实。实如法而一。

五县均赋粟一万石，每车载二十五石。行道一里，出雇钱一文。各县到输所远近不等，粟价高下。欲令县劳费相等，内甲县二万五百二十户，粟一石，价钱二十，自输其县；乙县一万二千三百一十二户，粟一石，价钱一十钱，远输所二百里；丙县七千一百八十二户，粟一石，价钱一十二钱，远输所一百五十里；丁县一万三千三百三十八户，粟一石，价钱一十七钱，远输所二百五十里；戊县五千一百三十户，粟一石，价钱一十三钱，远输所一百五十里。问：各几何？

答曰：甲县二千五百七十一石二千八百七十三分石之五百一十七，乙县二千三百八十石分石之二千二百六十，丙县一千三百八十八石分石之二千二百七十六，丁县一千七百一十九石分石之一千三百一十三，戊县九百三十九石分石之二千二百五十三。

四县均输粟二十五万石，用车一万辆，以各县远近户数衰之。甲县一万户，行道八日；乙县九千五百户，行道十日；丙县一万二千三百五十户，行道十三日；丁县一万二千二百户，行道二十日。问：各输车粟几何？

答曰：甲县粟八万三千一百石，车三千三百二十四辆。乙、丙县各粟六万三千一百七十五石，车二千五百二十七辆。丁县四万五百五十石，车一千六百二十二辆。

均卒一月一千二百人,甲县一千二百人;乙县一千五百五十人,行道一日;丙县一千二百八十人,行道二日;丁县九百九十人,行道三日;戊县一千七百五十人,行道五日。欲以五县远近、户数衰出。问:各几何?

答曰:甲二百二十九人,乙二百八十六人,丙县二百二十八人,丁县一百七十一人,戊县二百八十六人。

六县均粟六万石,皆输甲县。六人共一车,载二十五石,重车日行五十里,空车日行七十里。粟有贵贱,佣有别价,欲以算数劳费相等,出之。甲县四万二千算,粟一石,直二十,佣一日雇一文,自输其县;乙县三万四千二百七十二算,粟一石,直十八,佣一日雇十文,远七十里;丙县一万九千三百二十八算,粟一石,直十六,一日佣五文,远一百四十里;丁县一万七千七百算,粟一石,直十四文,佣价一日雇五文,远一百七十五里;戊县二万三千四十算,粟一石,价十二,佣一日雇五钱,远二百一十里;己县一万九千一百三十六算,粟一石,直一十,佣一日雇五文,远二百八十里。问:各县衰粟几何?

答曰:甲县一万八千九百四十七石一百三十三分石之四十九,乙县一万八百二十七石(一百三十三)分石之九,丙县七千二百一十八石(一百三十三)分石之六,丁县六千七百六十六石(一百三十三)分石之一百二十二,戊县九千二十二石(一百三十三)分石之七十四,己县七千二百一十八石(一百三十三)分石之六。

粟七斗,为粝、粺、糳米,欲令相等。问取粟为米各几何?

答曰:各米一斗六百五分斗之一百五十一。粝米取粟二斗一百二十一分斗之一十,粺米取粟二斗一百二十一分斗之三十八,糳米取粟二斗一百二十一分斗之七十三。

五人等第,均钱五文。令甲、乙所得与丙、丁、戊相等。问:各得几何?

答曰:甲一钱六分钱之二,乙一钱六分钱之一,丙一钱,丁六分钱之五,戊六分钱之四。

米一菽二,准粟二石。问:各得几何?

答曰:米五斗一升七分升之三,菽一石二升七分升之六。

九节竹次第差等,上四节容三升,下三节容四升。问:中二节次第各几何?

十节答曰:上四节容三升,一节六十六分升之三十九,二节分升之四十六,三节分升之五十三,四节分升之六十,中二节容二升六十六分升之九,五节一升分升之一,六节一升分升之八,下三节容四升,七节一升分升之一十五,八节一升分升之二十二,九节一升分升之二十九。

金棰,长五尺。斩本一尺,重四斤。斩末一尺,重二斤。问:次第尺数各重几何?

答曰:第一尺二斤,第二尺二斤半,第三尺三斤,第四尺三斤半,第五尺四斤。

叠 积 第 六

二十七问并商功(今考该二十八问)、一十八法,并垒积。

商功求积法曰:穿地四尺,为壤五尺,为坚三尺。穿地求壤五之,求坚三之。皆四而一。壤地求穿,四之求坚,三之皆五而一。以坚求穿四之,求壤五支,皆三而一。

穿地积一万尺,问:为坚壤各几何?

答曰:为坚七千五百尺,为壤一万二千五百尺。

城垣、堤沟、堑渠,并上、下广半之,以高或深乘之。又袤乘之。

六问同术。

城下广四丈,上广二丈,高五丈,袤一百二十六丈五尺。问:为尺几何?

答曰:一百八十九万七千五百尺。

今有垣下广三尺,上广二尺,高一丈二尺,袤二十二丈五尺八寸。问:为积几何?

答曰:六千七百七十四尺。

堤下广二丈,上广八尺,高四尺,袤一十二丈七尺。问:积几何?

答曰:七千一百一十二丈。

沟上广一丈五尺,下广一丈,深五尺,袤七丈。问:积几何?

答曰:四千三百七十五尺。

堑上广一丈六尺三寸,下广一丈,深六尺三寸,袤一十三丈二尺一寸。问:积几何?

答曰:一万九百四十三尺八寸二分四厘五毫。

渠上广一丈八尺,下广三尺六寸,深一丈八尺,袤五万一千八百二十四尺。问:积几何?

答曰:一千七万四千五百八十五尺六寸。

垣术求积术曰:四之垣积为实,深、袤相乘三之为法。实如法而一,倍得数减上,广余为下广。

穿地为垣积五百七十六尺,袤十六尺,深一丈,上广六尺,问:下广?

答曰:三尺六寸。

方堡壔法曰:方自乘,又高乘之。

方堡壔方一丈六尺,高一丈五尺。问:积尺?

答曰:三千八百四十尺。

仓广三丈,袤四丈五尺,容粟一万石。问:高?

答曰:二丈。

圆堡壔法曰:周自乘,又高乘之,如十二而一。

圆堡壔,周四丈八尺,高一丈一尺。问:积尺?

答曰:二千一百一十二尺。

圆囷,高一丈三尺三寸三分寸之一,容米二千石。问:周几何?

答曰:五丈四尺。

方亭,上方自乘,下方自乘,上、下方相乘,并之以高,乘如三而一。

方亭,台上方四丈,下方五丈,高五丈。问:积?

答曰:一十万一千六百六十六尺三分之二。

圆亭法曰:上周自乘,下周自乘,上、下周相乘,并之,以高乘之,如三十六而一。

圆亭,台上周二丈,下周三丈,高一丈。问:积?

答曰:五百二十七尺九分尺之七。

方锥,下方自乘,以高乘之,如三而一。

方锥,下方二丈七尺,高二丈九尺。问:积尺?

答曰:七千四十七尺。

圆锥法曰:下周自乘,以高乘之,如三十六而一。

圆锥,下周三丈五尺,高五丈一尺。问:积尺?

答曰:一千七百三十五尺一十二分尺之五。

委粟平地,下周一十二丈,高二丈。问:积尺及为粟各几何?

答曰:积八千尺,为粟二千九百六十二石二十七分石之二十六。

委菽依垣,下周三丈,高七尺。问:积尺及为菽各几何?

答曰:积三百五十尺,为菽一百四十四斛二百四十三分斛之八。

委米依垣内角,下周八尺,高五尺。问:积尺及为米各几何?

答曰:积三十五尺九分尺之五,为米二十一斛七百二十九分斛之六百九十一。

　堑堵法曰:广、袤相乘,又高乘之,如二而一。

堑堵,下广二丈,袤十八丈六尺,高二丈五尺。问:积尺几何?

答曰:四万六千五百尺。

　阳马法曰:广、袤相乘,又高乘之,如三而一。

阳马,广五尺,袤七尺,高八尺。问:积只几何?

答曰:九十三尺三分尺之一。

　鳖臑法曰:广、袤相乘,又高乘之,如六而一。

鳖臑,下广五尺,无袤,上袤四尺,无广,高七尺。问:积几何?

答曰:二十三尺三分尺之一。

　刍童法曰:倍上长,并入下长,以上广乘之。又倍下长并入上长,以下广乘之,并二位,以高乘之,如六而一。

刍童,下广三丈,袤四丈,上广二丈,袤三丈,高三丈。问:积?

答曰:二万六千五百尺。

环池,上中周二丈,外周四丈,广一丈,下中周一丈四尺,外周二丈四尺,广五尺,深一丈。问:积尺几何?

答曰:一千八百八十三尺三寸少半寸。

盘池,上广六丈,袤八丈,下广四丈,袤六丈,深二丈。问:积尺几何?

答曰:七万百六十六尺、太半尺。

冥谷,上广二丈,袤七丈,下广八尺,袤四丈,深六丈五尺。问:积几何?

答曰:五万二千尺。

　刍甍法曰:倍下长,并入上长,以广乘之。又高乘之,如六而一。

刍甍,下广三丈,袤四丈,上袤二丈,无广,高一丈。问:积几何?

答曰:五千尺。

　羡除法曰:并三广,以深乘之。又长乘之,如六而一。

羡除,上广一丈,下广六尺,深三尺,末广八尺,无深,袤七尺。问:积?

答曰:八十四尺。

盈不足第七

十一问(并立本章)、五法(盈不足二,两盈朒一,盈朒适足二)。

盈不足法曰：置所出率，盈、不足各居其下。以盈、不足令维乘所出率，并以为实。并盈、不足为法。如法而一。有分者，通之。盈、不足相与同其买物者，置所出率，以少减多，余，以约法、实。实为物价，法为人数。其一法曰：并盈、不足为实。以所出率以少减多，余为法。实如法一而得人。以所出率乘之，减盈、增不足即物价也。

共买物，人出八文，盈三文；人出七文，不足四文。问：人数、物价各几何？

答曰：七人，物价五十三。

共买琎，各出二分之一，盈四文；各出三分之一，不足三文。问人、价各几何？

答曰：四十二人，琎价十七。

共买鸡，各出九，盈十一；各出六，不足十六。问人数、鸡价各几何？

答曰：九人，鸡价七十。

买牛，七家合出一百九十文，不足三百三十文；其九家合出二百七十文，盈三十文。问：户数、牛价各几何？

答曰：一百二十六家，牛价三千七百五十文。

良马初出行一百九十三里，日增一十三里；驽马初日行九十七里，日减半里。良、驽马俱发长安，去齐计三千里。良马先至齐，回迎驽马。问：几何日相逢及各行里？

答曰：相逢于十五日一百九十一分日之百三十五。良马行四千五百三十四里一百九十一分里之四十六，驽马行一千四百六十五里一百九十一分里之一百四十五。

蒲长三尺，日自半。莞长一尺，日自倍。问：几何日等长？

答曰：二日十三分日之六，长四尺八寸十三分寸之六。

垣厚五尺，两鼠对穿。大鼠日行一尺，自倍；小鼠日行一尺，自半。问：几何日相逢及各行几尺？

答曰：相逢于二日十七分日之二。大鼠穿三尺四寸十七分寸之十二，小鼠穿一尺五寸十七分寸之五。

两盈不足法：置所出率，盈、不足各居其下。令维乘所出率，以少减多，余为实。两盈、两不足以少减多，余为法。实如法而一。

共买金，人出四百，盈三贯四百文；人出三百，盈一百。问：人数、金价各几何？

答曰：三十三人，金价九贯八百文。

共买羊，人出五，不足四十五文；人出七，不足三文。问：人、价各几何？

答曰：二十一人，价一百五十。

盈朒适足法：置所出率，盈、朒各居其下。副置出率，以少减多。余为约法，盈、朒适足，令维乘所出率实，以盈、朒之数乘人积为人实，实皆如约法而一。其一法曰：以盈或不足之数为实，置所出率，以少减多，余为法，实如法而一。约人以适足出率乘人为物价也。

共买犬，人出五，不足九十文；人出五十文，适足。问：人数、犬价各几何？

答曰：二人，犬价一百。

买豕，人各出一百，盈一百文；人出九十，适足。问：人数、豕价各几何？

答曰：十人，豕价九百。

方 程 第 八

二十问（本章十八问,均输、盈朒二）、四法（方程,损益,分子,正负）。

方程法曰:所求率互乘邻行,以少减多,再求减损,钱为实,物为法。实如法而一。置位草曰:依所问排列逐物与价而邻行,相对如之,式如前经。

上禾三束,中禾二束,下禾一束,共实三十九斗;上禾二束,中禾三束,下禾一束,共实三十四斗;上禾一束,中禾二束,下禾三束,共实二十六斗。问:上、中、下禾实一束各几何?

答曰:上禾一束,得九斗四分斗之一;中禾一束,得四斗四分斗之一;下禾一束,得二斗四分斗之三。

五牛、二羊,直金十两。二牛、五羊,直金八两。问:牛、羊价各几何?

答曰:一牛,直金一两二十一分两之一十三;一羊,直金二十一分两之二十。

上禾二秉,中禾三秉,下禾四秉,实皆不满斗。上取中,中取下,下取上,各一秉而实满斗。问:上、中、下禾一秉实各几何?

答曰:上禾一秉实二十五分斗之九,中禾一秉实二十五分斗之七,下禾一秉实二十五分斗之四。

五雀、六燕,共重一斤。雀重燕轻,交易一枚,其重适等。问:各几何?

答曰:雀重一两十九分两之十三,燕重一两十九分两之五。

武马一匹,中马二匹,下马三匹,皆载四十石至坂,俱不能上。武马借中马一匹,中马借下马一匹,下马借武马一匹,乃各上坂。问:武、中、下马一匹力引几何?

答曰:武马二十二石七分石之六,中马十七石七分石之一,下马五石七分石之五。

白禾二步,青禾三步,黄禾四步,黑禾五步,实各不满斗。白取青、黄,青取黄、黑,黄取黑、白,黑取白、青,各一步,而实满斗。问:白、青、黄、黑禾一步实各几何?

答曰:白禾一步一百十一分斗之三十二,青禾一步一百十一分斗之二十八,黄禾一步一百十一分斗之一十七,黑禾一步一百十一分斗之一十。

令一、吏五、从十,食鸡十;令十、吏一、从五,食鸡八;令五、吏十、从一,食鸡六。问:令、吏、从各食鸡几何?

答曰:令一百二十二分鸡之四十五,吏一百二十二分鸡之四十一,从一百二十二分鸡之九十七。

羊五、犬四、鸡三、兔二,直钱一千四百九十六;四羊、二犬、六鸡、三兔直钱一千一百七十五;三羊、一犬、七鸡、五兔,直钱九百五十八;二羊、三犬、五鸡、一兔,直钱八百六十一。问:羊、犬、鸡、兔价各几何?

答曰:羊一百七十七,犬一百二十一,鸡二十三,兔二十九。

麻九斗、麦七斗、菽三斗、荅二斗、黍五斗,直钱一百四十;麻七斗、麦六斗、菽四斗、荅五斗、黍三斗,直钱一百二十八;麻三斗、麦五斗、菽七斗、荅六斗、黍四斗,直钱一百一十六;麻二斗、麦五斗、菽三斗、荅九斗、黍四斗,直钱一百一十二;麻一斗、麦三斗、菽二斗、荅八斗、黍五斗,直钱九十五。问:一斗直钱几何?

答曰：麻七钱，麦四钱，菽三钱，荅五钱，黍六钱。

大器五、小器一，容三石；小器五、大器一，容二石。问：大、小器各容几何？

答曰：大器容二十四分石之十三，小器容二十四分石之七。

竹九节，下三节容四升，上四节容三升。问：中二节容几何？

答曰：中二节容，第五节一升六十六分升之一，第六节一升六十六分升之八。

损益术曰：数不等者，损益求齐，如方程之。

二马、一牛价过十贯，外多半马之价。一马、二牛价不满十贯，内少半牛之价。问：各价几何？

答曰：马五贯四百五十四钱十一分钱之六，牛一贯八百一十八钱十一分钱之二。

上禾七秉，下禾二秉，损实一斗，余实十斗。上禾二秉，下禾八秉，益实一斗，而实十斗。问：上、下禾实一秉各几何？

答曰：上禾一斗五十二分斗之十八，下禾五十二分斗之四十一。

分母子术曰：方程有分母子者，齐而求之。

甲乙持钱。甲添乙中半而及五十，乙添甲太半而亦足五十。问：各几何？

答曰：甲三十七文半，乙二十五文。

井不知深，五家用绠不等。甲二借乙一；乙三借丙一；丙四借丁一；丁五借戊一；戊六借甲一。皆及井深。问：井深、绠长各几何？

答曰：井深七丈二尺一寸。甲绠二丈六尺五寸，乙绠一丈九尺一寸，丙绠一丈四尺八寸，丁绠一丈二尺九寸，戊绠七尺六寸。

正负法曰：其一，异名相减，同名相加，正无入正之，负无入负之。其二，同名相减，异名相加，正无入负之，负无入正之。

卖二牛、五羊，买十三豕，剩钱一贯。卖一牛、一豕，买三羊，适足。卖六羊、八豕，买五牛，少钱六百。问：牛、羊、豕价各几何？

答曰：牛价一贯二百，羊五百，豕三百。

上禾三秉，添六斗，当下禾十秉。下禾五秉，添一斗，当上禾二秉。问：秉几何？

答曰：上禾一秉八斗，下禾一秉三斗。

甲禾二秉、乙禾三秉、丙禾四秉，皆过石。甲二重多乙一，乙三重多丙一，丙四重多甲一。问：各几何？

答曰：甲、乙秉重二十三分石之一十七，乙一秉重二十三分石之十一，丙禾一秉重二十三分石之一十。

上禾六秉，损一斗八升，当下禾十秉。下禾十五秉，损五升，当上禾五秉。问：各秉几何？

答曰：上禾一秉八升，下禾一秉三升。

上禾五秉，损一斗一升，为下禾七秉。上禾七秉，损二斗五升，为下禾五秉。问：各秉几何？

答曰：上禾一秉五升，下禾一秉二升。

勾 股 第 九

三十八问（今考该三十七问：少广十三，本章二十四）、二十一法（平方增乘二，立方分子二,勾股一十五,旁要二)。

贾宪立成释锁平方法曰:置积为实,别置一算,名曰:下法。于实数之下,自末位常超一位,约实置首尽而止。实上商置第一位,得数下法之上,亦置上商为方法。以方法命上商除实二,乘方法为廉法。一退下法,再退续商第二位得数于廉法之次。照上商置隅以方廉。二法皆命上商除实二乘隅法,并入廉法,一退下法,再退商置第三位,得数下法之上,照上商置隅以廉隅二法,皆命上商除实尽,得平方一面之数。积有分子者,以分母乘其全入内子。又以分母再(二次)自乘之(积圆者,以圆法十二乘之),开平方求积,如分母自乘而一。

增乘开平方法曰:第一位上商得数以乘下法为平方,命上商除实。上商得数以乘下法,入平方一退为廉。第二位再商除,得数以乘下法为隅。命上商除实,讫以上商得数乘下法,入隅皆名曰:廉,一退下法,再退以求第三位商数。第三位如弟儿位用法求之。

积五万五千二百二十五步。问:为方几何?

答曰:二百三十五步。

积二万五千二百八十一步。问:为方几何?

答曰:一百五十九步。

积七万一千八百二十四步。问:为方几何?

答曰:二百六十八步。

积五十六万四千七百五十二步四分步之一。问:为方几何?

答曰:七百五十一步半。

积三十九亿七千二百一十五万六百二十五步。问:为方几何?

答曰:六万三千二十五步。

积一千五百一十八步四分步之三。问:为圆周几何?

答曰:一百三十五步。

积三百步。问:为圆周几何?

答曰:六十步。

贾宪立成释锁立方法曰:置积为实,别置一算,名曰:下法于实数之下,自末至首,常超二位,上商置第一位,得数下法之上,亦置上商。又乘置平方,命上商除实,讫(取用第二位法)三因平方一退,亦三因从方面,二退为廉下法。三退续商第二位,得数下法之上,亦置上商为隅,以上商数乘廉隅,命上商除实。讫(求第三位即如第二位取用)开立圆者,先以方法十六乘积,如圆法九而一,开立方除之。积有分母子者,通母内子(立圆用十六乘九除)开立方除之,得积别置分母如立方而一为法,除积求之。

增乘方法曰:实上商置第一位,得数以上商乘下法,置廉乘廉为方,除实讫复以上商乘下法,入廉乘廉,人方又乘下法,入廉。其方一廉下三,退再于第一位商数之次,复商第二位,得数以乘下法入廉乘廉,入方命上商除实,讫复以次商乘下法,入廉乘廉人方又乘下法,入廉其方一廉二下三,退如前上商第三位,得数乘下法,入廉乘廉入方,命上商除实,适尽,得立方一面之数。

积一百八十六万八百六十七尺。问:为立方几何?

答曰:一百二十三尺。

积一千九百五十三尺八分尺之一。问:为立方几何?

答曰:一十二尺半。

积六万三千四百一尺五百一十二分尺之四百四十七。问:为立方几何?

答曰:三十九尺八分尺之七。

积一百九十三万七千五百四十一尺二十七分尺之一十七。问:为立方几何?

答曰:一百二十四尺太半尺。

积四千五百尺。问:为立圆径几何?

答曰:二十尺。

积一万六千四百四十八亿六千六百四十三万七千五百尺。问:为立圆径几何?

答曰:一万四千三百尺。

以上并少广法问,以后并勾股。

勾股求弦法曰:勾股各自乘并而开方,除之。

勾八尺,股十五尺,问:为弦几何?

答曰:十七尺。

木长二丈,围之三尺。葛生其下,缠木七周,上与木齐。问:葛长几何?

答曰:二丈九尺。

弦勾求股法曰:勾自乘减弦自乘,余开方除之。

弦十七步,勾八步,问:为股几何? 答曰:十五步。

圆材径二尺五寸,为板,欲厚七寸。问:阔寸?

答曰:二尺四寸。

股弦求勾法曰:股自乘减弦自乘,开方除之。

股十五尺,弦十七尺,问:为弦几何? 答曰:八尺。

股弦较与勾求弦法曰:其一勾自乘,以股弦较自乘,减之。余为实,倍股弦较为法,实如法而一,得股。

池方一丈,正中有葭,出水面一尺。引葭至岸,与水面适平。问:水深?

答曰:深一丈二尺。

其二,勾与股弦较各乘,并为实,倍较法除之。

开门去闑一尺,不合二寸。问:门广几何?

答曰:一片广五十寸五分。

其三,勾自乘为实,如股弦较而一,加较半之。

立木,垂索委地二尺。引索斜之挂地,去本八尺。问:索长几何?

答曰:十七尺。

其四,勾自乘为实,如股弦较而一,以较减之,余半之,得股。

垣高一尺欹木,齐垣木脚去本,以画记之。卧而过画一尺。问:去本几何?

答曰：四丈九尺半。

其五，半勾自乘为实，如半股弦较而一，加半较即弦。

圆材泥在壁中，不知大小。锯深一寸，道长一尺。问：径几何？

答曰：二尺六寸。

股、弦和与勾求股法曰：勾自乘为实，如股弦和而一，以减股弦和，余半之为股。

竹高一丈，折梢拄地，去根三尺。问：折处高几何？

答曰：四尺二十分尺之十一。

勾股求弦和较法曰：勾股相乘，倍之为实，勾股求弦，加勾股为法，实如法而一。

勾八步，股十五步。问：勾中容圆，径几何？

答曰：六步。

勾股较与弦求股法曰：其一，弦自乘，半较自乘，倍之，减积，余半之。开方得弦减半较为勾加较为股。其二，弦自乘以勾股较自乘减之，余半之，以勾股较为从开方求勾，加较为股。

户高多广六尺八寸，两隅相去一丈。问：户高、广各几何？

答曰：高九尺六寸，广二尺八寸。

勾腰容方法曰：余勾乘股，倍之为实，并二，余勾为从，开方除之。

邑方不云大小，各中开门。北门外二十步有木。出南门十四步，折而西行一千七百七十五步见木。问：邑方几何？

答曰：二百五十步。

勾弦和股率求勾股法曰：勾股和自乘，股率自乘，并而半之为弦，以减和，求勾股率，乘勾弦和率求股，以所有勾数乘所求勾股弦三率为列实，以所有勾率为法，除之。

甲乙同所立。凡甲行七，其乙行三。乙东行而甲南行十步，斜之会乙。问：各行几何？

答曰：甲南行十步斜之十四步半，乙东行十步半。

邑方十里，分中间门。二人同立邑之中。乙出东行，率三；甲出南行，率五。甲乃斜之，磨邑隅角来与乙会。问：各行几何？

答曰：甲邑中行一千五百步，出南门八百步，斜之四千八百八十七步半。乙东行四千三百一十二步半。

勾弦较、股弦较求勾股法曰：二较相乘，倍之，开平方为弦，和较加股弦较为勾，以弦和较加勾弦较为股。

户不知高广，竿不知长短。横之不出四尺，纵之不出二尺，斜之适出。问：高、广、衺各几何？

答曰：高八尺，广六尺，斜衺一丈一丈。

勾股旁要法曰：勾股相乘为实，并勾股为法，除之，得勾中容方。

勾六步，股十二步。问：容方几何？

答曰：方四步。

余勾股求容积法曰：余勾股相乘，得容积之实。若以实求余勾股者，以余勾为法，除得余股以余股为法，除得余勾。

木遥不知远。如方立四表，相去各丈，令右二表所望木参直。人立左后表之，左三寸并睹其前左,参合。问:木远几何?

答曰:木去右前表三百三十三尺三分尺之一。

邑方不知大小,各中开门。北门三十步有木,出西门七百五十步见木。问:邑方几何?

答曰:一里。

邑方二百步,各中开门。东门外十五步有木。问:出南门几步见木?

答曰:六百六十六步三分之二。

井径五尺,不知其深。直立五尺木于井上,从木末望水,人目入径四寸。问:井深几何?

答曰:五丈七尺五寸。

邑东西七里,南北九里,各中开门。东门外十五里有木。问:出南门外几步见木?

答曰:三百一十五步。

山不知高,东五十三里有木,长九十五尺,人立木东三里,目高七尺,望木末与峰斜平。问:山高几何?

答曰:一百六十四丈九尺三分尺之二。